TODAI JUKU
Brain Science and
Artificial Intelligence

東大塾
脳科学と
AI

SAKAI Kuniyoshi
酒井邦嘉 編

東京大学出版会

Todai Juku: Brain Science and Artificial Intelligence
Kuniyoshi SAKAI, Editor
University of Tokyo Press,2024
ISBN978-4-13-063369-7

はじめに

　農業革命・産業革命・情報革命に続いて，一般の社会やビジネスの世界を大きく変える可能性を秘めているのは脳神経科学であり，「神経革命」と呼ばれています（*"The Neuro Revolution: How Brain Science is Changing Our World"* by Zack Lynch, St. Martin's Press, 2009）．実際，脳科学の知見を活用した技術開発や産業応用は，21世紀になって加速しつつあります．たとえば，人間の認知・記憶や感情・意識といった心の状態を調べ，意図・判断や行動に至るプロセスを探ることで，消費者の意思決定や生活習慣を予測するといった可能性が挙げられます．同時に実用化された人工知能（artificial intelligence, AI）は，未来の予測から仕事の意義（シンギュラリティの問題）にまで影響を与えており，新たな可能性をもたらす一方で，危機的な状況も生んでいるのです．

　そのような背景から，人間の知能や知性，そして個人の資質の多様性を脳のメカニズムとして科学的に理解することが真剣に問われています．それは，脳の潜在的能力を創造的な仕事に活かす上で，必須のことです．ただし主観的な人間の心を客観的に理解しようとするのですから，一筋縄にはいきません．自然科学と人文科学・社会科学を分断することなく，文理融合の科学的アプローチを重視する必要があります．

　本書は，人間を対象とする脳科学の知見を一般読者と共有する試みの一つとして，望みうる最高の講師陣による実際の講義録です．技術開発や産業応用を見据えた脳のメカニズムの理解について，人工知能による自然言語処理や，学習や適応を支援する技術開発を紹介し，さらに精神医学と脳科学について議論します．心の理解については，食と香りの脳計測から始まり，志向性とロボティクスや，脳計測に基づく心の解読について紹介します．また，ブレイン・マシン・インターフェース（BMI）や計算論的精神医学から，百年後のテクノロジー，そして脳科学の倫理について理解を深めていきます．科学と技術の健全な進歩には，脳科学リテラシーと倫理についての議論も大切なのです．

それぞれは先端性と専門性の高いテーマではありますが，特に予備知識を仮定することなく理解できるよう，分かりやすく俯瞰的な講義を目指していただきました．本書の内容が脳科学と AI についての理解を深める一助となることを願っています．

編著者記す

東大塾

脳科学と AI

目次

はじめに ……………………………………………………………………………… i

I 脳の理解

第1講 人間の脳科学——現状と展望　　　　　　　　酒井邦嘉

　1 「知能」とは何か ……………………………………………………… 6

　2 「心」とは何か ………………………………………………………… 10

　3 「言語」とは何か ……………………………………………………… 15

　4 脳研究の基本と手法 …………………………………………………… 18

　5 言語獲得と脳機能 ……………………………………………………… 27

　おわりに ……………………………………………………………………… 33

第2講 人工知能による自然言語処理　　　　　　　　鶴岡慶雅

　1 言語モデルとは ………………………………………………………… 42

　2 系列変換モデルとは …………………………………………………… 55

第3講 学習や適応を支援する技術開発　　　　　　　今水　寛

　1 脳のネットワークと認知機能 ………………………………………… 68

　　——機械学習とデータベースで読み解く脳のネットワーク

　2 運動主体感の脳内表現

　　——機械学習で読み解く脳の活動パターン ………………………… 83

　おわりに ……………………………………………………………………… 87

第4講 精神医学と脳科学　　　　　　　　　　　　　笠井清登

　1 精神疾患の概要と思春期 ……………………………………………… 92

　2 精神疾患の分類と疾病概要 …………………………………………… 97

　3 脳・精神疾患と社会 …………………………………………………… 104

　おわりに　精神医学・脳科学はパラダイムシフトが必要か ………… 113

Ⅱ 心の理解

第5講　食と香りの脳計測　　　　　　　　　　　　小早川　達

1　「味」とは？──味覚と嗅覚の関係 ……………………………………120

2　食品における香りの役割とその文化差 ………………………………130

3　味嗅覚に関わる脳内機構 ………………………………………………139

4　味嗅覚と AI ……………………………………………………………147

第6講　志向性（意識）とロボティクス（心と体）

──意識と無意識について考える　　　　　　　　前野隆司

はじめに ……………………………………………………………………154

1　「心」の定義づけと「意識」の分類 …………………………………156

2　「意識」を捉える古典的なモデルとその問題 ………………………158

3　「受動意識仮説」という新たなモデル ………………………………163

4　「受動意識仮説」によって説明できる様々な研究結果 ……………165

5　「受動意識仮説」によって見いだされるロボット開発の可能性 ……176

6　「受動意識仮説」に対する様々な反応 ………………………………179

おわりに ……………………………………………………………………185

第7講　AIで脳から心を解読する

──〈ボトルネックとしての身体〉とBMI　　　神谷之康

はじめに ……………………………………………………………………192

1　何のための脳？ …………………………………………………………192

2　身体は「ボトルネック」 ………………………………………………196

3　ブレイン・デコーディング ……………………………………………200

4　夢の内容をデコードできるか？ ………………………………………203

5　「大きな脳のモデル」としての AI ……………………………………205

6　挿入型電極を用いた BMI ………………………………………………209

7　脳に情報を書き込む技術 ………………………………………………212

8　異なる Umwelt を共有できるか ………………………………………216

Ⅲ 技術と倫理

第8講　計算論的精神医学の可能性　　　　川人光男

1 「少数のサンプルから学習をするための仕組み」としての認知機能 ……224

2 計算論的神経科学における小脳理論 ……228

3 デコーディッドニューロフィードバック ……233

4 強化学習 ……240

5 メタ認知AI ……249

6 計算論的精神医学の可能性 ……255

まとめ ……277

第9講　百年後のテクノロジーと脳　　　　鈴木貴之

はじめに ……284

1 これまでの講義の振り返り ……285

2 脳科学とAIの未来 ……289

3 考えるヒント ……301

おわりに ……312

第10講　脳科学の倫理と人間のゆくえ　　　　信原幸弘

はじめに ……318

1 脳・AI融合 ……318

2 文章理解 ……319

3 状況把握 ……323

4 物語自己とデジタル自己 ……329

5 人機一体 ……332

6 ゴリラ化問題 ……339

7 人間観の変容 ……341

あとがき ……347

脳科学と AI

I　脳の理解

第1講
人間の脳科学
現状と展望

酒井邦嘉
東京大学大学院総合文化研究科教授

酒井邦嘉（さかい　くによし）
1964年生まれ．1992年東京大学医学部助手，1995年ハーバード大学リサーチフェロー，1996年マサチューセッツ工科大学客員研究員，1997年東京大学大学院総合文化研究科助教授・准教授を経て，2012年より現職．同理学系研究科物理学専攻教授を兼任．専門は言語脳科学．著書に『言語の脳科学——脳はどのようにことばを生みだすか』（中公新書），『チョムスキーと言語脳科学』（インターナショナル新書），編著に『芸術を創る脳』（東京大学出版会）等がある．

1 「知能」とは何か

　今回の講座のテーマは「脳科学とAI」ですが，これは自然と人工物の対比であるのと同時に，科学と技術の対比でもあります．ここでは，主に人間という自然界の生物種に注目して，その脳に備わる知能を科学的に探りながら，人工的に知能を実現する技術の可能性やあるべき姿について考えてみたいと思います．

　今日の講義では，人間の知性や知能に関する脳機能を中心に，現在の脳科学について現状と展望を俯瞰的にとらえます．初めて脳科学に触れる方のために基礎的な考え方から説明しますが，すでにある程度ご存知の方は，それぞれの問題について掘り下げて考えてください．

(1) 知能は新しい組み合わせを生み出す能力

　人間の脳科学では，動物を対象とする生物学とは違って，細胞や分子レベルまで調べる多くの手法や，組織に損傷を与えるような技術は，組織検査や手術を除けば基本的に使えません．特に，知性や知能といった脳の高次機能を探究する実験では，人間を対象とすることが前提ですので，そうした技術的および倫理的な制約を踏まえて考える必要があります．

　脳の高次機能の中でも，言語は人間の知性の根幹を成すものです．言語の問題を中心にして脳科学で探究する分野が「言語脳科学」です．興味を持たれたら，私が以前に書いた『言語の脳科学――脳はどのようにことばを生みだすか』（中公新書，2002），『脳の言語地図』（明治書院，2009），『チョムスキーと言語脳科学』（インターナショナル新書，2019）などをお読みください．

　今日の最初の問いは，「知能とは何か？」です．

　物理学者のスティーヴン・ホーキング（1942–2018）は，"Intelligence is the ability to adapt to change."（「知能とは変化に適応する能力だ」）と述べたそうです．人間は常に自然災害や新たな感染症といった環境の変化にさらされており，どのように知恵を絞って対処するかが問われています．

　劇作家のジョージ・バーナード・ショー（1856–1950）は，「愚かな人は適応するだけだが，賢い人は適応すべき環境を変える」と述べました．環

境をより良く変えることは確かに一つの方法でしょう．ただし，目先の利益にとらわれてしまうと，逆に自然破壊や公害によって人々が苦しめられることになりますから，優れた知能が必要となります．

なお，先ほどのホーキングの言葉について出典を探したところ，結局見つかりませんでした．ホーキングの伝記『STEPHEN HAWKING: A Biography』（Greenwood Pub Group, 2005）を書いているクリスティン・ラーセンが，「その引用は自分も知らないので，何のアドバイスもできない」と言っているくらいですから，本当のところは分かりません．

有名人の言葉は間違って伝えられることがあるものです．「それでも地球は回っている」というガリレオの有名な言葉も，実際には「それでもそれは動いている」と言っただけでした．宗教裁判などで疲れていたガリレオが，思わず立ちくらみを覚えて，「まわりが動いて見える」とつぶやいただけなのかもしれません．

根拠のはっきりしない言葉では心もとないので，先ほどのホーキングの言葉で単語の組み合わせを少し変えてみましょう．そのこと自体が知能の例だと分かっていただけるでしょうか．

"Intelligence is the ability to create new combinations."（「知能とは新たな組み合わせを生み出す能力だ」）

知性豊かなクリエイターは，既存の素材を使いながらも見事な組み合わせを生み出します．単語の組み合わせや構成を新しくして文を作り出す言語はその典型で，短歌や詩から小説へと創作の世界は尽きません．音楽や美術，建築といった芸術もまた，そうした知能の産物だと言えるでしょう．動物は地球のさまざまな環境に適応して合理的な行動ができますが，創造的な知能を発揮できるのは，人間だけなのです．

（2）創造性とは

創造性に関わる能力について，ここで整理してみましょう．「創造」とは「自分の考えで新しくつくり出すこと」（『三省堂国語辞典』第8版，2022）というのが一般的な意味です．先ほど述べた点を付け加えれば，

「自分の考えで新たな組み合わせを際限なく作り出すこと」と言えるでしょう．もし，他人のアイディアを真似したり，AIを頼ったりしたら，それは「自分の考え」ではないので創造とは言えないことになります．

ここで言う「新たな組み合わせ」とは，決して「何でもあり（anything possible）」ではありません．言語学者のノーム・チョムスキー（1928-）は，「英語話者が新たな発話を産み出したり理解したり出来る一方，他の新たな列を英語には属さないものとして退けることが出来るという能力を説明」すべきだと説いています（チョムスキー『統辞構造論』福井直樹・辻子美保子訳，岩波文庫，2014）．これは，母語話者が正文（文法的に正しい文）と非文（文法的に誤った文）を明確に区別できることを踏まえています．

言語に限らず芸術でも，挑戦的な制作物に対しては，受け入れられるか否かが厳しい目で判断されるものです．たとえばジャズでは，即興が命だと言われますが，無秩序に音を連ねただけでは到底ジャズと認められません．フレージングやコード進行の把握なしには演奏や創作にならないのです．芸術の各分野では，既存の表現の枠を広げること自体も創造的な試みだと言えます．

---

(3) 知能の脳科学と AI

さて，創造の他にも知能に含まれる重要な要素があります．それは判断と推論で，両方を合わせて思考と見なすこともできます．選択肢の中から良いものを選ぶ「判断」と，前提から新たな結論を導く「推論」は，互いに独立した機能ですが，新たな組み合わせを生む「創造」を共に補完します．そこで「判断・推論・創造」を「知能の3要素」と呼ぶことにしましょう．

たとえば将棋の対戦では，一手ごとに判断・推論・創造の連続です．将棋 AI は次の一手を探すのに数億手以上を読むわけですが，人間は数少ない可能性に絞り込んでから検討を深めていきます．棋士の脳では，どこで何が起こっているのかを知りたいものです．しかし，そうした研究はまだほとんど進んでいません．知能の3要素を脳科学で説明するという段階には至っていないわけです．かつて「言語学はガリレオ以前」とチョムスキーが述べましたが，「知能の脳科学はアルキメデス以前」と言えるかも

しれません.

　脳科学の現状に少し失望されたかもしれませんが,裏を返せば将来に大きく発展する可能性を秘めているとも言えます. 人間の知能という最難関の問題に対して,挑んでいく決意を新たにしたいと思います.

　現状の AI は,文脈や言外の意味を読み取ったり,理由や意図を説明したりするのが苦手です. 説明を目指した AI(explainable AI, XAI)の開発も進んでおり,将棋やチェスであれば複数の可能性を比較して,その後の読み筋を根拠に解説することは可能です. また,裁判での量刑の判断に対して,どのような過去の判例を根拠にしたかを明らかにできるかもしれません. しかし説得力のある説明のためには,人間の心理を AI に「理解」させる必要があり,それは至難の業です.

　一般の AI は膨大なデータをもとに学習して,新たなデータに適用したり,確率的に未来を予測したりするように作られています. この方式は,数学の計算や将棋 AI のように時間をかけてより良い答が得られるような AI とは,原理的に全く異なります. 数値計算では予め値が収束することが保証されていることが多いですし,将棋などのゲームでは勝ち負けの基準が明確です. 時間をかけて現局面の先をある程度まで読み切ってしまえば,局面や候補手の評価が容易になります. しかし一般の事象では,収束や価値の評価そのものが難しいですし,確率的な予測は当然大きく外れることもあります.

　ですから,AI に求めるべきものは状況判断に役立つような手がかりに過ぎず,決して AI に頼って「正解」を探そうとしてはいけないのです.

---

(4) 知能と知恵

　脳科学がとらえる知能が少し分かってきたところで,一般的な意味での「知能」と比較してみましょう. 手元にある辞書を引いてみますと,「①知識と才能. 物事を的確に理解し判断する頭のはたらき. ②〖心〗学習し,抽象的な思考をし,環境に適応する知的機能のもとになっている能力」(『大辞林』第 4 版,三省堂,2019)とあります.

　②の心理学用語として,知能に思考が含まれるのは当然として,学習は範囲が広すぎるので含めない方がよいと私は考えます. 学習には,同じ刺

激を繰り返し受けただけで生じるものもあるからです．なお，知能に関わる環境への適応力は，身体機能ではなく知的機能であることに注意してください．

①にある「才能」についてはどうでしょう．同じ辞書によると，「物事をうまくなしとげるすぐれた能力．技術・学問・芸能などについての素質や能力」とあります．ここに「素質」が含まれていますが，才能は後天的な能力であって，生まれつきではないと私は考えています．

また，①に「知識」とありますが，知能として重要なのは「知恵」ではないでしょうか，常に変化する状況では知識がそのまま役立つ方が少ないですから，既知の事実から未知の可能性を推測する「外挿」の力や，類似性に基づいて他のことを推測する「類推」の力が必要です．これらの力は知恵の一部に含まれるわけです．

「おばあちゃんの知恵」と言っても，「おばあちゃんの知識」とは言わないですね．豊富な人生経験に支えられた知恵や処世訓は，応用が利くものです．新たな状況に対処できる力を育むには，知識より知恵を重視しましょう．

知識の宝庫である書物やデータベースがあったとしても，そこから知恵を抽出したり，普遍的な経験則を導いたりするのは容易なことではありません．知恵を導く能力が知能の水準を決めると言えそうです．

人間の行動に普遍則が見つかれば，そうした行動原則は脳科学の新たな仮説になりますし，社会的な活動などに応用できるかもしれません．ただし，我々がどのように行動すべきかという倫理については，脳科学と独立した価値判断が必要です．

2 「心」とは何か

(1) コンピューターに心を持たせられるか？

次に，「コンピューターに心を持たせられるか？」という根本的な疑問について考えてみましょう．コンピューターに独自の心を持たせるだけなら，不気味なエイリアン（宇宙人）と何ら変わりません．心を持たせるからには，少なくとも人間の心を理解させたいものです．しかし，この点は現状の AI が特に苦手とするところです．

テキストによる対話を模したチャットGPTのような「生成AI」は, 残念ながら文面から相手の意図を推理したり, 感情を読み取ったりするような機能は搭載されていません. それでも対話であるかのように錯覚しやすいのは, 人間の方から一方的に感情移入したり, 没入してしまったりするからです.

先ほど述べた対戦型のゲームAIも, 対局相手である人間の思考を読み取ろうなどとはしません. 現局面から双方それぞれにとって有利な手を推測するだけであり, それまでに指された手の意図や流れを読み取ったり, 隠された狙いを推理したりするわけではないのです.

コンピューター側の形勢を「余裕のポーズ」や「頭を抱えたポーズ」などのイラストで表示するゲームソフトを見たことがあります. そうした擬人化は面白いですが, 逆にコンピューターが人のそうした仕草を読み取って形勢の予測に役立てることはできないわけです.

一般の対話となると価値評価の基準が全くありませんから, 「対話風AI」はゲームAIと全く違います. プロ棋士が研究用にAIを使うからといって, 学生がレポートや成果物にAIを使ってよいとの根拠には決してなりえません.

(2) チューリング・テスト

鉄腕アトムやドラえもんのように, 人と対等に付き合えるようなロボットを作るとなると, 自由な会話をする能力が必要です. 最初のコンピューターが現れた1950年頃に, このことをすでに提案していたのが数学者のアラン・チューリング (1912-1954) です. それは, 人同士と変わらない会話ができるかどうかを基準にして, コンピューターの知性を判断しようという提案であり, 「チューリング・テスト」と呼ばれています. コンピューターが心を持ちうるかどうかを問うことなく, 会話のみをテストに使うわけで, チューリングは冗談のつもりだったようです.

このテストは, 「模倣ゲーム (immitation game)」と呼ばれるものの変形です. 元は, 男性と女性が別々の部屋にいて, ゲストが彼らとテキストだけで会話するうちに, それぞれの性別を言い当てられるかというゲームでした. たとえば男性が女性の振りをしたとすると, 見破るのが難しくなり

ます．これはちょうど，インターネット上で年齢や性別を偽って書かれた書き込みに対して，違和感を覚えるようなものです．

　男性と女性の代わりに人間と機械だったなら，ゲストはその違いを見破れるでしょうか．たとえば，「昼頃から雨模様だったけど，傘を使わずに済んでよかったね」とゲストが話したのに対し，「そう，午後は雨模様でしたね」と同じことをオウム返しに返せば，一応無難な進行は可能です．ですから，AI を「対話風」に見せかけるのは，それほど難しいことではありません．

　ただ，「洗濯物は取り込んでくれた？」と返すのは自然ですが，「その傘は高かったの？」という返答は微妙でしょう．同じ単語を返答に使ったとしても，正しく文脈が受け継がれるとは限りません．言葉の表層だけでは会話にならないわけです．相手の情報や興味を引き出しながら会話を円滑に進めるには，やはり相手の心のモデルを作る必要があります．

　今後の AI が向かう方向として，人といかに心を通わせるかが関門となるでしょう．人の感情が理解できることと，コンピューターに感情を持たせることは同じではありません．人間の心を理解させることの方がはるかに難しく，いわば究極の目標なのです．

---

(3) なぜ人間の心はモデル化しにくいか

　そもそも人間の心は，モデル化が困難です．人の心はその人にしか分からないわけですが，自身の心を 100% 理解しているかというと，そうとも限らないものです．自己欺瞞もありますし，当人の認識が正確だという保証はありません．時には自分を美化したり，都合よく正当化できたりしますから，一筋縄ではいきません．

　論理学に出てくる問題に，「自己言及のパラドックス」があります．ある人が「私はうそつきだ」と言ったとすると，パラドックスを生んでしまうのです．

　その人が本当にうそつきなら，「私はうそつきだ」ということ自体がうそですから，実際はうそをつかない人だということになります．しかし，もしその人がうそをつかないなら，「私はうそつきだ」ということは真実となりますから，やはり矛盾してしまいます．

このように自己について述べようとすると，矛盾や循環が生じてしまいます．心のモデルを作る時も，このような問題を完全に避けることはできないでしょう．心を自分で定義しようとすると，「自分」という存在に戻ってしまって定まらない可能性があります．

哲学者のデカルト（1596-1650）は，「我思う，ゆえに我あり」と述べたことで有名です．確かに，「我」という自分がいなければ思うこともないわけですから，これは正しい真理だと言えましょう．

その逆はどうでしょうか．正しく思うことができなければ，本当に自分がいるかは定かでないでしょう．実際，脳が十分に発達して高次の認知機能を持つ動物でないと，「我あり」という自己意識は生じないのです．

すると，「我あり，ゆえに我思う」も正しいことになりますから，また出発点に戻ってしまいます．つまり，「我思う」という心の働きを自分の存在に置き換えたとしても，その実体は依然として分からないままなのです．

今回の講義シリーズに，哲学や精神科の先生方に加わっていただいたのには，「人間の心をどのように理解すべきか」という問題意識がありました．そうした心の問題を脳科学や AI の技術で扱う上で，倫理的な議論も大切だと思います．

(4) 人の心と AI

精神疾患は，「心の病」とも言われます．その典型的な症状に，「病識の欠如」があります．病識とは，自分が病気であることが自ら認識できるということです．風邪や発熱ですと，その症状からすぐに自分が病気だと分かりますね．ところが，多くの精神疾患ではその病識がなくなってしまい，自らの異常に自分で気づけなくなってしまいます．周りの人が受診を勧めるほど重い状態なのに，当人は「自分はどこもおかしくない」と言い張るのです．

自分の心の異常を自らの心で判断しようとすることで，自己言及に陥るのかもしれません．たとえ優秀な精神科医であっても，自分の精神疾患は正しく診断できないことになります．疾患によっては精神現象に興味を持ちやすくなるということもあるようです．

多くの点で人の心は千差万別であり，極めて多様です．同じ境遇の人たちが集まって共通の問題について話し合ったとしても，皆が常に同意するとは限りません．無記名のアンケートを採れば，一定の確率で否定的なことを書く人が現れるでしょう．

多数決でよいのか，どこまで少数意見を尊重したらよいかは悩ましく，人の心は最大公約数的に決めがたいのです．その一方で，ひとたび大衆化してしまえば，皆が大勢の意見に流されやすくなります．

倫理の教育や啓蒙をどんなに徹底したとしても，人の悪意や反社会的行為を完全に消し去ることはできないかもしれません．首相や大統領も罪を犯しますし，独裁者になる危険だってあります．すると，誰の心をモデルにして AI の心を設計したらよいのでしょうか？　AI を人間の心に近づけようとしても，その規格となるべき「心のモデル」が定まらないことになります．

もしロボットの「心」に少しでも悪意が紛れ込んでいたら，メーカーはその責任を追及されますから，そうしたリスクのあるロボットは出荷できなくなります．一方，人間の心を決して傷つけることのない理想的なロボットは，時には真実を曲げてでも温かいうそをつく必要に迫られることでしょう．いずれにせよ，人の心を持つかのようにふるまうロボットと共存していくのは，たやすいことではないと思われます．

現状の生成 AI にはそもそも「心」がありませんが，人が AI の応答に悪意を感じることはあるでしょうし，AI との「対話」を通して自らの悪意が知らぬ間に増大するかもしれません．そうした危険性を考えれば，野放しの利用などできないはずです．AI とつき合うのは愚かなことかもしれません．

先ほどのホーキングは，次のように未来を予見していました．

「われわれの心が AI によって増幅されるとき，われわれが何を為しうるのか予測ができません．〔中略〕つまり，効果的な AI を作る上での成功は文明史で最大の出来事かもしれませんが，あるいは最悪かもしれません．AI で大いに助けられることになるか，AI に無視され妨げられるか，もしくは破壊されてしまうかを知り得ないのです．潜在

的な危険にどう備え，そして回避するかを学ばない限り，AIは文明史の中で最悪の出来事になるでしょう．それは，強力な自律型ロボット兵器や，少数者が多数を迫害する新たな手段のように，危険をもたらすのです」（Web Summit in Lisbon, 2017）

(5) 心にいどむ認知脳科学

　私が最初に書いた本は，『心にいどむ認知脳科学——記憶と意識の統一論』（岩波書店，1997）でした．「心に挑む」など若気の至りだったのでしょうが，脳科学が数学や物理学のような精度で人間の心を解き明かす日が本当に来るのか，未だ見通しが立ちません．心の問題や精神現象を正面から扱おうとした精神分析学や，逆にそれらを封印しようとした行動主義心理学は，どちらも20世紀の前半で袋小路に入り込んでしまいました．

　その本で私の試みた心の定義は，「知覚—記憶—意識の総体」ととらえるものです．「知情意」という言葉がありますが，知性・感情・意思という要素では，その間に有機的な関係が見出せません．そこで，感情と意思は意識に含めておいて，知覚から記憶に至る認識の過程に対して，さらに意識が作用すると考えることで，心を知覚—記憶—意識という三つ巴とする提案でした．

　人間では長期記憶や自己意識が高度に発達していますが，そこまででなくとも優れた知覚を持つ動物にも「心」があると考えられます．そうしたことを大学の講義で話したら，ある学生から「植物にも心があるんです！」と言われました．その理由を尋ねたところ，「毎日，話しかけながら水やりをすると，きれいな花が咲いてくれるので」という答えでした．

　ここで興味深いのは，草木だけでなく，時には物に対しても心を感じ取るという人間の「心」です．ですから，AIに心があると信じて疑わない人もきっとこれから出てくることでしょう．

3　「言語」とは何か

(1) 脳—心—言語の目に見えない関係

　この講義では，脳が心を生み出すという「一元論」を議論の前提とします．そのことをベン図で表すと，図1のようになります．つまり「心」

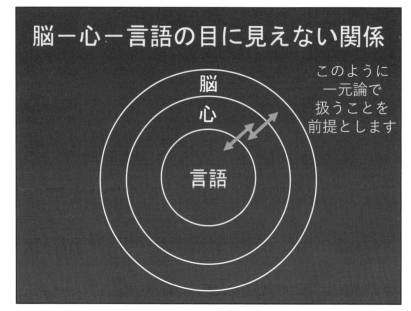

図1

という精神現象は，例外なくすべて脳に由来し，脳がなければ心も生じないということです．

なお，脳と心は別々で異質なものと考える「物心二元論」も，デカルト以来，繰り返し議論されてきました．私の脳科学の恩師の，さらに恩師のそのまた先生にあたるジョン・エックルス卿（1903-1997）は，晩年に二元論に転じました．人の脳に直接触れた経験が最も豊富な脳外科医ワイルダー・ペンフィールド（1891-1976）も二元論を唱えましたが，科学的根拠に乏しいものでした．

さらに人間は，心の一部分を言語化できるという，特異的な脳の高次機能を持っています．言葉にならない感情というものは確かにありますし，言語障害を伴う精神疾患は限定的であることからも，心の方が言語より広い対象だと分かります．言い換えれば，言語世界より心的世界の方がはるかに広いのです．

ここで大切なのは，心を言語化するだけでなく，言語から心の解釈もできるということです．真の対話には，発話意図や言外の意味に対する推理が必要であり，そうした相手の心に対する想像力が欠かせません．そのや

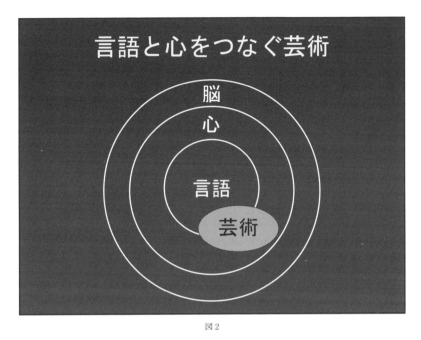

図2

り取りは図1の矢印のように双方向であるため，人同士の言葉を介した対話が可能となるわけです．しかし，これらの関係を目で見ることはできません．

---

(2) 言語と心をつなぐ芸術

「言語はコミュニケーションだ」という言い方は表面的です．なぜなら，表層で交わされる言葉よりも，それを深層で支える思考言語の方が圧倒的に多くの時間と役割を占めているからです．思考言語は内的な思考や意思（心）を支える言葉であり，実際に発せられる「外言語」と区別して，「内言語」と呼びます．

内言語に着目すると，言語と芸術の共通性が見えてきます．ベートーヴェンは『ミサ・ソレムニス』という宗教曲を作曲しながら，その自筆譜の冒頭に "Von Herzen - Möge es wieder - Zu Herzen gehn!"（「心から生まれ──願わくば再び──心に至らんことを！」）というメッセージを記しました．音楽も内言語のように心から生まれ，演奏を通して相手の心に至るのです．

クラシック音楽という「再現芸術」では，楽譜という形で圧縮された情

報から演奏者が楽音を再構築して，作曲者と演奏者の「心」を聴き手に伝えます．この時，心から生まれた作品が鑑賞者の心を揺り動かすには，演奏者と聴き手の両方に，音楽に対する「想像力」が必要となります．この心を育むのが本当の情操教育と言えるでしょう．

先ほどの図1に芸術を位置づけると，図2のようになります．芸術は言語と心の両方に属しており，その意味で芸術は両者の架け橋です．主観をともなう言語や芸術の研究は，客観を重視する科学の対象としては等閑視されてきましたが，人間の創造性を明らかにする脳科学では，最も魅力的なテーマだと言えるでしょう．

4　脳研究の基本と手法

(1) 脳の構造と機能

ここで脳研究の実例として，私の体験を紹介しましょう．

私が脳科学の講義を初めて受けたのは，物理学専攻の大学院で博士課程に進もうとする時でした．学部の物理学科に進学した時点で，すでに生物の研究をするつもりでしたから，既存の分野よりも境界領域の方が自分に合っていると直感していました．

生命現象の中でも特に遺伝や発生に興味を持ったので，堀田凱樹先生の研究室でショウジョウバエを対象として，生物学や生化学の実験を一通り体験しました．神経の基礎的な研究をやっているうちに，さらに脳の高次機能の研究をしたいと思うようになりました．堀田先生に相談したところ，医学部の生理学教室に里子に出してくださったわけです．

そうして初めて受けた脳科学の講義は伊藤正男教授の最終講義で，「小脳と大脳」というタイトルの名講義でした．伊藤先生は脳を理解するにはその構造と機能を調べる必要があるということを力説されたのです．

構造を扱う分野は解剖学です．ところが「解剖学は語らず」というわけで，「なぜ大脳と小脳があるのか」といった疑問に答えてはくれません．一方，機能を扱う分野は生理学であり，脳の特殊な構造がどのようにして機能に結びつくのかを説明しようとします．幸い私は物理学を専攻していたため，物体の理（ことわり）から生体の理へと躊躇なく移行できたのでしょう．

伊藤先生の後任として宮下保司先生が教授となったので，私はサルを対象として脳の長期記憶の研究に取り組みました．3年やってみて，今度はさらに人間の脳の高次機能の研究をしたいと考えるようになりました．宮下先生に相談したところ，日立製作所の中央研究所と共同で，MRI（magnetic resonance imaging）装置を使った脳機能イメージングの研究を始めることができたのです．

(2) 脳の機能マッピング

言語の研究を始めたのは，脳機能イメージングの研究を続けるためボストンに留学して，自分の行く末について悩んでいる時でした．そこで初めて本格的に接したチョムスキーの言語学は，物理学の考え方そのものでしたから，目が覚める思いでした．このあたりは前出の『チョムスキーと言語脳科学』をお読みください．これでやっとライフワークのテーマに出会えたという感じです．

さて，サルの研究で使っていたのは，大脳皮質の細胞を一つずつ調べるという電気生理学の手法でした．「ニューロン」という神経細胞の機能を最も精度よく明らかにできる手法ですが，脳に電極を刺さなくてはならないので，人間にはほとんど使えない技術です．

一方，90年代に現れたMRIによる脳機能イメージングは，全く侵襲性がないので繰り返し実験ができますし，脳の構造と機能を同時に調べることができます．先ほど述べたように，脳機能は構造に根ざしているため，まずその機能を担う脳の場所を特定することが研究の糸口になるわけです．たとえば，言語の機能を担う脳の場所が「言語野」で，左脳の連合野に複数あります．

このように，機能を脳の特定の構造に結びつける手法のことを「機能マッピング」と呼びます．機能マッピングという用語は主に大脳皮質について使われ，「機能地図」を作ること自体が研究の目標となります．

1ミリ以下の小さなレベルとなると，大脳新皮質は細胞の種類が多く配線も複雑すぎて研究があまり進んでいません．他の脳領域で最も成功したのは，小脳と海馬です．どちらも細胞層から細胞間の結合の機能的な役割までが明らかになっており，詳細な回路図ができています．そうした回路

のことを「神経回路網」と言います.

神経回路網の理論的な研究と並行して，人工知能の先駆けとなったパートセブロンの研究が進みました．パートセブロンは，50年代末にマーヴィン・ミンスキー（1927-2016）らの出したアイディアから発展したモデルです．この装置が小脳における運動学習のモデルになることを伊藤先生のチームが実証し，脳神経科学の一つの基盤を築きました.

海馬は記憶装置として有名ですが，動物実験により空間情報の認知に関係することが解明され，最近では遺伝子の発現による記憶の制御などが分子レベルで分かってきました．その高い精度は，20世紀における脳科学の急速な進歩を物語るものです.

(3) 脳の設計図

脳科学の基礎研究から臨床研究までを扱う月刊誌の一つに，『BRAIN and NERVE』（医学書院）があります．私はその編集委員を長くやっており，2019年の12月号で伊藤正男先生の一周忌に合わせて特集を組みました．この特集号のタイトルとして，当初「伊藤正男のレガシー」を提案したところ，この雑誌ではこれまで個人名を冠した特集がないとのことでした．そこで一計を案じて，「小脳と大脳——Masao Ito のレガシー」としたわけです（図3）.

伊藤先生は，先ほど二元論について触れたエックルス卿の招きでオーストラリアのシドニー大学に留学されたのでした．この特集号では，エックルス卿について伊藤先生から直接伺った話を再録しています．伊藤先生もこのインタビュー記事を大変喜んでいらっしゃいました.

私はオマージュの思いを込めて，先ほど紹介した伊藤先生の最終講義を再現してみたことが2度あります．1回目は先生が逝去された直後の自分の脳科学の講義で，2回目は一般市民向けの講座です．30年前のものとは思えないほど洞察と示唆に富んだ内容で，伊藤先生の活き活きとした語り口が脳裡によみがえりました.

図3の表紙には，小脳の神経回路網を載せました．大きな目玉のように見えるのが「プルキンエ細胞」です．その細胞体から伸びた樹状突起は，ちょうど扇を広げたように一平面上で枝分かれして，その面と垂直な平行

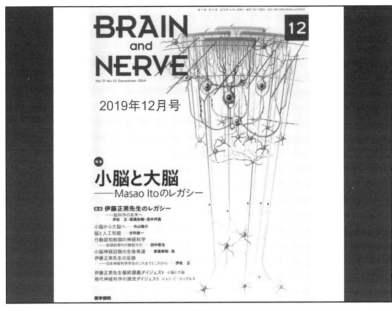

図3

線維から信号を受け取っています．しかもプルキンエ細胞は整然と並んで層を成しており，まさに結晶構造のようです．そこには，何か「設計図」のようなものがあることが予感されます．

伊藤先生は『脳の設計図』(中央公論社, 1980)を始め，多くの著書を出されています．脳科学に興味を持った方は，ぜひ小脳や海馬のあたりから脳に触れてみてください．そして機をよくうかがって，すきがありましたら大脳へ切り込んでいただきたいと思います．これはまさに伊藤正男先生が最終講義でおっしゃっていたことです．

(4) 因果関係と相関関係の違い

脳の構造と機能の話をしてきましたが，機能マッピングの基礎を理解する上で必要な「因果関係」と「相関関係」について整理しておきましょう．

いくつかの事柄の関係で，一方が原因で他方が結果であるというつながりのあることを，因果関係と言います．要するに原因があって，それから結果が生じるということです．これは科学の法則の一種と考えてよく，そうした法則性が根底にあるという考え方が「因果律」です．

原因をP，結果をQと記号で表せば，その因果関係は「P → Q」と表せます．この矢印は，数学でいう「PならばQ」という命題と同じ意味です．この命題が真ならば，その対偶である「QでないならばPでない」も真です．つまり，Qという結果がまだ生じていないならば，Pという原因は起こらなかったことになるわけです．

これに対して相関関係では，一方が変われば他方も変わるというような関係です．その中には，どちらが原因で結果が生じるのかよく分からない場合が含まれていますし，どちらも別の原因によって独立して生じる可能性もあります　科学の研究では，互いの変化に規則性が認められるような関係に対して「相関がある」と呼ばれます．

もちろん，そうした相関関係のすべてが法則であるとは限りません．「風が吹けば桶屋が儲かる」というように，一見すると「風が吹くと砂埃が舞って……」という因果の連鎖があるようですが，途中に無理な相関が紛れているかもしれないのです．

物理学者の朝永振一郎先生（1906-1979）は，「風が吹けば桶屋が儲からない」という洒落っ気のある議論をされました．風が吹くと埃が舞って乾燥するので，火事が多くなる．すると，消火のために桶が強制的に持ち出される．すると桶屋は商売あがったりというわけです．

このたとえのように，因果関係を証明することは一般に困難です．そこで，疑いようのない因果関係の例をいくつか考えてみることは，科学のよいトレーニングとなるでしょう．

科学研究は，実験や観察から得られた相関に対して，「法則を示しているかもしれない」という仮説を立てることから始まります．ところが頭のよい人は，「仮説の上に成り立つ議論は，仮説が覆った時に全くの無駄になってしまうのではないか」と恐れるあまり，かえって追究をやめてしまうものです．研究には先が見えない状況を楽しむことも必要です．

さて，脳と行動の関係は因果関係でしょうか，それとも相関関係でしょうか？　皆さんはどのように考えましたか．

私は恩師の堀田先生から，「遺伝子―脳―行動」の関係は決定論であると教わりました．そこには因果律があるということなのです．『遺伝子・脳・言語――サイエンス・カフェの愉しみ』（中公新書，2007）という本を

堀田先生と共著で書いたことがあります.

(5) 脳機能イメージングという手法

　機能マッピングには，先ほど述べたようなMRIなどのイメージング（画像化）の技術が欠かせません．同じMRI装置を使って脳の局所的な血流量を測定し，活動部位を表示する手法のことを「機能的MRI」，あるいはfunctionalの頭文字を小文字で付けてfMRIと呼びます．神経が活動するとその付近の血流量が上昇しますから，それをMRIの信号変化量として数値化するのです．

　そうした計測技術に加えて，脳機能イメージングには優れた実験のデザインが欠かせません．できる限り単純な条件を設定する必要があるのですが，それはなぜでしょうか．複雑な設定では複数の要因が含まれますから，結果の解釈を無用に難しくしてしまうのです．

　同様に，脳機能イメージングではいかに活動部位を絞り込むかが腕の見せ所です．脳の至るところに活動が出るようでは，どの部位が重要なのか分かりません．論文では，全般的な候補領域を示す目的で多くの部位の活動を示すことはありますが，続く解析で活動部位を絞り込むことができなければ，それぞれの機能を正しく決められなくなってしまいます．

　活動部位を絞り込む方法として，注目する脳機能を含む条件Aと，それを含まない条件Bを統計的に比較するのが標準です．これは「差分法」と呼ばれ，「A－B」という引き算で表されます．

　このとき，注目する以外の脳機能は両条件で等しくすることが肝心です．そうしないと，条件Aに含まれる他の機能が差分でも残ってしまい，脳活動を引き起こす原因となります．もちろん，条件Bが条件Aに近づきすぎると差分法で何も残らないのですが，離れすぎると活動部位が多くて絞り込めないわけです．このようなあんばいを考えると，対照条件である条件Bの選択こそが命だということになります．

　以上のような手続きによって活動部位を特定していくわけですが，頭部の動きや装置のノイズなどがデータを歪めてしまうこともあります．そうした偽の信号のことを「アーティファクト（artifact）」と言います．英和辞典を引いても「人工物」とか「遺物」としか出てこないので，辞書には

限界があることが分かりますね.

　ある程度データを集積できれば，小さなノイズは平均化されて消えていくのですが，突発的に起こる大きなアーティファクトですと，平均しても残ってしまうことがあります. たとえば，頭部の動きによるアーティファクトは大脳皮質の外周部分に出やすいので，そこに活動らしきものが見つかったからといっても，データを見直して再現性を確かめることが必要です.

(6) 脳機能イメージングと脳損傷

　脳機能イメージングは，脳機能と脳活動の相関を明らかにしますが，因果を直接明らかにする方法ではありません. fMRI などでは信号変化の時間差から，複数の脳領域間の因果関係のモデルを作って検証する手法もありますが，これは仮説に基づく間接的な方法です.

　予測される脳機能があって，それを引き起こすような課題を参加者に課すことで，脳活動が生じます. つまり，「脳機能 → 脳活動」という一方向の関係は脳機能イメージングで分かりますが，その逆である「脳活動 → 脳機能」という肝心の因果関係は不明です.

　言い換えると，脳活動は脳機能が生じるための必要条件ですが，十分条件ではありません. そのため，脳活動の計測はあくまで「相関法」であって，因果関係を明らかにするではないわけです.

　一方，脳損傷の研究では，特定の課題をテストして，それに対する反応や行動を観察することで，脳機能の低下が起きたかどうかを調べます. 脳損傷は，脳出血や脳梗塞，脳腫瘍などで生じますから，脳活動が影響を受けることになります. そこで，「脳活動への影響 → 脳機能の低下」という因果関係を直接明らかにできます. 一般に因果関係を示す手法では，脳活動に何らかの干渉を引き起こした状態を調べるので，「干渉法」と呼ばれます.

　脳損傷研究はポール・ブローカ（1824–1880）による最初の患者の報告以来，160 年の歴史があります. これは，左脳の一部に局在した損傷が原因で言語障害が生じるという因果関係を初めて示したのです. このように特定の脳機能が脳の一部に局在することを「機能局在」と呼びますが，そ

れが動物実験を待つことなく人間で初めて示されたのは画期的なことでした.

このように脳損傷は因果関係を示す上でとても強力なのですが，最も重要な部位に傷害を持つ患者が現れるまでは研究が進まないという難点があります．脳出血や脳梗塞ですと太い血管の付近でしか症状が現れませんが，脳腫瘍ならば脳の場所によらずに確率的に生じます．そこで私たちの文法障害の生じる領域を実証した研究では，特に脳腫瘍に集中して，神経内科や脳外科の先生方と共同で行動実験と脳機能イメージングを行いました.

(7) 脳機能イメージング研究のポイント

脳機能イメージングについて，英語の疑問詞を使って整理すると，Where（脳のどこ）と Why（どうして）を明らかにすることが目標です．生理学は一般に Why を扱います．脳の機能を説明する分野ですから.

そのためには，What（何）あるいは Which（どの），つまりいずれの脳機能に注目するかを明らかにする実験デザインが重要です．実験によっては，Who（誰）を対象にして，When（いつ）というタイミングを調べることもポイントとなるでしょう.

最後に，How（どうやって）という技術の選択が大切です．脳研究の主な手法を整理してみましょう．図4は，Walsh and Cowey による図（*Nature Reviews Neuroscience* vol.1, pp.73-80, 2000）に手を入れたものです.

グラフの横軸は空間分解能で，どのくらい細かく見られるかを表します．対数スケールで示してあり，右に1目盛り行くと10分の1ほどの小さい構造が対象となります.

10 cm 程度の脳（図の Brain）から順に見て行くと，機能マップ（Map）が1 cm 程度，脳の機能円柱（Column）が1 mm 程度，そして細胞層（Layer），脳細胞（Cell），シナプス（Synapse），分子（Molecule）と続きます．「機能円柱」とは，同じ機能を共有する細胞が皮質を垂直に貫く形で集合した構造です．「シナプス」は細胞同士の接点で，数ミクロン（μm）程度の大きさです．記憶や学習によって，シナプスに変化が生じると考えられています.

一方，グラフの縦軸は時間分解能で，どのくらい短時間で変化が見られ

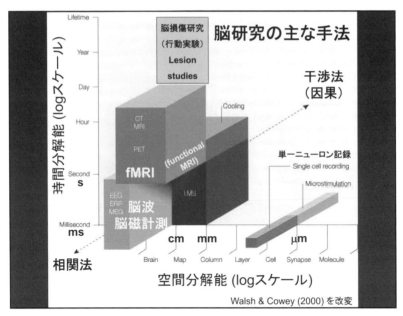

図4

るかを表します．横軸と同様に対数スケールで示してあり，下に行くほど速い現象が対象となります．上の方の目盛りですと20分の1から300分の1くらいの間隔で，下の方は1,000分の1から3,000分の1と広がっています．

100年程度の一生の時間（図のLifetime）から順に，1年（Year），1日（Day），1時間（Hour），1秒（Second），1ミリ秒（Millisecond）と続きます．縦軸の一番下は，神経細胞の活動電位という電位変化が起こる時間分解能です．

さて，脳研究のそれぞれの手法に対応する範囲がグラフ上に示されています．この図に脳損傷研究を重ねてみると，空間的には数mmから数cmの範囲を，時間的には数日から一生の時間までをカバーすることになります．

この図では，因果関係を示すそれぞれの干渉法の範囲を，縦軸と横軸のある面より奥側に延ばして箱状にしています．図の中ほどにTMS (transcranial magnetic stimulation) とあるのは，「経頭蓋的磁気刺激」という手法です．8の字型に巻いたコイルを頭部に当てながら，瞬間的にコイルに

電流を流すと，大脳皮質の表面に誘導磁場が発生して神経細胞を電気的に興奮させます．

図の右下にある電気刺激（Microstimulation）では，脳内に刺した微小電極に電流を流して神経細胞を直接的に興奮させる手法です．また冷却法（Cooling）は動物実験でのみ用いられ，脳の表面を一時的に冷却することで，脳活動を逆に抑制する手法です．いずれにせよ，脳活動に干渉を引き起こすわけです．

相関法については，それぞれの手法の範囲を手前側に延ばして箱状にしています．最も精度の高い方法は，微小電極で神経細胞の電位変化を直接的に記録する「単一ニューロン記録（Single cell recording）」です．ただし，木を見て森を見ないという欠点があります．

先ほどから紹介している fMRI は森という全体像を見ることができ，脳の全体から機能円柱まで，そして数秒から数時間までをカバーします．時間分解能はこれに劣りますが，PET（positron emission tomography）という放射線を使う相関法もあります．また，MRI や CT（computed tomography）によって脳の構造をとらえることができます．

他の相関法として，脳波計による EEG（electroencephalography）や事象関連電位 ERP（event-related potential），そして脳磁計による MEG（magnetoencephalography）といった計測法が広く使われています．どちらも時間分解能が高いのですが，空間分解能は fMRI より低くなります．

結論として，万能の方法は今のところ一つもありません．目的とする脳機能に適した手法を選んだり，複数の手法を組み合わせて実験することになります．

5 言語獲得と脳機能

(1) 生得説 vs. 学習説

ここで，言語脳科学の基礎にある考え方を少し紹介したいと思います．人間の子どもの発達では，予め脳に備わった生得的なプログラムに従って身につく機能と，生後の学習で覚えていく機能の二つがあります．チョムスキーは，言語の獲得が独自のプログラムに従い，学習や教育とは全く異なる過程であることを明らかにしました．

一方，心理学者のジャン・ピアジェ（1896-1980）は，言語が一般の認知発達と同調するとの主張を譲らず，大きな論争になりました．チョムスキーによる生得説とピアジェによる学習説の論争は，近世の哲学における合理論と経験論の対立の延長線上にあって，実に根深いものだったのです．

しかし，母語の発達には教育が必要ないという周知の事実から，獲得説が正しいことは明白でしょう．もちろん子どもの周りに母語の環境は必要ですが，母語の文法知識は理屈抜きに身につくものです．そうした自然に身につく言語のことを「自然言語」と言います．

自然言語は乳幼児が本能的に獲得できるのに対して，人工的に作った人工言語は学習なしに覚えることが不可能です．繰り返しますが，言語獲得は学習と全く別物なのです．言語獲得に必要なのは脳と言語環境であり，乳幼児に文法などを教えることはできませんから，教育や学習は不要ということです．もちろん，単語は学習で覚えるしかありませんが，文法は違います．

日本語の例で考えてみましょう．「走る，走ります，走らない，走れば，走ろう」といった言葉が周りにあったとしても，赤ちゃんが「五段活用」を推論するのは無理でしょう．しかし，「走りない」や「走ろない」と間違って話すことはなく，そうした文法知識は理屈抜きに身につくのです．英語における「三単現の s」も同様です．赤ちゃんに，三人称や単数形，そして時制の現在形といったことを教えるのは不可能ではありませんか．

ところが，多くの人は語学が勉強や訓練だと信じて疑わないでしょうし，早期教育の対象とも思われています．誰でも，そしていつでも身につくはずの言語なのですから，自然習得を理想として「習うより慣れる」ということを実践したいものです．そのことを科学的に検証できるなら，脳科学が養育や教育に貢献できる余地があると私は思います．

---

(2) 獲得と学習の違い

以上のような背景から，言語学では「獲得（acquisition）」と「学習（learning）」を厳密に区別します．

獲得は普遍的な原則から多様性を生み出す演繹的な過程です．脳には予め言語知識が組み込まれており，チョムスキーはそれを「普遍文法（Universal Grammar）」と名づけました．英語や日本語などの個別の文法は，環境にある言葉に合わせて普遍文法から演繹的に導かれます．しかもその過程は，ほとんど自動的に進行するのです．

それに対して学習は，逆に多様性から普遍性を生み出す帰納的な過程です．個別の事象の模倣から始まって，徐々に普遍的な法則を把握していくのです．芸能を学ぶ際にも，最初は忠実な模倣から入り，やがてそれを創造的に高めていくことになります．

このように獲得と学習では，考え方が正反対です．私はサルで記憶と学習の研究をしていたのですが，人間の研究に移って初めて，言語は学習では解明できないということを悟りました．

なお，「習得」という日本語の言葉は，獲得と学習の両方を含めることができます．そうすると，英語などの第二言語を身につけることを習得と呼んでも差し支えないでしょう．

（3）これまでの脳研究は入出力

これまでの脳研究は，その大半が入力や出力に関係するものでした．入力の刺激はある程度まで細かく調節できますし，出力の反応は計測が容易ですから，入出力に着目すれば研究がしやすいわけです．脳に対する主な入力が感覚で，五感を通して知覚された情報を分析する過程が次に続きます．一方，主な出力は運動で，脳からの命令でどの筋肉をどの程度動かすかという情報が合成され，それを受けて適切に体を動かすことができるわけです．記憶や学習に関する研究にしても，感覚記憶や知覚学習，そして運動学習というように入出力のどちらかに偏っています．

脳と機械をつなぐBMI（brain-machine interface）の技術が開発されていますが，人工視覚（artificial vision）や人工内耳（cochlear implant）といった人工的な感覚再現や，脳波などからの運動指令の再現など，入出力そのものに特化したものがほとんどです．内的な感情や意思表示を脳の信号から読み取る試みはあるものの，先ほど指摘したように「心のモデル」が定まらない以上，その応用は限定的でしょう．

問題は，入出力の間に位置する高次の判断や意思決定の過程がブラックボックスとして放置されているということです．もしこの過程を無視して

よいのであれば，入力と出力を直接つなげた「反射」で十分ですから，脊髄さえあれば脳は不要となります．むしろその方が余計な迷いが入らない分，はるかに高速で正確ではありませんか．動物では，その方が生存に対して有利だと言えます．

人間が人間たるゆえんは，知覚したものを自動的に言語化し，さらに内言語によって思考が形成されることにあります．「我思う，ゆえに我あり」というわけです．それにもかかわらず，これまでの言語の脳研究は，文字や単語の提示や発話を対象とするものがほとんどです．ブローカ失語やウェルニッケ失語という言語障害が，それぞれ出力と入力の障害と見なされて以来，それだけで言語中枢の研究は十分だとの誤った了解があったのです．

文法の障害という可能性に気づいたのは，アメリカの神経内科医ノーマン・ゲシュヴィンド（1926-1984）が最初でした．ゲシュヴィンドがチョムスキーと同じ時期にボストンにいたのは，天の采配だったのかもしれません．

脳研究が入出力に限定されてしまった別の原因として，50年代までの古典的な心理学で支配的だった，バラス・スキナー（1904-1990）らによる「行動主義」があります．先ほどのブラックボックスに対して無理な理由を与えようとした精神分析学に対する反動から，行動主義では入力と出力を直接結びつけて，その間の過程はすべて封印しました．研究対象を刺激という入力と，反応という出力のみに限定することで，心理学をサイエンスにすることを目指したため，脳内の意識の問題などはタブー視されました．それが80年代まで続いたのです．

物理学でも初期の宇宙論が同じ憂き目を見ました．たとえば，1966年に提出されたホーキングの博士学位論文は，タイトルが「膨張する宇宙の諸性質」というものでした．宇宙の「ビッグバン（Big Bang）」モデルなど取るに足らないと軽んじられ，まともに議論できなかった時代のことです．このように，サイエンスは暗黒時代を経て開花することがあります．

(4)「普遍文法」は人間の創造性の源泉

図5はそうした心理学の封印を解いて，新たな脳のモデルを私なりに

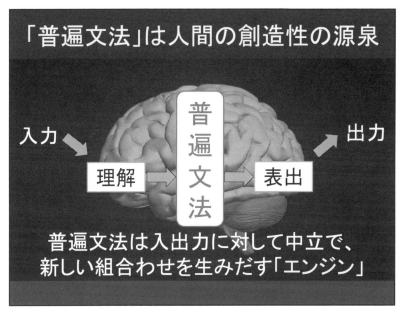

図5

示そうとしたものです．

　これまでブラックボックスだった中央部には，先ほどの「普遍文法」に関係する機能を置いてみます．この普遍文法によって，言語の入力情報を「理解」につなげ，さらに発話という出力情報に必要な「表出」を生み出します．

　模倣したことを上手く整理して，適切な解釈によって理解が深まるようになったら，今度は普遍文法の出番です．ちょうど言葉を自由に組み合わせて適切な文や文章が作れるように，模倣して自分が使えるようになった素材を新たに組み合わせてみましょう．すると，それが理に適った表現によって表出できるようになるのです．これが創作という行為です．

　以上の意味において，普遍文法は入出力から完全に「中立」ということになります．ここで中立というのは，入力や出力のどちらか一方に特化することなく，どちらでも全く同じ構造を生み出すということです．つまり，入力の模倣によって作られた精緻なモデルが，創作の出力においても同じ形で活かされます．

　さらに普遍文法は，際限なく新しい組み合わせを生み出し続けるエンジ

ンのような役割を果たします．つまり，対象となる創作は言語に限らず，芸術や学問一般にまで広げて考えることができ，それらに共通する「創造性」を統一的に説明します．言い換えると，普遍文法こそが創造性の源泉になっているのです．

普遍文法は人間の脳に生得的に備わる能力です．動物に人間の言葉を教えようとしたり，動物の発する信号に規則性を見出そうとしたりする研究がありますが，それは人間の創造性とは質的に異なるものです．動物の「ことば」と思われているものは，単語のような素材を学習したものに過ぎず，一定の文法性を備えた「文」を作ることはありません．どんなに「ことば」らしく見えようとも，動物の脳に備わっていない能力を学習だけで再現することはできません．そこに明瞭な違いを認めない限り，人間の本性はサイエンスの対象とはなりえないのです．

(5) 生物進化の誤解と中立説

人間と動物の相違点が明確になりましたので，最後にチャールズ・ダーウィン（1809-1882）が提唱した生物種の進化論についてお話しします．特に，進化にまつわる誤解を正したいと思います．

まず，地球の歴史とともに偶然の連続で生じた生物進化には，そもそも「目的」や「必要性」はありません．人類がさらに賢くなるべき目的や必要性があったとしても，そのために脳が進化することなど科学的にありえないのです．ですから，「なるべくしてなる」とか，「○○のために進化した」という言い方は，すべて誤りです．

しかし，この大原則は研究者の間でも未だ誤解されています．一般向けの番組でも，「言語は社会生活で必要なので，コミュニケーションのために進化したのです」という誤った主張が繰り返されてきました．

人間の言語の起源は，コミュニケーションのような外言語ではなく，内言語であったかもしれません．たとえば，一卵性双生児が双子同士で使う外言語はとても短いのですが，それは内言語が共有されているためだと考えられます．限られた外言語をもとに完璧な内言語が生じることは，「クレオール化」という現象として有名です．双生児の脳に言語が生じた後は，彼らの子孫の脳に引き継がれた言語能力を通して，内言語と外言語が自然

と広まっていくでしょう.

　また，進化は常に連続的だとは限りませんが，進化が連続的だと主張する脳科学者にとっては，言語と全く関係ない別の機能や役割までが言語の「前適応」ということになってしまいます. あるわずかな変化が脳に生じて人間のような言語が生まれたとして，それは言語の有無という点で，その先祖となる種とは不連続な変化と見なすべきです. 人間以外の動物が「言語の芽」のようなものを持っていたり，言語能力があるのに未だ発揮していなかったりするようなことはありえません.

　言語の問題も，木村資生（1924–1994）の「中立説」を前提に考えるのが正当でしょう. 進化の過程では，生存環境への適応という点で有利にも不利にもならない，つまり「中立な」変異が数多く生じています. そうした中立な変異は，進化の過程で安定的に引き継がれる可能性があります. 人間における言語の誕生も，最初はそうした中立な変異だったのでしょう. それが時間をかけて創造性の開拓につながり，古代の文明を育んでいったと考えられます. そうした文明史は，進化とは全く異なる人間独自の歴史なのです.

おわりに

　以上で私の講義はほぼ終了です. 今後の講義を聴くために，脳科学の用語を少し補足しておきましょう.

　図6は，ニューロンの模式図です. 中央の大きな矢印は電気信号の流れを示します. 細胞核を含む神経細胞体から枝分かれした樹状突起の上には「シナプス」があり，前の細胞からの信号を受け取ります. 多数のシナプスからの信号が積算され，ある決まった閾値を超えると，細胞体に活動電位が生じて，軸索を通して次の細胞に伝えられます. 軸索は先端で枝分かれしますが，神経細胞体から出る軸索は1本のみという性質があります.

　図7で示したのは，脳の構造を表すのに使われる，方向を表すラテン語由来の用語です. 体については背側（dorsal, D）と腹側（ventral, V）の向きは明らかですが，脳の領域についても使われます. そのときは人の泳ぐ姿勢を思い浮かべるとよく，頭頂の方が背側になります. さらに上と下，

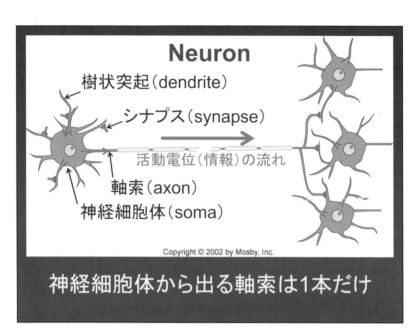

図6

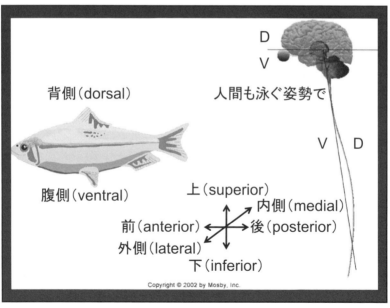

図7

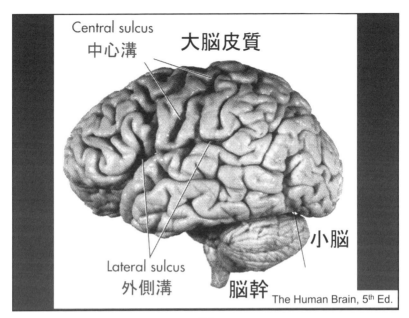

図8

前と後,そして外側と内則の向きを表す用語が分かれば,3次元で相対的な位置関係を示すことができます.

脳は,大脳・小脳・脳幹の3つに大きく分けられます(図8).脳幹は生命維持の中枢であり,松茸の傘のように大脳皮質が小脳の上を覆っています.大脳皮質には,最も目立つ溝である外側溝と中心溝があり,これらを境にして前頭葉・頭頂葉・側頭葉・後頭葉の4つに区分されます(図9).

大脳皮質にはさらに,ドイツの解剖学者ブロードマン(1868-1918)が付けた番号が今でも使われます.脳に届いた感覚の情報は,視覚野・聴覚野・体性感覚野のように分かれて入力されます(図10).一方,脳から生じた運動の情報は,運動野から出力されます.それ以外の領野は「連合野」と呼ばれ,さまざまな機能が連合あるいは統合されると考えられています(図11).図では,言語に必要なブロードマンの領野番号を大きく示しています.

特に体性感覚野と運動野を含む断面に注目すると,全身に対する機能マッピングの結果を見ることができます(図12).手や顔に対応する領域が

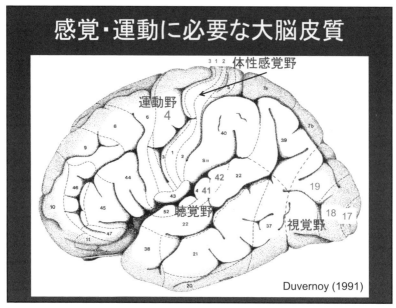

図9

図10

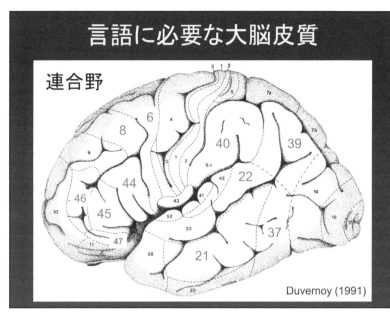

図11

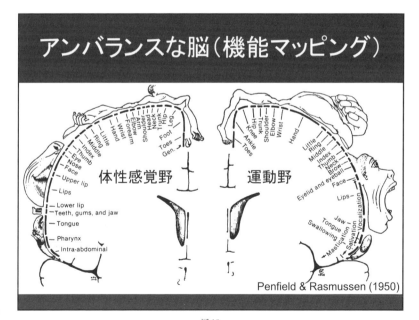

図12

大半を占めていることから，体の中で手や顔は最も繊細な皮膚感覚を受け，同時に最も精緻な運動を可能にすることが分かります．このように，我々の脳は理に適った形で，アンバランスにできているのです．さらに皮質の「機能地図」は，その人の学習や経験により生涯にわたって更新されていくと考えられます．脳は実に創造的な装置なのです．

Q&A　講義後の質疑応答

Q　言語獲得は学習ではなく，自然言語は乳幼児が本能的に獲得できるということでしたが，この自然言語とは具体的にどういう言葉なのでしょうか．

A　具体的には日本語や英語などの音声言語と，日本手話やアメリカ手話などの手話言語が含まれます．赤ちゃんの覚えられる言語が「自然言語」だとも言えます．

　大人もまた，できるだけ自然習得に近づければ，何語でも覚えられますし，多言語でも同時に身につけられます．よく言われる臨界期というものは，感覚以外で存在するとの証拠はないのです．

Q　言語は心に完全に包含されているという説明でした．たとえば火傷をした際に「熱い！」という言葉は反射的に出てくるものだと思いますが，このようなものは心の機能のうちに完全に含まれているのでしょうか．また，心に関係しない脳機能にはどのようなものが含まれているのでしょうか．

A　末梢の感覚神経が温度感覚や痛覚を体性感覚野まで伝えて，知覚が生じます．知覚は心の一部ですから，それを言語化することで言葉の反応が即座に出るわけです．それは末梢の反射ではありません．

　心に関係しない脳機能には，たとえば脳幹の機能が含まれます．具体的には，呼吸のサイクルや，睡眠と覚醒のサイクルが含まれます．心臓は心筋が自律的に収縮と弛緩を繰り返しますが，呼吸は神経によって支配されており，睡眠中も止まることはありません．

Q　講義では脳の電気的な測定や血流量の測定が出てきましたが，神経伝達物質であるドーパミンやアドレナリンについては，スケールの表ではどのあたりに位置づけられるのでしょうか．また，神経伝達物質についての測定や研究はどのあたりまで進んでいるのでしょうか．たとえば感情について，神経伝達物質の測定で解明できるのでしょうか．

A　シナプスでやり取りされる神経伝達物質は，分子のスケールとなります．シナプスの大きさは数ミクロン程度ですから，電子顕微鏡を使っても，神経伝達物質が詰まったシナプス小胞が見える程度です．神経伝達の時間変化はシナプス遅延と呼ばれ，0.5 ミリ秒程度ですから，スケールの表の外になります．神経伝達物質の濃度変化を測ったとしても，現状の技術では空間的にも時間的にも粗すぎて，脳機能と対応づけるのは困難でしょう．

　細かく測れば何でも分かるというわけではありません．そうした問題について，脳科学者のロジャー・スペリー（1913-1994）は，紙に書かれたメッセージを読むのに，使われたインクの成分を調べても無意味だと述べました．脳機能を解読するには，最適なスケールがあるということなのです．

第2講
人工知能による自然言語処理

鶴岡慶雅
東京大学大学院情報理工学系研究科教授

鶴岡慶雅（つるおか よしまさ）
1974年仙台生まれ．東京大学工学部電気工学科卒業．同大大学院工学系研究科電子工学専攻博士課程修了．博士（工学）．科学技術振興事業団研究員，マンチェスター大学 Research Associate，北陸先端科学技術大学院大学准教授，東京大学大学院工学研究科准教授を経て，2018年より東京大学大学院情報理工学系研究科教授．自然言語処理，ゲームAI，強化学習等の研究に従事．主な著書に，『構文解析』（コロナ社），主なソフトウェアに『激指』などがある．

1 言語モデルとは

（1）はじめに

　自然言語処理は昔から人工知能と呼ばれるトピックの一つではありましたが、これが「知能」といえるような知的な処理を指すようになったのはごく最近のことです。それまでは、自然言語処理の研究といえば、文の各単語の品詞を当てるとか、構文構造の解析などが中心で、人工知能と呼ぶには微妙なものでした。それが最近、深層学習（ディープラーニング）と呼ばれる技術の進歩によって、人間が行うような様々な知的な言語処理が可能になってきています。そうした最近の自然言語処理技術がどのように実現されているのかについて、技術の中身にまで踏み込みつつも、できるだけわかりやすくご紹介します。

（2）言語モデル

　まずは言語モデルについてご紹介します。言語モデルは、単語を順次出力することで文章を生成することができる確率モデルです。自然言語処理の分野で言語モデルは昔から研究されてきましたが、2019 年に世界中の研究者が驚くような言語モデル GPT-2 が登場しました。

　実例を日本語に訳した結果を図 1 に示します。上に書いてある「アンデス山脈の人里離れた未開拓の谷間にユニコーンの群れが住んでいるという衝撃の事実が科学者によって発見されました。研究者にとってさらに驚きだったのは、そのユニコーン達が完璧な英語を話していたことです。」というのは人間が与えた文章で、言語モデルはこれに続く文章を生成することになります。GPT-2 はこれに対して、「科学者はこの群を、その特徴的な角にちなんで『オヴィッドのユニコーン』と名付けました。この 4 本の角を持つ銀白色のユニコーンは、これまで科学的には知られていませんでした。」と続けました。途中を省略しますが、最後に「その起源はまだはっきりとしていませんが、もしかしたら人類が文明を持つ前の時代に、人間とユニコーンが出会って生まれた生き物ではないかと考えている研究者もいます。ペレス博士は、『南米では、そのような出来事は珍しくないようだ。』と述べています。」という文章が生成されています。

文章自動生成

- 深層学習による文章生成 (Radford et al., 2019)

図 1

　この文章生成のクオリティの高さには世界中の研究者が驚きました．それまでの言語モデルが生成する文章は，局所的に見れば一応文章になっているように見える，といったレベルで，このような長い文章を意味の一貫性をもって生成するということは，とてもできませんでした．

(3) 言語モデルによる文章生成

　前述の GPT-2 のような高性能言語モデルの中身を説明する前に，まずは言語モデルとは何かについてもう少し具体的に説明します．

　言語モデルでは，大量のテキストデータ・文章の集まりから，単語列を生成する確率的な規則やモデルを「学習」することで新しい文章を生成するというデータ駆動のアプローチが採られます．

　最初に，従来型の言語モデルの学習について具体例を用いて説明します．ここでは例として夏目漱石の『坊っちゃん』のテキストデータを学習データとして使うものとします．「親譲りの無鉄砲で小供の時から損ばかりしている．」で始まる有名な文章です．

(4) Unigram モデル

　最初に文章を単語の列に分割します．「親譲り」を一つの単語とし，次が「の」「無鉄砲」というように単語に分割します．そうすると「坊っちゃん」では約 5 万 8,000 語のテキストデータになります．

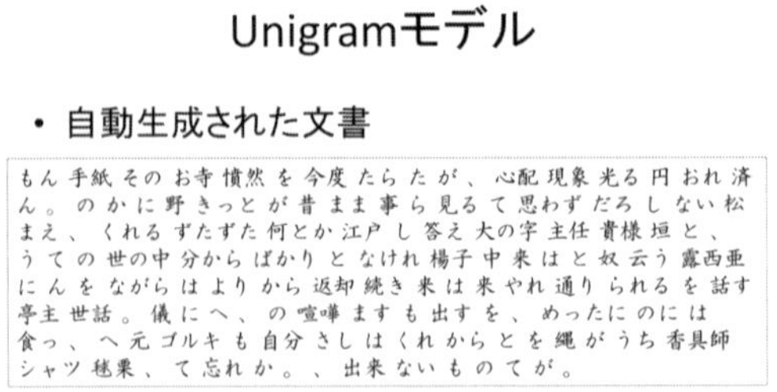

Unigramモデル

・ 自動生成された文書

```
もん手紙そのお寺憤然を今度たらたが、心配現象光る円おれ済
ん。のかに野きっとが昔まま事ら見るて思わずだろしない松
まえ、くれるずたずた何とか江戸し答え大の字主任貴様垣と、
うての世の中分からばかりとなけれ楊子中来はと奴云う露西亜
にんをながらはよりから返却続き来は来やれ通りられるを話す
亭主世話。儀にへ、の喧嘩ますも出すを、めったにのには
貪っ、へ元ゴルキも自分さしはくれからとを縄がうち香具師
シャツ継果、て忘れか。、出来ないものてが。
```

図 2

このような単語列が得られると，そこから各単語が生成される確率を計算することができます．具体的には，各単語は独立に出現するとみなして出現回数をカウントすることで，「親譲り」という単語が出現する確率は 0.0000518，あるいは「の」という単語が出現する確率は 0.0036451 というように計算できます．これが計算できたら，この確率分布に従ってサイコロを振れば，単語を生成するモデルができます．この単純な言語モデルを Unigram（ユニグラム）モデルと呼びます．

この言語モデルで実際に文章を生成すると，図 2 のような文章が生成されます．とても日本語とは言えない，単語を並べただけのものになっています．さすがにこのモデルは単純すぎて言語モデルとしては使い物にならないので，もう少し工夫が必要です．

---

(5) Bigram モデル

Unigram モデルよりも少し表現力の高いモデルとして Bigram（バイグラム）モデルがあります．これは単語が出現する確率を個別に考えるのではなく，単語の条件付き確率を考えます．例えば，「おれ」という単語の後にどんな単語が来るのかを考える場合，テキストデータの中で「おれ」という単語の次に出現する単語の数をカウントすることで，「おれ」という単語の後に「は」が来る確率は 0.361，「おれ」という単語の後に「の」が来る確率は 0.259 であることがわかります．

このようにして得られた確率分布に従って単語を生成してみましょう．図 3 は Bigram モデルで生成された文章です．先ほどの Unigram モデルよりは若干まともな日本語に近づいていることがわかります．

Bigramモデル

- 自動生成された文書

> 「 　山嵐は白とか、森の方が出来る ものか ホホホホ と なかなか
> 込み入ってしまって、山城屋のなる。
> とおれと思ったら、それはましたんで、智慧が起き上がるや否
> や、おや今晩は人中じゃが、なるべく倹約している。次にか
> ぎられちゃ、誰が山嵐と同じだから清が豪いの渾名を殺さな
> くってさにさえ卸しゃ、お困りじゃない、うしろいますと同
> 説は教頭ひとりでないって怖くは君子な顔を食った。。

図 3

N-gramモデル

・ 条件の詳細化

unigram モデル　$P(w)$

bigram モデル　$P(w|w_{-1})$

trigram モデル　$P(w|w_{-2}w_{-1})$

$$\vdots$$

n-gram モデル　$P(w|w_{-(n-1)}...w_{-1})$

図 4

---

(6) N-gram モデル

　Bigram モデルでは一つ前の単語を見て条件付き確率を考えたわけです
が，さらにもうひとつ前の単語まで見ればより良い言語モデルが作れるの
ではないか，という発想が浮かびます．これが Trigram（トライグラム）
モデルです．

　これをさらに一般化すると，図4のように全部でN個並びの単語列を
考慮して条件付き確率を考えることができます．このような言語モデルを
N-gram モデルと呼びます．

　Trigram モデルを使うと図5のような文書を生成できます．Bigram モ
デルよりさらに良くなっていますよ．さらに4つ前の単語まで考慮に入れ
ると，図6のようになります．かなり日本語らしくなりました．基本的
には長い文脈を考えれば考えるほど，より日本語らしくなると言えます．

Trigramモデル

・自動生成された文書

山嵐は頑として黙ってる。こんな所に我慢が出来るくらいなら、ゆっくり云っている。しかし野だが、しかしべらべら出るぜ。ことに赤シャツといっしょじゃつまらない。清はこんな条理に適わない議論を吐いて、急にわっと云うのは、自分だけ悪るい事だ。山嵐は校長には下宿とか、不徳だとか云って応じなかったと飛び上がったのじゃがなもし」

図5

4-gramモデル

・自動生成された文書

「そのマドンナが不たしかなのが居る。あんな奴にかかっては鉄拳制裁でなくっちゃ、こっちの胸へ宛ててぐいぐい押した拍子に、勘太郎の頭がすべって、おれの好きなものはない。向うでうまく言い抜けられるような手段で、おれには、とても手紙は書けるものではない、煮え切らない愚図の異名だ。　八日目には九円五拾銭払えばこんな家へはいれるなら、おれも負けない気で、晩飯前に運動かたがた出掛る。

図6

10-gramモデル

・自動生成された文書

庭を東へ二十歩に行き尽すと、南上がりにいささかばかりの菜園があって、真中に栗の木が一本立っている。これは命より大事な栗だ。実の熟する時分は起き抜けに背戸を出て落ちた奴を拾ってきて、学校で食う。菜園の西側が山城屋という質屋の庭続きで、この質屋に勘太郎という十三四の倅が居た。勘太郎は無論弱虫である

N-gram モデルの限界　⇒　深層学習

図7

　この調子で10個前の単語まで考慮に入れると図7のような完璧な日本語を生成することができます．一見，言語モデルとして良くできたものに思えますが，実はまったく役に立たないモデルです．既にお気づきの方もいるかと思いますが，この文章は『坊っちゃん』の中に全く同じ文章があります．これは，テキストデータ中で1回しか出現していない単語列の確率が1/1＝1と計算され，そのような単語列が並んだものなので，元の文章のコピー＆ペーストになってしまったのです．この言語モデルには，学習データとは異なる新しい文章を生成する能力はありません．

　このように，単語の出現回数を数えて言語モデルを作るというアプローチには本質的な限界があり，知的な文章生成は実現できませんでした．実

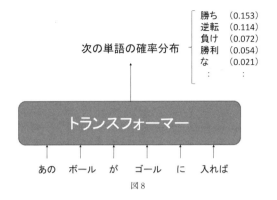
図8

際の統計的確率モデルはもう少し複雑で，確率の推定方法も工夫されていますが，それでも限界がありきちんとした文章は生成できませんでした．それが深層学習の登場により大きく変わったのです．

(7) 深層学習に基づく言語モデル

ここからは深層学習に基づく言語モデルについて説明します（図8）．図中のトランスフォーマーとあるのが言語モデルでよく使われているニューラルネットワークの構造です．

このトランスフォーマーに文脈を入力すると，トランスフォーマーは次の単語の確率分布を出力します．例えば，「あのボールがゴールに入れば」の次の単語は「勝ち」「逆転」といった単語が続く可能性があり，それぞれに確率値が付与されています．

深層学習を使ったモデルでは各単語の実数値をベクトルで表現します（図9）．図では，「みかん」「りんご」「ボール」という単語に対応するベクトルが2次元の実数値ベクトルで表現されています．ここでは説明のため2次元で描いていますが，実際はもっとずっと高次元のベクトルです．

このようなベクトル表現を用いることで，似たような意味を持つ単語の情報を活用することができます．例えば「みかん」と「りんご」は，近いベクトルで表現されますが，これにより，「みかん」に関する情報を計算する際に，「りんご」に関する情報を活用することができます．従来型の統計的言語モデルでは，異なる単語の統計情報は全く別物として扱われま

単語ベクトル

- 単語を実数値のベクトルで表現

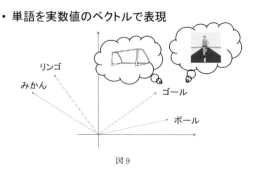

図9

すが，深層学習に基づく言語モデルは，このようなベクトル表現を用いることで，従来型の統計的モデルの弱点であったデータスパースネスの問題を大きく緩和できます．

ただ，自然言語にはもうひとつ難しい問題があります．それは，単語の「多義性」の問題です．単語は出現する文脈で意味が変わってきます．例えば，「ゴール」という単語を考えると，サッカーの「ゴール」なのか，マラソンの「ゴール」なのかは，文脈によって決まります．単純に一つのベクトルで「ゴール」と表現してしまうと，文脈による意味の違いが表せないという問題があります．この多義性の問題をトランスフォーマーはうまく解決してくれます．

トランスフォーマーでは，ベクトルで表現された各単語が，ニューラルネットワークを通ることで，新たなベクトルにアップデートされます（図10）．各単語のベクトルをアップデートする際には，文中の他の単語の情報を見に行って，その情報を踏まえてベクトルを更新します．先に述べた「ゴール」を例にすれば，同じ文中に「ボール」という単語が出ているので，マラソンのゴールではなく，サッカーのゴールであることを表すベクトルにアップデートされます．つまり，新しくアップデートされたベクトルは，より文脈の意味を捉えたベクトルになります．こういった処理を何度も繰り返して各単語のベクトルを文脈に基づいて洗練していくことがトランスフォーマーで行われていることです．

次に，ニューラルネットワークと書いてあるレイヤーが何をしているの

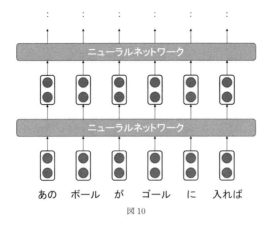

図 10

かを説明します．図 11 はこのレイヤーの動作を図示したものです．

まず各単語のベクトルから「クエリ」「キー」「バリュー」と呼ばれる 3 つのベクトルを作ります．これらは単語のベクトルに 3 つの異なる行列を掛けることで作られます．「クエリ」は，このベクトルが他の単語に対してどのような「問い合わせ」をしたいのかを表したベクトルです．逆に，「キー」は他の単語からのどのような問い合わせに答えるかを表したベクトルです．「バリュー」は答える際にどのような値を返すかを表したベクトルです．

このような 3 種類のベクトルを単語ごとに作り，各単語は「クエリ」を使って他の単語（言語モデルの場合は自分より前に出現している単語）から情報を集めます．各単語は「キー」ベクトルをもっているので，「クエリ」と各単語の「キー」との内積により，それらがどれくらい関連しているのかを数値化します．この数値に基づいて関連性の強さを計算し，各単語の「バリュー」ベクトルの重み付きの和を計算します．最後に，ベクトルの中の値同士で情報交換をするため，簡単な行列計算と非線形関数を適用し，新たなベクトルを計算します．これがニューラルネットワークの各レイヤーで行われる処理です．

このような処理を何段も積み重ねることで，文脈を考慮して単語ベクトルを洗練することができます．最後に，このようにして洗練されたベクトルに基づいて次に来る単語は何かを予測します．例えば，次に「勝ち」という単語が続く確率は 0.153 といった具合です．

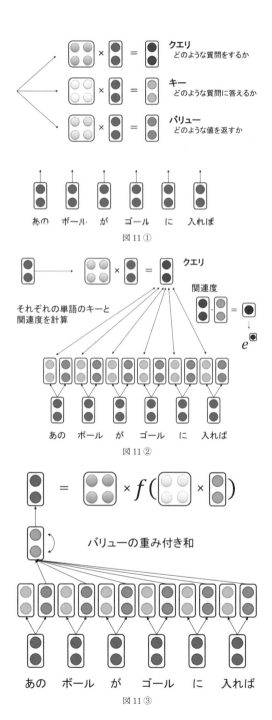

図11①

図11②

図11③

計算グラフ

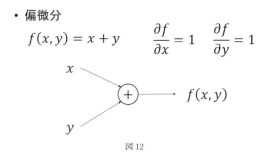

図12

　さて，ここまでの説明では，ニューラルネットワークの中の計算で用いられている行列の各要素の値（パラメータ）を誰がどうやって決めたのかは説明しませんでした．しかし，それらの値が適切に決まっていないと，もちろんこのモデルは適切に動作しないので，それらのパラメータを適切に決めていく仕組みが必要になります．

　考えられる単純な方法の一つとして，各パラメータの値をてきとうに増やしたり減らしたりして，できる限り学習データに出現する単語に対して高い確率が割り振られるように調整していくことが考えられます．しかし，この単純な方法はうまくいきません．なぜなら，大きな言語モデルの場合，何十億というパラメータを調整しなければならず，てきとうに各パラメータを微調整するのでは時間がいくらあっても足りないからです．

(8) 計算グラフ

　前述の単純な方法よりも圧倒的に効率の良いパラメータ調整手法として，「計算グラフ」を利用する方法があります．ニューラルネットワークというのは，結局のところは巨大な合成関数なので，計算グラフを利用することで，各パラメータを微小変化させたときの出力に対する影響を計算グラフで効率的に計算することができます．別な言い方をすると，関数の各変数に関する「偏微分係数」を計算グラフを利用して効率的に計算することができます．

　まず例として非常に単純な関数を考えます．$f(x,y)=x+y$ は，入力が二つあって，それらを足し算するだけという単純な関数です．これを計算

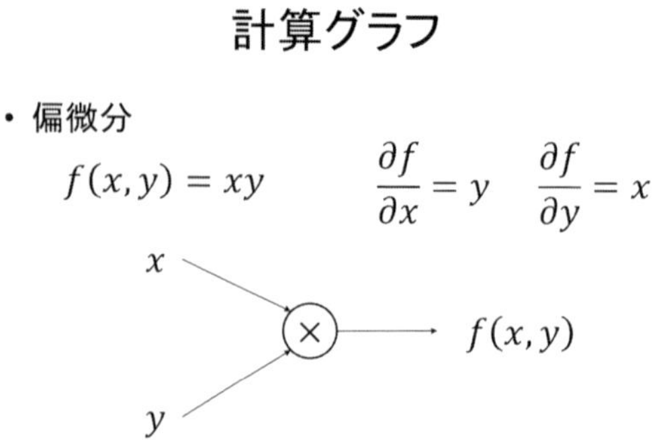

計算グラフ

・偏微分

$$f(x,y) = xy \qquad \frac{\partial f}{\partial x} = y \qquad \frac{\partial f}{\partial y} = x$$

図13

グラフで表すと図12のようになります．この関数では，fをxで偏微分すると1，fをyで偏微分すると1です．

掛け算の関数$f(x,y) = xy$の場合は，fをxで偏微分するとy，fをyで偏微分するとxになります．つまりxを微小変化させた場合にfがどのように変化するかを考える際には，掛け算ノードにおけるもう一方の入力であるyの値を見ればよいことが分かります（図13）．

---

(9) バックプロケーション

ここで，足し算と掛け算の関数を組み合わせて少し複雑な関数$f(x, y, z) = (x+y)\,z$を考えます．いま，入力x, y, zの値が-2, 5, -4とすると，この関数の値は-12です．このとき，x, y, zの値を微小変化させた場合に関数fの値がどう変わるのかを考えます．

まずzに関しては，掛け算ノードなので反対側の入力，つまりqの値を見ます．その値は3なのでfをzで偏微分したものは3ということが分かります．また，fをxで偏微分したものは，合成関数の微分の公式から，fをqで偏微分したものと，qをxで偏微分したものの掛け算で求めることができます．いま，fをqで偏微分したものが-4なので，その値がそのまま前に来てfをxで偏微分したものは-4ということが分かります（図14）．

このように，合成関数を計算グラフの形で表現すると，どれだけ複雑な関数であっても，原理的には，このような形で出力から入力方向に計算していくことで偏微分係数が計算できることが分かります．それがバックプ

バックプロパゲーション

・例

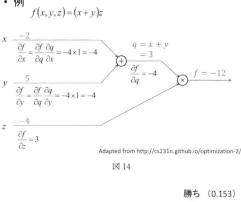

図14

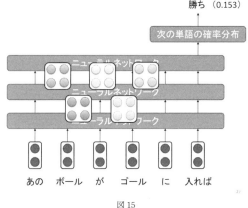

図15

ロパゲーションと呼ばれる方法で，ニューラルネットワークの学習に用いられます．

バックプロパゲーションを行うことで，各パラメータを少し変えた際に，ニューラルネットワークの出力がどのように変化するか分かるので，逆に，出力の値を学習データに合わせて適切に調整するためには，どのパラメータをどのように変化させたら良いのかが分かります．それに従ってパラメータの値を微調整することを繰り返す，というのがニューラルネットワークの「学習」で実際に行われていることです．

現在の言語モデルでは，このような仕組みにより，大量のテキストデータを使って学習することでパラメータが適切に調整されています（図15）.

トランスフォーマーにおいて，単語ベクトルが各レイヤーで実際どのように アップデートされていくかというのは，まだよく分かっていないことが多いのですが，一般的には，一番下の方のレイヤーでは単語の品詞等に関する情報，もう少し上のレイヤーでは構文に関する情報，さらに上に行くと単語の意味に関する情報が捉えられているのではないかと言われています．

このような仕組みで最新の言語モデルが実現されているのですが，最近は言語モデルがソースコードとともに公開される例が増えてきており，誰でも最新の言語モデルを試せるようになっています．GPT-2 も公開されており，日本語のテキストデータで学習したモデルも公開され，誰でも試せるようになっています．

(10) 文章生成の実例

ここで，日本語データで学習された GPT-2 を用いて実際に文章生成を行ってみましょう．まず，文脈として「我々は洞窟の奥へと進んでいった．そこで我々が目にしたのは驚くべき光景であった」という文を与えます．すると，GPT-2 はそれに続けて，「そこは巨大な巨大都市．その空間にはまるでおとぎ話の世界のように，魔法に満ちた空間だった．その空間の中には，魔法で生み出された何かの像があった．そこには，その像から魔法や不思議な力を得るための道具や道具が散りばめられていた．また，その場所では，かつて大洪水が起きた際に，神殿を修理しようとした人たちを救出した際の，……」というように，文脈で指定したように「驚くべき光景」を文章として生成してくれています．

言語モデルは，確率分布に従って単語列を生成しているので，再度実行することで異なる文章を生成できます．もう一つの生成結果は，「しかし，この幻想的な体験から我々に何かを学んだだろうか．我々が洞窟の奥へと進むにつれ，俺たちは徐々に洞窟へと入ってゆく．そこには，俺にはまだ未知の世界が広がっていた．そういえば，この洞窟には今まで俺が見たことがない生物や奇妙な建築物を発見できるのだろうか？この巨大な岩壁と美しい天井，洞窟には一体どんな生物がいるのだろうか」となりました．こちらも，「驚くべき光景」をふまえた文章になっています．

今度は，時代小説風の文章を生成させてみましょう．「織田信長の軍勢は目前に迫っていた」という文脈を与えます．すると，「家康，毛利輝元，池田輝政を率いる重臣，前田利家の軍勢はすでに浜松城を抜けていた．小牧長久手の戦いで今川義元を討った武田勝頼は，その後秀吉が小田原征伐に出陣するのを阻止する為に，家康を手懐けることにする．秀吉は浜松城を脱出し，徳川軍の包囲網を突破し，家康の本陣である浜松城に迫ったが，家康は断固として浜松城に，……．」という文章が生成されました．事実関係は無茶苦茶ですが，雰囲気としてはちゃんと時代小説風の文章が生成されています．

うまく文章が生成されないこともあります．「夏休みの宿題のことをすっかり忘れていた．学校が始まるまでもうあと三日しかない．」という文章を与えてその続きを生成させると「毎日毎日学校の準備をしなくては．宿題は山盛りだし，もう一眠りしても大丈夫！と，そんなことを考えている間に，夏休みの宿題も三分の一近く終わったので，宿題を終わらせないと始まらなくなる．私はいつもギリギリギリのスケジュールで宿題を済ませてしまうが，今日はゆっくり宿題と向き……」となんだか変な文章が生成されました．深層学習といっても，結局は行列の掛け算や足し算やらで計算しているだけなので，意味の通らない文章が生成されることもよくあります．

2 系列変換モデルとは

(1) 系列変換モデル

後半は言語モデルの応用として，「系列変換モデル」をご紹介します．単に文書を生成するのであれば言語モデルで十分ですが，もう少し複雑な処理，例えば翻訳を実現しようとすると，少し異なる仕組みが必要になります．翻訳の場合は，入力文に対して出力文があるというタスク設定になっており，言語モデルのタスク設定とは少し異なります．

トランスフォーマーを用いた系列変換モデルの構造を図16に示します．系列変換モデルでは，「エンコーダ」と「デコーダ」の二つのトランスフォーマーを利用します．エンコーダは入力文の解析を行います．解析の仕組みは，言語モデルのトランスフォーマーで説明したように，各単語をベ

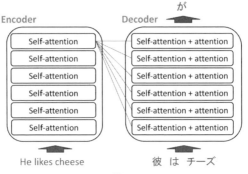

図16

クトルで表し,それを各レイヤーで他の単語の情報を参照しながら洗練していきます.言語モデルのトランスフォーマーとの違いは,各単語のベクトルをアップデートする際に,入力文中の全ての単語の情報を参照できるという点です.言語モデルの場合は,自分よりも前にある単語の情報しか参照できません.

デコーダの仕組みは言語モデルのトランスフォーマーとほぼ同じですが,入力文の情報を参照するために,クロスアテンションといって,エンコーダで計算したベクトルを参照する処理が入っている点が異なります.

実は,トランスフォーマーを用いたモデルとしては,歴史的には系列変換モデルが先で,言語モデルのトランスフォーマーは,系列変換モデルのデコーダのみを取り出したものと考えることができます.

(2) エンコーダ・デコーダモデル

図17はエンコーダの中身がどうなっているかを具体的に説明したものです.言語モデルの場合とほぼ同じ処理が行われます.先ほど説明したように,「キー」「クエリ」「バリュー」のベクトルを各単語で作り,「クエリ」と「キー」の内積に基づいて関連度を計算し,各単語の「バリュー」の重み付きの和を計算します.

このような系列変換モデルは,エンコーダ・デコーダモデルと呼ばれ,機械翻訳,プログラム生成,文章読解,要約・対話など様々な自然言語処理が実現できます.最近のエンコーダ・デコーダモデルは,ほとんどがト

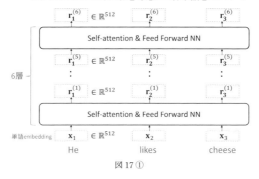

図 17 ①

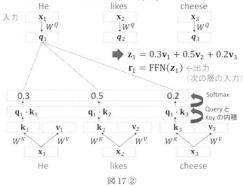

図 17 ②

ランスフォーマーによって実現されていますが，トランスフォーマーが登場する前は，リカレントニューラルネットワークの一種であるLSTMと呼ばれるニューラルネットワークなどがよく使われていました．

いくつか具体例を紹介しましょう．図18はGoogle翻訳によって得られた中英翻訳の例です．右端は人間が書いた正解の翻訳です．PBMTとあるのは従来型の統計的機械翻訳で出力された翻訳です．GNMTとあるのがエンコーダ・デコーダモデルによる翻訳です．PBMTよりもはるかに単純な仕組みで，より高精度の翻訳が実現できるようになりました．

図19はGoogle翻訳の精度の評価結果です．人間による翻訳精度は斜線で示されています．エンコーダ・デコーダモデルによって劇的に性能が上がったことが報告されています．

機械翻訳

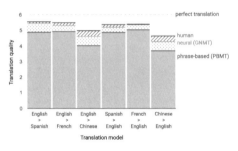

Input sentence:	*Translation (PBMT):*	*Translation (GNMT):*	*Translation (human):*
李克強此行將啟動中加總理年度對話機制，與加拿大總理杜魯多舉行兩國總理首次年度對話。	Li Keqiang premier added this line to start the annual dialogue mechanism with the Canadian Prime Minister Trudeau two prime ministers held its first annual session.	Li Keqiang will start the annual dialogue mechanism with Prime Minister Trudeau of Canada and hold the first annual dialogue between the two premiers.	Li Keqiang will initiate the annual dialogue mechanism between premiers of China and Canada during this visit, and hold the first annual dialogue with Premier Trudeau of Canada.

https://ai.googleblog.com/2016/09/a-neural-network-for-machine.html

図 18

翻訳精度

https://research.googleblog.com/2016/09/a-neural-network-for-machine.html

図 19

機械翻訳では，Google 翻訳以外にも，最近では DeepL と呼ばれるシステムがその翻訳精度の高さでよく知られています（図 20）.

---

(3) エンコーダ・デコーダモデルの応用

エンコーダ・デコーダモデルは機械翻訳以外にも様々なアプリケーションを実現することができます.

英日翻訳の場合は，英語の文とそれに対応する日本語の文を学習データとしてエンコーダ・デコーダモデルに与えますが，その代わりに，日常会話の発話を学習データとして与えれば，人間のような会話ができるモデルを作ることができます.

そのような研究の例を図 21 に示します．映画の中の会話 62,000 万文の会話でエンコーダ・デコーダモデルを学習することで，かなり自然な対話

図 20

ニューラル会話モデル (Vinyals & Le, 2015)

- エンコーダー・デコーダーモデルで会話文を学習
  - 学習データ
    - 映画の中での会話 6200万文

- 学習したモデルと人間との会話の例

```
Human:   who is skywalker ?              Human:   does a cat have a wing ?
Machine: he is a hero .                  Machine: no
Human:   who is bill clinton ?           Human:   can a cat fly ?
Machine: he 's a billionaire .           Machine: no .
Human:   is sky blue or black ?          Human:   how many legs does a cat have ?
Machine: blue .                          Machine: four , i think .
Human:   does a cat have a tail ?        Human:   how many legs does a spider have ?
Machine: yes .                           Machine: three , i think .
```

図 21

が実現できています．ただ，エンコーダ・デコーダモデルの場合，入力に対して適当な出力を返すだけなので，人間同士の対話のように，昔の会話の内容を覚えていて，それを踏まえて返答をするといったようなことは実現できていません．

似たようなタスクで，メールに対する返信を自動生成するアプリケーションも実現されています．本質的には機械翻訳とやっていることは変わらないのでエンコーダ・デコーダモデルで実現できます．

画像をエンコーダに入力し，出力を言語にすると，画像に対して画像の説明（キャプション）を出力するモデルを実現することができます．これは画像キャプション生成と呼ばれています．これは深層学習以前の常識で考えると極めて難しいタスクですが，2種類のニューラルネットワークを

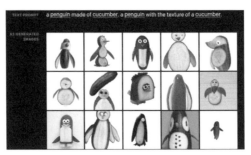

図 22

質問応答

- SQuAD (Rajpurkar et al., 2016)

> In meteorology, precipitation is any product of the condensation of atmospheric water vapor that falls under gravity. The main forms of precipitation include drizzle, rain, sleet, snow, graupel and hail... Precipitation forms as smaller droplets coalesce via collision with other rain drops or ice crystals within a cloud. Short, intense periods of rain in scattered locations are called "showers".
>
> What causes precipitation to fall?
> gravity

図 23

繋いだエンコーダ・デコーダモデルで実現できることが報告され，大きな注目を集めました．

入力を動画にすると，動画にキャプションをつける処理をエンコーダ・デコーダモデルで実現することができます．動画になると若干複雑にはなりますが，似たような仕組みで実現できます．

これらとは逆に，テキストから画像を生成するようなモデルも登場しています．OpenAI の Dall-E というモデルは，「キュウリでできたペンギン」という文を入力すると，図 22 にあるような画像を生成してくれます．

テキスト処理の話に戻ると，AI に対して自然言語で質問すると，その質問に AI が答えるという「質問応答」というタスクがあります．図 23 の例では，「なぜ雨が降るのか」と質問をすると，AI が与えられた Wiki-

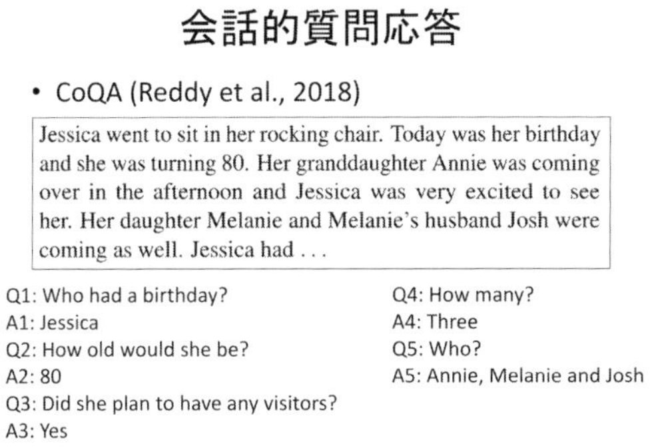

会話的質問応答

• CoQA (Reddy et al., 2018)

> Jessica went to sit in her rocking chair. Today was her birthday and she was turning 80. Her granddaughter Annie was coming over in the afternoon and Jessica was very excited to see her. Her daughter Melanie and Melanie's husband Josh were coming as well. Jessica had . . .

Q1: Who had a birthday?
A1: Jessica
Q2: How old would she be?
A2: 80
Q3: Did she plan to have any visitors?
A3: Yes

Q4: How many?
A4: Three
Q5: Who?
A5: Annie, Melanie and Josh

図 24

文章読解 (Lai et al., 2017)

• 28,000 passages collected from the English exams for middle and high school Chinese students

In a small village in England about 150 years ago, a mail coach was standing on the street. It didn't come to that village often. People had to pay a lot to get a letter. The person who sent the letter didn't have to pay the postage, while the receiver had to. "Here's a letter for Miss Alice Brown," said the mailman. " I'm Alice Brown," a girl of about 18 said in a low voice. Alice looked at the envelope for a minute, and then handed it back to the mailman. "I'm sorry I can't take it, I don't have enough money to pay it", she said. A gentleman standing around were very sorry for her. Then he came up and paid the postage for her. When the gentleman gave the letter to her, she said with a smile, " Thank you very much, This letter is from Tom. I'm going to marry him. He went to London to look for work. I've waited a long time for this letter, but now I don't need it, there is nothing in it." "Really? How do you know that?" the gentleman said in surprise. "He told me that he would put some signs on the envelope. Look, sir, this cross in the corner means that he is well and this circle means that he has found work. That's good news." The gentleman was Sir Rowland Hill. He didn't forgot Alice and her letter. "The postage to be paid by the receiver has to be changed," he said to himself and had a good plan. "The postage has to be much lower, what about a penny? And the person who sends the letter pays the postage. He has to buy a stamp and put it on the envelope." he said . The government accepted his plan. Then the first stamp was put out in 1840. It was called the "Penny Black". It had a picture of the Queen on it.

The girl handed the letter back to the mailman because:

1. she didn't know whose letter it was
2. she had no money to pay the postage
3. she received the letter but she didn't want to open it
4. she had already known what was written in the letter

https://openai.com/blog/language-unsupervised/

図 25

pedia の文章の内容を解析して，赤くマークされた箇所が答えだと教えてくれます．これもトランスフォーマーを用いて簡単に実現できます．

　会話的な質問応答のタスクもあります（図 24）．図中 Q2 の「How old would she be?」に答えるためには，質問文中の She は Q1 の答えである Jessica を指していることを AI が理解する必要がありますが，A2 ではこれを踏まえたうえで正しく 80 歳と答えてくれます．

　中学校や高校の国語の問題でよくあるような文章読解のタスクも深層学習を用いたモデルで解くことがきます．例えば，図 25 にあるような比較的長い文章に対する読解問題を AI は解くことができます．これも先ほどのトランスフォーマーに基づいたモデルで実現できます．

　エンコーダ・デコーダモデルによって文章を要約することもできます．少し前までは，自然な要約文章を生成することが非常に難しかったため，

文章要約

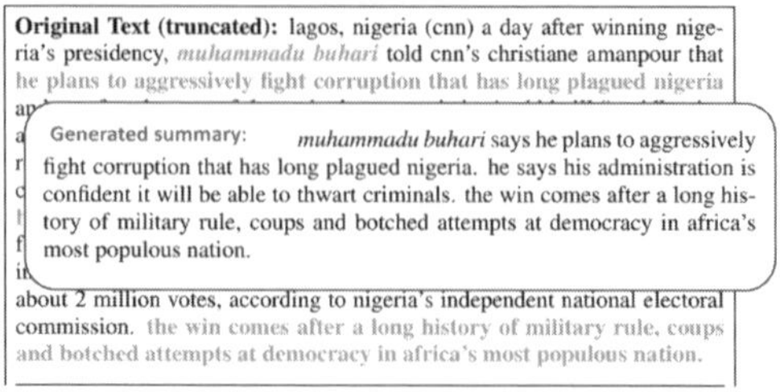

> **Original Text (truncated):** lagos, nigeria (cnn) a day after winning nigeria's presidency, *muhammadu buhari* told cnn's christiane amanpour that he plans to aggressively fight corruption that has long plagued nigeria
>
> **Generated summary:** *muhammadu buhari* says he plans to aggressively fight corruption that has long plagued nigeria. he says his administration is confident it will be able to thwart criminals. the win comes after a long history of military rule, coups and botched attempts at democracy in africa's most populous nation.
>
> about 2 million votes, according to nigeria's independent national electoral commission. the win comes after a long history of military rule, coups and botched attempts at democracy in africa's most populous nation.

(See et al., 2017)

図 26

要約といっても，もとの文章から重要な文を抽出して並べただけのような処理が行われていましたが，深層学習の技術が進歩することで本当の意味で要約ができるようになりました．

　AI には不可能な極めて知的な作業と思われていたことも徐々にできるようになっています．その一つがプログラムコードの作成です．図 26 に例を示します．テーブルゲームの Magic: The Gathering で使用する各カードには，その効果が自然言語で書かれています．それらを入力として，その効果をビデオゲーム内で実現するプログラムコードを出力します．それらをたくさん集めてエンコーダ・デコーダモデルで学習させるとプログラムコードの自動生成が実現できるというアイディアです．これが提案されたのは 2016 年のことですが，最近はさらに優れた性能のものが出てきました．

　最近は深層学習に基づく自然言語処理技術の進歩が著しく，「知能」といって差し支えない様々なアプリケーションが実現できるようになっています．

Q&A　講義後の質疑応答

Q　社内で AI を扱っているのですが，実際に扱い始めるとまず辞書でつまずきます．社内の文書がうまく辞書に当てはまらない，区切りがおかしい，社内の

固有表現に対応しないなどの問題があり，結局うまく使えませんでした．一般的な文書であればまだ良いかもしれませんが，大量の文書に適用しようとすると処理が重くなりすぎます．「こういう文書が重要だよ」という重み付けができなければこれ以上の発展は難しいと思いますが，この問題に対する課題解決策のような研究はあるのでしょうか．

A　おっしゃるように，専門分野になるとボキャブラリーが異なって性能が出ないことはよくあります．例えば，ライフサイエンスの論文を解析するためのモデルが必要になった場合，ライフサイエンスの論文を使って学習し直し，タスクに応じた微調整を行わないと高い性能は出ません．ドメインに特化したデータを用意することと，ファインチューニングなど，少量のデータをうまく活用する技術を合わせていく必要があります．加えて，学習のためのデータをいかに効率よく作るかも大切で，そのあたりの研究はまだ発展途上です．

Q　①トランスフォーマーにおいて，下層から順番に品詞，構文，意味に関する情報を捉えていることが分かっているというご説明がありましたが，どういう研究からそのような結論に至ったのでしょうか．②AIが本質的な意味の回答を行わず，見かけ上の答えを出しているという意見がありましたが，本質的な理解とは何をもって本質的な理解といえるのでしょうか．

A　①については，プロービングと呼ばれる方法が使われます．例えば，あるレイヤーで計算された単語ベクトルの情報を使って，構文の係り受けをどれぐらい正確に予測できるかというタスクを解かせると，そのレイヤーのベクトルに係り受けに関する情報がどれだけ含まれているかを見積もることができます．間接的な評価ではありますが，このようなプロービングによってどのレイヤーにどういった種類の情報が入っているかをある程度見積もることができます．

　②については，例を使って説明します．東京を8時に出て東海道新幹線に乗りましたという場合に「このひとは9時にはどこにいたのですか」と人間に聞いたら「名古屋のあたり」と答えます．人間は東京，名古屋，大阪の位置関係に加えて，新幹線がどれくらいのスピードで進むのかという世界のモデルを理解しているからそうしたことがいえるのです．しかし，

現在のトランスフォーマーのモデルは世界のモデルを持っていないので，そうした推論はできないし，理解をしているわけでもありません．そういった意味で，少なくとも人間が理解できているレベルとは全然違いますし，できないことが多くあるという状況です．

Q　①現代の深層学習でも，テキストの在り方を深層学習でなんとか取り出して分析しようとしています．それなのになぜあそこまで自然な文ができるのでしょうか．人間の言語理解においては，言語以外の文脈をそれなりに把握していたり，あるいはいろいろな知識を持っていたりすることが言語理解および言語算出において決定的に重要な役割を果たしていると思うのですが，それ抜きにそれなりの文ができてしまう理由は何でしょうか．

　②深層学習のアプローチでは，文の構文つまりシンタックスがほとんど考慮されていないように見えます．統計的な処理で暗にシンタックスが考慮されているといってよい在り方をしているのか，それとも全く考慮していないのでしょうか．人間においても言語理解とシンタックスはほぼ関係していないのでしょうか．以前，深層学習で自然言語処理を研究している方の話を聞いたときには，そもそも文の単語を分けることすらしておらず，すべて統計的な連関になっているという話を聞きました．構文だけではなく単語すら分けていないことにすごく驚きましたが，今日は構文に話を絞って伺えればと思います．

A　①に関して，自然言語と言語の外の情報と結びつけるという意味では，画像と言語を両方使って，画像の中にある自然言語をある程度理解し，それに対する質問に答えるといった，画像とテキストを結びつけた研究が進んでいます．そういう意味では徐々に広がりつつあると思います．それがなくても，あれだけ自然な文が生成できるのは，とにかく学習データの量が多いからという理由に尽きると思います．テキストだけでは意味は決まらないだろうというご指摘についてはおっしゃるとおりですが，少なくとも見かけ上うまくできているように見えるといったレベルのことは，結構テキストだけでもできてしまうということかと思います．

　②の構文の情報については，先ほどご紹介したプロービングによる研究などが行われています．また，照応解析のように，もう少し上のレイヤー

である深い文章構造なども，それなりには捉えられているといってよいと思います．トランスフォーマーでは，句構造文法のような明示的な階層構造が得られるわけではないですが，構文構造はかなり捉えられていると言っても良いのではないかと思っています．構文が正しく捉えられないと次の単語を正確に予測することはできないので，非明示的に構文構造は捉えられていると言えます．文法学者が正しいとする構文構造がそのまま表現されているわけではないにしろ，似たような情報は捉えられていると思います．

第3講
学習や適応を支援する技術開発

今水　寛
東京大学大学院人文社会系研究科教授
東京大学大学院工学系研究科人工物工学研究センター教授
ATR 認知機構研究所所長

今水　寛（いまみず　ひろし）
1962年生まれ．1992年から国際電気通信基礎技術研究所（ATR）研究員・室長，科学技術振興事業団グループリーダー，情報通信研究機構グループリーダー・副室長などを経て，2015年より東京大学大学院人文社会系研究科教授，ATR認知機構研究所所長（兼務）．著書（分担執筆）『身体性システムとリハビリテーションの科学 2 身体認知』東京大学出版会，2018），Humanoid Robotics and Neuroscience: Science, Engineering and Society（CRC Press），Motor control: Theories, experiments, and applications（Oxford University Press）．

1 脳のネットワークと認知機能——機械学習とデータベースで読み解く脳のネットワーク

(1) 脳のネットワークと主体感の脳内メカニズム

　本日は，学習や適応を支援する技術開発について，主に基礎の部分に関してご説明します．今回のテーマは「脳とAI」ですが，AIと呼ばれるものの範囲は広く，私が主に取り組んでいるのは機械学習です．データからアルゴリズムを学びながら精度を上げる手法です．そのなかでも機械学習を使った脳活動解析とその応用についてお話をします．

　トピックは大きく分けて二つあります．一つ目は，脳のネットワークです．機械学習とデータベースを使って脳のネットワークを読み解く方法とその応用についてです．二つ目は，どちらかというと産業応用に近い内容で，人間の主体性の基礎となる運動の主体感，つまり体を動かすことに関する主体感の脳内メカニズムについてです．主観的な経験について機械学習を使って読み解く方法をご説明します．

(2) 脳のなかを知る

　まずは，脳のネットワークと認知機能についてです．図1は神経科学の父と呼ばれたサンティアゴ・ラモン・イ・カハールが描き出した神経細胞です．脳の中にはこの神経細胞が何十億，何百億と存在します．一つひとつをとってもかなり複雑ですが，人間が言葉を話し，さまざまなことを記憶し思考するには，この一つの神経細胞（＝ニューロン）だけではとてもできません．数百億個のニューロンが集まって巨大なネットワークを構成することにより，言語野思考など人の複雑な営みが可能になると考えられます．

　『ヴィジュアル版　脳の歴史——脳はどのように視覚化されてきたか』（河出書房新社，2011）を読むと，まさに神経科学と脳科学の歴史は，脳の巨大な情報ネットワークを読み解く歴史だったことが分かります．神経科学者や脳科学者は，さまざまな方法を使い，脳の複雑なネットワークを解明してきました．そのために多様な手法を編み出してきたのです．

(3) ファンクショナル MRI（fMRI）機能的磁気共鳴画像法

人間の言語や思考などの高次機能の詳細を明らかにするために「ファンクショナル MRI（fMRI）」は大きなきっかけとして貢献しました．

ファンクショナル MRI を使えば，神経細胞が活動して血流に変化が起きた際に，その血流の変化を画像化することができます．神経活動ではなく，血流の変化の検出という間接的な方法ですが，人間を傷つけることなく，さまざまな認知活動時の脳活動を計測で

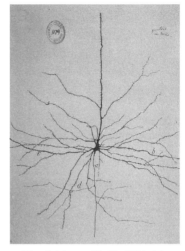

図1 『ビジュアル版 脳の歴史』より

きるのです．この手法は 1990 年代に登場しました．この頃に私は研究者としてのキャリアを歩み始めたため，恩恵に預かることができました．

見ているとき，聞いているとき，話すとき，手を動かしているときなどに，脳のどの場所が活動しているかは，動物実験により分かっていることもありました．それがファンクショナル MRI を使うことで，人間のさまざまな脳活動について，詳細なデータが得られるようになったのです．

ただ，この方法は脳の複雑なネットワークの解明についてはあまり貢献できていません．脳活動の場所の情報はたくさん得ることができますが，ネットワークを解明するために必要な，脳の領域同士の繋がりの仕組みは，この方法では分かりづらいのです．

(4) 安静時 fMRI と脳活動

このファンクショナル MRI に転機が訪れたのが 2010 年前後です．「安静時の MRI」が撮られるようになりました．従来の MRI 実験では，さまざまなことを被験者に実施してもらい，その脳活動を撮影していきました．それに対して安静時の MRI では，被験者に MRI の中で横になってもらい，「体を動かさない，特定のことを考え続けない」ことだけを指示し，安静にしてもらいます．そして，一定時間（5〜20分）のあいだ安静にしてい

た状態での脳活動（血流活動）を連続的に撮影していきます.

この安静時の脳活動は不思議なものでした. 人間が安静にしているときのエネルギー代謝を MRI ではなく別の方法で画像化して確認すると, 安静にしているときでも心臓や肝臓は動いていますが, 最も活動していたのは脳でした. 面白いことに, 脳は安静にしているときに意外にエネルギーを消費しているのです.

たとえば, 何か暗算などの課題をやってもらった場合の脳活動は安静時と比べて 5% ほどしかエネルギー代謝が増えないと言われています. これは, 安静にしているときもさまざまなパターンの脳活動が入れ替わり立ち替わり出現しているということです.

それまでの神経科学では, 被験者に課題をやってもらい, その際の脳活動を調査することが主流でした. しかし, 課題をやってしまうと一つの状態のパターンに脳が固定されてしまうため, 安静にした際のほうがさまざまなパターンを確認できると言われています.

これには賛否両論があり, 被験者の自由に任せるよりも動画を見せたほうが良いという研究者もいます. さまざまに議論はありますが, これまでのように何か一つの課題をやるよりも被験者に自由を与えたほうが活動パターンを多様に確認できるため, ネットワーク構造を調べやすいのではないかと言われるようになりました.

---

(5) 安静時の脳活動から課題中の脳活動を予測する

その後, さまざまな研究が行われました. 安静にしているときの脳活動のパターンから, 言語課題・手を動かす課題・人の心を推しはかる課題などを行った際の脳活動のパターンを予測するというものなどです. 後者の論文は雑誌『サイエンス』に掲載され, 安静時の脳活動のパターンから予測した脳活動パターンは, 実際に言語課題を実施しながら計測するとほぼ同じパターンが出ることが確認されています.

これが意味するところは, 安静時の脳活動のなかにはその人のもつさまざまな脳活動のレパートリーが発出するということです. すべて出るか否かは分かりませんが, そうした情報が脳のなかでどう繋がっているか, 同時に活動しやすいかについては, 個人差も含めて安静時に発出することを

示しています.

(6) 領域間の繋がりの強さ

安静時の脳活動から脳の領域同士の繋がりを調べる際には,比較的単純な方法で実施できることが知られています.

脳の領域は脳の皺や細胞構造などをもとに分類できます.何らかの方法で領域に分けておき,たとえば10分間の安静のなかで特定の領域がどう変動したかを調べます.

それぞれの領域ごとに変動のパターンは違いますが,なかには近似のパターンで変動する領域同士が存在しています.同じように変動する領域同士は,おそらく繋がりが強いと考えられます.互いに無関係に変動する領域もあり,この領域同士は繋がりが弱いと考えることができます.また,互いに反対方向に変動する(負の相関を示す)パターンもあり,この場合には,互いに抑制関係にあるのではないかと考えます.

血流を見るため,神経細胞が実際にどのように繋がっているかは分かりません.しかし,こうした変動の類似性を手掛かりに,どの程度繋がりをもつかをある程度推定できます.あくまで相関で見ているため,なかには偽の相関もありますが,それも含めて大まかに脳の繋がりを見ることができます.

(7) 変動の類似性パターンと個人認証

領域同士の繋がりをリーグ戦の対戦表のように作ることができます.縦方向にも横方向にも脳のさまざまな領域を並べます.

図2は繋がりの強さを示す「正の相関」の強さを赤で,抑制関係を示す「負の相関」の強さを青で示し,グラデーションで色付けしたものです.このパターンは個人ごとに作ることができます.

さらに,このパターンは一種の配線図のように書き起こすことができます.たとえば,図3のように,特定の領域と領域の繋がりには高い正の相関があるため,太い赤い線で示すのです.

この配線図は同じ人間であれば同じパターンになりますが,個人ごとに微妙な違いがあることも知られています.どの程度かというと,「Finger-

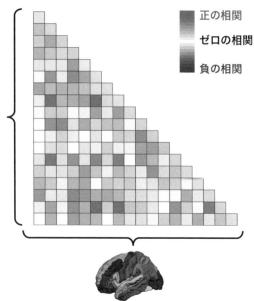

図2

図3

print（指紋）」としても使える程度の微妙な違いがあります．

　この方法で数日分の脳活動を計測してパターンを作り，特定日のパターンを選んだうえで126人のなかから最も似ているパターンを選び出すと，個人を同定できる確率が90％以上であることが実験により知られています．指紋ほど正確であるか否かは分かりませんが，個人が同定できます．それほど個々人で異なっているのです．

(8) 安静時ネットワークで親子を特定

　2021年6月まで私の研究室に所属していた高木優（現・大阪大学）さんの研究をご紹介しましょう．東京大学医学部附属病院精神科の先生方と共に実施した研究です．個人が同定できるのであれば，親子間ではどの程度同定できるかを調べ，論文にしました．

　研究では個人を同定するときと同様，親と子の安静時の脳活動を計測し，パターンを作ります．パターンを手掛かりにし，親子の組を当てることが

できるかを調べました．1人の子のパターンをもとに，84人の親のなかから類似性を相関係数で計算し，パターンの類似度を確認します．

本当の親子の相関係数は0.7程度ですが，なかには本当の親子以外でも強い相関が見られることもありました．本当の親子と比較し，他人のほうに相関が高いか否かで勝敗を決めていくと，他人が0.4の場合は「勝ち」で0.9であれば「負け」です．

すると，11歳では64.6%，13歳では少し数字が上がり66.7%程度は当てることができました．この数字から，親子であれば，ある程度脳の変動領域のパターンが似てくるということが言えます．

ちなみに，脳の局所的な体積をもとに親子の同定をした際のほうが，勝率は高くなりました．親子は顔もある程度似ますが，脳の形も似ていると言えます．

---

(9) 短期的なトレーニングによる記憶力の向上を安静時脳活動から予測

脳の領域同士の結合のパターンには，個人の特性を知る手掛かりが隠されていることが知られています．7年前の研究では，脳の繋がり方から記憶力の向上の成果を当てることができるかを調べました．ここで「機械学習推定」を使い，安静時の脳活動を使って個人ごとの脳の繋がり方を解読し，対象者に記憶力の向上トレーニングを施したのちに，どの程度まで記憶力の成績が向上するかを計算し当てようとしました．

ここでいう記憶力は心理学で良く用いられる課題「ワーキングメモリー」を使っています．簡単にご説明すると「必要な情報を一時的に脳のなかに保存し，操作する能力」を指します．

たとえば，私たちは電話をかける際に，メモを見て番号を覚えて番号をプッシュします．そうした際に「ワーキングメモリー」を使います．暗算は典型的な「ワーキングメモリー」です．これは，過去に私が話したことを記憶に留め，いま聞いている話との繋がりを考える際にも使います．

「ワーキングメモリー」はさまざまな生活の場面で重要な役割を果たします．心理学ではこの機能を調べるために「Nバック課題」を考案しました．これは，表示されているアルファベットの文字がN個前の文字と同じならばボタンを押すという課題です．過去にどんな文字が提示されて

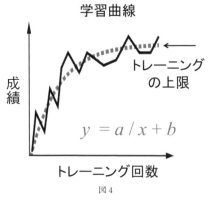
図4

いたかを次々覚え，必要なくなれば新しい文字と入れ替えるという操作です．

「Nバック」のNは，いくつ前の文字を覚えるかによって異なる変数の「N」です．当然，Nの数字が多くなればなるほど過去の数字を覚えておかねばなりません．負荷が高い課題になります．この課題に対する能力は年齢と共に下がっていく特徴があります．

(10) 作業記憶トレーニング

　以前いわゆる「脳トレ」がブームになりました．「脳トレ」の課題はほぼ「作業記憶トレーニング」に分類されるものですが，この向上には結構個人差があると言われています．人間はそれぞれ得意分野があるため，スポーツや言語，学習などにおいて個人差がありますが，「学習の個人差」がどこから発生するかを究明するため，この研究を実施したのです．

　従来の研究では，たとえば作業記憶課題の実施時に脳のどの場所が活動するかを調べ，その場所が活発に活動していれば学習能力が高い，課題が得意とみなし，さまざまなことを調べていました．しかし，ネットワークの観点からすると，脳の領域は独立して存在してはいません．領域自体も重要ですが，他の領域との関係を見たほうが，よりよく学習の個人差を理解できるのではないかと考えたのです．個人を同定するために「当てる」というよりは，ネットワークとして学習の個人差を理解したいという研究上の狙いがありました．

　実施したのは，「3バック」の課題です．現在出ている文字が3つ前と同じならば，ボタンを押すという内容です．90分実施してもらうのですが，結構難しい内容であるため，90分繰り返すと成績がどんどん向上します．最初はできないのですが，90分続けると正答率が上昇します．学習曲線は反比例の曲線（図4）を描きますので，反比例の式を成績の向上

に当てはめ，無限大までトレーニングすればどこまで向上するかを数値として個人ごとに記録しておきます．

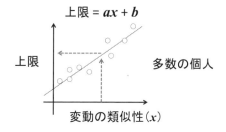

図5

(11) 18 の脳領域

それとは別に，先ほどご説明した安静時の脳活動を個人ごとに計測し，5分間の脳活動における個々人の脳の繋がり方を調べておきます．脳の領域の繋がり方を調べる際には，脳をさまざまな領域に分ける必要があるため，今回は「BrainMap」というデータベースを使いました．このデータベースに対し独立成分分析を行い，脳の中でどの程度別に動く領域が存在しているかをある程度統計的に求める方法です．これを使えば，人間の脳はバラバラに動いているのではなく，ある程度まとまりをもって変動していることが分かります．これは，私たちが研究したものではなく先行研究で行われてきたものです．

この方法で調べると，脳の領域は大まかに18ほどに分けられることが知られています．機械学習の問題でもありますが，たくさんの領域に分けてしまうと，予測ができなくなります．つまり，たくさん領域を作ると，領域の組み合わせの数だけ予測のための変数が出て複雑になってしまうのです．変数を増やさないために18という少ない領域に分け，その領域同士の繋がりを調べていきました．

(12) 18 領域間・領域内で時間変動の類似性（時間相関）を計算

個人の脳を18の領域に分け，領域の変動を調べ，変動の類似性や時間相関を手掛かりに個人ごとのパターンを作っていきます．この個人ごとのパターンから記憶力の予測をします．予測する方法は比較的単純な，いわゆる「線形回帰法」を使います．

分かりやすく具体例を挙げると，脳の領域がAとBの2つしかないと

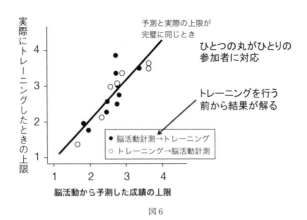

図6

仮定し，その領域間の変動の類似性である時間相関を x とします．さまざまな人の脳活動を計測し，x の値を横軸とし，縦軸に記憶力を配置します（図5）．もしこの2つの領域の繋がり方が記憶力に関係していれば，一次関数のような関係が得られます．一度こういう関係が分かれば，新しい人のパターンと比較する際に，当該人物の二つの領域の時間相関を確認することで，その人の記憶力の程度の予測が可能です．

ただ，脳の領域は二つだけではありません．先ほど18と言いましたが，実際には18の領域だけでも，その領域のなかから二つ取り出す組み合わせを作れば，153のパターンがあります．そのため，x の数もそれに比例して増えます．そうすると，単純な計算だけでは求めることができなくなるため，機械学習推定が必要になります．

ここでは，記憶力に対して本当に影響を与える変数だけを残し，あとは強制的に係数をゼロにしてしまう「スパース線形回帰法」を使い実施しました．「スパース」は「まばら」という意味です．まばらに変数を落としていく方法です．機械学習推定は，つまりAIを使うということですね．

図6は予測した結果です．ここでは，先ほど説明した一次関数とは別の方法で示していますが．横軸は脳活動から予測した記憶力の上限で，縦軸は実際にその人をトレーニングした際の上限です．ほぼ完ぺきに当てることができれば，45度の直線上に位置します．

実験結果はほぼその近辺に分布しています．白い丸は作業記憶のトレーニングをしてから脳活動を計測した人で，黒い丸は脳活動を計測してから

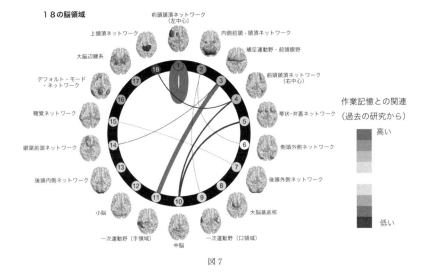

図 7

トレーニングをした人です．白い丸のほうがよく当たる傾向にあり，つまりはトレーニングをしてから脳活動を計測したほうがより正確な予測ができることが解かりました．90分間のトレーニングであっても，人によってある程度脳の活動パターンが違ってきます．黒い丸の人は，トレーニングをする前に既に脳活動から結果が解かっていたとも言えるかと思います．

(13) 予測に重要な繋がり

この予測のためにどのような脳の領域同士の繋がりが重要かを見ていきましょう．先ほど説明したようにスパース線形回帰法を使うと，本当に重要な繋がりだけを残すことができます．どの繋がりが残ったかを見ていけば，記憶力にとって重要な脳の繋がりが，どの領域同士かを調べることができます．

図7のように円環状に並べた脳の領域は，先ほど説明した18の領域です．それぞれの領域に色を付けて，作業記憶とどの程度関連しているかを示しています．先ほど説明したBrainMapデータベースには，この脳活動だけでなくどのような活動をしたかという脳活動のラベルが付いています．そのため，18の領域がどういった課題とどの程度関連しているかについてのデータも含まれています．

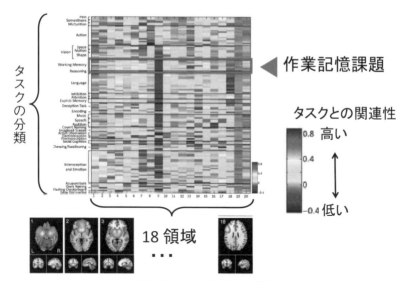

図8 Laird et al.（2011）から改変

(14) 脳領域と認知機能の関係

この結果，図8で示したような分布を作成できます．太枠で示したのは，データベースにより作成した分布図作業記憶課題に関する箇所です．作業記憶とそれぞれの領域がどの程度関連しているかを色で示しており，赤になるほど作業記憶と関連が高く，青になるほど関連が低くなっています．線の太さは予測した作業記憶に対してどの程度貢献しているかを表しています．

記憶力の上限は図7の「線の太さ」と，その線で結ばれる領域同士の「変動の類似性」の掛け算で決まっており，掛け算の値が大きければ大きいほど，この繋がりは記憶力に貢献していると言えます．変動の相関について，赤は正の相関を，青は負の相関を示して抑制関係にあることを示しています．過去の研究から作業記憶に関連するといわれる領域のなかの繋がりももちろん重要ですが，ほかにも記憶力に貢献する繋がりがあることが分かりました．

面白い点は抑制関係です．作業記憶とよく関係する領域とあまり貢献していない領域のあいだの抑制関係も重要であることが分かりました．何か

の課題を行う際に，その課題に関連する領域が活動し，そのほかの領域が抑えられることが重要なのです．

(15) 脳内ネットワークと認知機能のポイント

ここまでをまとめると，5分間安静にした状態の脳活動からトレーニングの結果を高い精度で予測できること，作業記憶に関連する領域の中の繋がりや領域同士の繋がりも重要であること，その領域とほかの領域の関連性も同程度に重要であることです．

応用としては，安静時の5分の脳活動から予測ができることから，教育やリハビリテーションにおけるトレーニング方法が数多く提案されています．あらかじめ脳の領域の繋がり方を調べ，どんな方法がその人にとって効果的かを，ある程度の見当を付けることに使えるのではないかと考えられています．

たとえば，精神疾患における作業記憶についても研究が進められています．私が関わっていた文科省のプロジェクトでは，提供されたさまざまな疾患を持つ方の安静時の脳活動のデータをモデルに当てはめると，どのような結果がでるかを調査しました．

作業記憶はさまざまな疾患により低下することが知られています．そのため，疾患の際の行動指標にも作業指標の概念がよく使われます．過去研究も多くあり，そのなかには過去に行われた研究をさらに解析する「メタ解析」があります．これまでの研究をまとめた結果，統合失調症＞うつ＞強迫性障害の順に作業記憶力が低下することが分かっています．

疾患をお持ちの方が「Nバック課題」を90分行うことは難しいため，簡易的に作業記憶の能力を調べます．「数唱課題」と言われているもので，検査を行う人が「9，3，5」と言ったら，その順番で復唱するというものです．実際にはさらに長い数字の羅列で行いますし，作業記憶にさらに負担をかける逆の順番で復唱させるという手法もあります．

この方法で既にさまざまな疾患に関する調査が行われています．たとえば健常者の数唱の正しさの値を0とすると，比較するとさまざまな疾患で数値が低下しています．この調査については40近い論文がありますが，やはり順方向・逆方向であっても，統合失調症の方は健常者に比べて低下

の程度が高く，次にうつ，強迫性障害の順番で低下することが分かります．

そこで，モデルを精神疾患の患者の安静時の脳活動に当てはめた際に，同じ結果が出るかを調べました．すると，およそ同じ順番でモデルが予測できることが分かりました．健常者をゼロとすると，統合失調症の患者は一番低下の度合いが高く，次はうつ，強迫性障害と続きます．アスペルガー患者は，データベースのなかにありましたので当てはめましたが，この疾患については過去にほぼ論文がありません．当てはめた結果としては，アスペルガー患者は低下しておらず，むしろ健常者より良い場合もありました．

このように，過去の実験結果と同様の順番で予測できることが分かりました．こうした比較をすることで，どの程度定量的にモデルの予測と過去の論文が一致しているかを確認することができます．

(16) 脳ネットワークと認知機能の対応

こうした研究を行った背景には，精神疾患についてのさまざまな考え方への検証の意味合いがありました．

その考え方の一つに「カテゴリー説」があります．認知機能はさまざまな疾患により低下しますが，その低下メカニズムは疾患によって異なるという考え方です．つまり，ドメスティックな変化が起きており，疾患ごとにネットワークが違うという考え方です．

もう一つが，最近よく提唱されている「スペクトラム説」です．健常者と疾患の方のメカニズムはある程度共通しており，その共通したメカニズムのなかでの繋がりの強弱により結合のパターンの違いが生まれ，認知機能の差が出るのではないかという考え方です．

私たちの研究は健常者のデータにより作ったモデルを使い，疾患の方の低下の度合いを予測したため，どちらかというとスペクトラム説を支持しています．共通のメカニズムがなければ，モデルを疾患の方に当てはめて予測することができないのです．結果として，疾患の方の認知機能の低下は，健常者の個人変動が大きく増幅されたものであると理解できるのではないかと考えられます．

すると，疾患の方の脳の繋がりを徐々に変化させることで，健常な状態

に近づけることができるのではないかと考えられます．私たちはいま「ニューロフィードバック」という方法に取り組んでおり，脳活動をリアルタイムで撮影し，その繋がり方を本人にフィードバックしてさまざまに試行錯誤してもらい，繋がり方を徐々に健常な方向へ変化させるという技術開発を行っています．まだ開発途中ですが，徐々に変動することで，繋がり方もある程度変化させることができるという結果も得ています．これを「ニューロフィードバックトレーニング」と呼んでいます．

（17）技術的な問題

　こうした研究を行う際の技術的な問題も存在しています．先ほどの研究では少ないサンプル数を補うために90分ほどの長い課題を行い，より正確なデータを取ろうとしました．しかし現在，そうした方法にも限界があると言われています．機械学習特有の問題で，線形回帰においては少ないサンプル数で線を引くと，多くのデータを集めた際に，実際は線が外れていたことが分かります．

　機械学習は非常に複雑なモデルを作ることもできます．たとえば，6次関数をデータに当てはめたものなど，複雑なモデルを使えば，得られたデータに対し適合しやすくなります．ただ，複雑な適合をさせると，手元にあるデータに対しては非常に良い結果を出しますが，新たに得られたデータに対してはほぼ予測できない現象が起きることも知られています．これを機械学習分野では「過剰適合」「過学習」と呼びます．複雑なことを学習させる際に過学習の問題は常に付きまとうため，データを多く用意することが必要なのです．

　ただ，今のMRIは多くのデータを取得する点ではあまり効率が良くありません．機械学習を使う場合にはビッグデータが必要ですが，ビッグデータ化できない要因が存在します．

　要因の一つ目は，さまざまな施設で撮像したデータは特徴が違うことです．MRIは画像であるため，写真と同様に撮像できると思われがちですが，そこまで成熟した技術ではありません．メーカーの違いや場所の違いで画像が異なってしまいます．二つ目として，撮像をする施設に集まる被験者の違いがあります．その違いがどの程度あるのかをビッグデータ化す

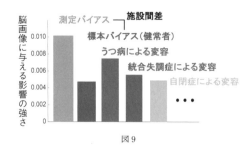

図9

るうえで調べる必要があるのです．

(18) 脳機能画像の施設間差

上記の問題を解決するため，私たちが行った取り組みをご紹介しましょう．施設間の違いを確認するため，装置と被験者それぞれの違いについてどの程度存在するかを調べました．具体的には9人の被験者に国内の12施設を訪れてもらいました．

被験者が同一人物であれば，被験者の違いを理論的にゼロにできます．そのうえで，装置の違いがどの程度あるかを調べました．いわゆる「旅行被験者」である9人の被験者が違う施設を訪れて測定する「旅行被験者データセット」です．これは文部科学省のプロジェクトで，さまざまな疾患の方をさまざまな施設で撮像したデータセットがあります．これらを比較すれば，装置における違いがどの程度かが分かりますので，最終的に被験者における違いについても比較できました．

(19) 脳画像に影響を与える要因の検討

検証の結果，図9のような違いがあることが分かりました．縦軸は脳画像に与える影響の大きさで，それぞれの要因の影響の大きさを示しています．

装置の違いが最も大きな影響を与えることが分かります．この点についても，線形モデルを使ってそれぞれの要因が脳画像にどの程度貢献するかを示してみます．すると，やはり装置の違い（測定バイアス）が最も大きくなりました．

健常な被験者における個人差の要因は，左から2番目の棒グラフ（標本バイアス）で示しています．データにはさまざまな疾患の方を含んでいるため，それぞれの疾患が脳画像に与える影響の強さも同様の方法で調べることができます．すると，それぞれの疾患の要因は，健常な被験者における個人差の要因より若干大きいか，あまり変わらないことが解かります．

そのため，脳画像で疾患を検出しようとすると，装置の違いによる要因や個人差の要因を取り除く必要があることが解かります．この検討を行った論文のなかでは，線形回帰法を使って疾患差を減らす方法を提案しています．

　機械学習に活用できる MRI データを集めるためには，その手法も含めて今後も検討が必要です．機械学習を活用して脳画像をさらに解析するためには，まだ越えなければならない壁があるのです．

2　運動主体感の脳内表現——機械学習で読み解く脳の活動パターン

(1) 運動主体感とは

　後半の話題としては，主体感の脳内表現についてご説明します．

　「運動主体感」はあまり聞きなれない言葉でしょう．ひと言で表現すれば，自分の運動を開始したり実行したりする感覚です．多くの人は意識していないと思いますが，この主体感はさまざまな方面で研究が行われています．工学的な観点から，新しいインターフェイスを人が「使いやすい」と評価する指標として研究が行われてきました．これまでは工学的な立場からのアプローチが大半でしたが，最近は，主体感はインターフェイス以外の側面で人間の生活に非常に重要だと言われています．

　たとえば，ある種の精神疾患においては，主体感のメカニズムが変容をきたし，自分で体を動かしていても誰かに操作されているような感覚がする，いわゆる作為体験が発生します．最初は運動レベルで始まりますが，拡張するとだんだん誤信念のようなものを生み，社会的な困難をもたらすことが知られています．

　また，主体感は犯罪の際にも問題になります．人を傷つけてしまった際に，実行者がどの程度主体感を持っていたか，つまり自分の行為と感じていたか，意図があったかはしばしば裁判で争点となります．また，運動主体感は加齢によっても変化すると言われており，従来考えられていたより，さまざまな側面で重要だと言われています．

(2) 運動主体感の脳内表現

　この「主体感」という主観的な感覚の脳内表現を調べるために，「脳情

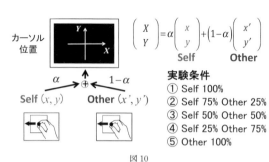

図10

報デコーディング技術」という手法を用いて，主観的な感覚を予測できるかを検証しました．この技術は日本では京都大学の神谷之康先生たちがパイオニアとして知られています．

　この検証では，特定の脳の領域のなかに主体感の情報が確かに存在していることが示されました．手法としては，心理実証課題を作成し，運動の主体感からアプローチを行いました．いきなり高次の主体感を検証することは難しいからです．

　実施した課題は図10のとおりです．ジョイスティックを使って画面上のカーソルを操作する際に，XY座標上のカーソルの位置がどこにあるかについて，被験者自身が動かすジョイスティックと，あらかじめ記録した他の人のジョイスティックの動きを混ぜ合わせました．αの値を変えることで，自分が100％カーソルを操作できる場合と，まったく操作できない場合，他の人の動きばかりがカーソルに反映される場合の3通りに連続的に変更できます．ここでは，5条件を用意し，自分の操作か他人の操作か曖昧な状況を作り出し，その際の脳活動を計測しました．

　ただ，被験者が自由にジョイスティックを動かしすぎると困った状況になるため，ある一定のパターンでジョイスティックの操作をしてもらっています．具体的には，画面にサイン波のパターンを出し，これを一定のペースでなぞってもらいます．また，順番に出てきた番号を追い続けてもらいます．ただし，そのときのカーソルの位置は，自分の動きと他人の動きがある程度混ざっている状態です．自分の動きと他人の動きがまったく違っているとあまり意味がありません．ほぼ同じようなパターンですがどこか他人が混じっている状況を作り出します．

　10秒間なぞってもらったのちに，カーソルの動きがどの程度自分らしかったかを9段階で評定してもらい，自分の操作か他人の操作か曖昧

な状況を作ります．その後，脳情報デコーディングの方法を使って脳活動のパターンから，課題実施後の評定値を予測できるかを検証します．先ほど説明した回帰モデルを使い，数が多いので機械学習の一つの手法であるSupport Vector Regression を使って適切な重みを決めるモデルを作ります．そうして作ったモデルを同じ場所のほかの条件のデータに対して当てはめ，どの程度テストデータの評定値を予測できるかを調べます．

たとえば，25% の条件を当てはめた場合，5条件の平均予測精度で当該領域からどの程度予測できるかを計算していきます．サイン波をなぞる際に何番目のサイクルの脳活動から予測できたかを見ていくと，さまざまな領域から予測できていることが分かります．運動に直接関連する運動野や，頭頂葉，視覚的な運動だとか，目の運動に関係する運動領域などです．こうした領域が主体感の脳内表現の候補であることが分かります．

(3) 予測誤差か主体感か

では，被験者は何の情報に基づいて主体感を判断していたのでしょうか．自分が動かしていたか否かを判断していたかを調べる必要があります．

サイン波をなぞる課題では，自分が操作するカーソルがターゲットの軌跡からどの程度離れているか分かります．ジョイスティックを何度も操作していると，自分の手元のスティックが今どのあたりにあるかをある程度予測できます．画面上に提示されてはいませんが，自分の位置をある程度予測できており，それとターゲットがどの程度離れているかもある程度分かっています．こうした課題を行っている最中のさまざまな指標と，評価値の相関を調べました．すると，すべての指標が評価値と関係しているわけではなく，いくつかの指標が評価値と関係していることが分かりました．

典型的なものは，自分のジョイスティックがどのあたりにいるかに対して，予測できない他人の動きが混入されて表示され，予測誤差が生じていると考えられる際の指標です．つまり，およそこの辺にいると思っているのに，他の人の動きが混入されて別の場所に出ている場合，この位置が離れていれば離れているほど「自分の動きらしい」という評価値が下がります．評価値の低下が大きければ大きいほど自分ではなく他人が操作している印象を持っていることがわかります．

主体感には「比較器モデル」という有名なモデルがあります．主体感を決める重要な要素として予測誤差があるというものです．つまり，人間はさまざまな運動をする際に「こういう運動をすればこうした結果が得られる」と予測しているのです．予測したとおり完璧に動けば，自分がやったという主体感が高まり，思いどおりに動かなければ主体感が低下する関係になっているのではないかというものです．この実験では実際に動かしたカーソルに対し，予測した結果と実際の結果を比較しており，その結果を予測誤差として計測しています．

この予測誤差は脳活動のパターンから予測できるかについても調査しました．すると主体感よりも多くの領域が予測できることが解かりました．感覚運動領域，視覚的運動の領域など，さまざまな領域から予測誤差が検知できました．しかし，予測誤差だけで主体感が決まっているかと言えば，そうでもないことも解かります．主体感を予測できる領域と重なる領域もありますが，重なっていない領域もあるからです．

実際に各領域がどの程度定量的に予測誤差や主体感と関係しているのかを数値で計算してみました．計算方法は予測精度効果量を求めます．つまり，ある領域からどの程度主体感と予測誤差を予測できたかを求めることができますので，それを引き算し，標準誤差のデータのばらつきで割っていきます．すると，最終的に一つの値にすることができます．主体感から予測誤差を引いているため，マイナスになれば当該領域はどちらかといえば予測誤差のほうにチューニングしていることが解かります．値がプラスになれば，主体感のほうに偏っていることが解かります．

たとえば運動に関係するような体性感覚に関わっているとされる領域はやはり予測誤差のほうに偏っていることが解かりました．しかし，頭頂領域はむしろ主観的な感覚である主体感のほうに偏っていることが解かります．つまり，脳のなかで主体感と予測誤差は連続的に変化していることが解かりました．すると，単純に予測誤差だけで主体感が決まるという単純な話ではないことも分かります．この過程に至るまでは中間的な領域がたくさんあり，かつ決して一本道ではないのです．たとえば，運動前野などは予測誤差が正確に脳のなかで処理されるより前にさっさと主体感を決めてしまいます．決してここだけでなく，まったく別の領域も運動主体感を

決めるような情報が入っていることが解かります．運動中の情報は重要ですが，それだけでは主体感は決まらず，さまざまな情報処理が関係していることが示されています．

(4) 波及効果

心理学を研究している身としては，自己の意識がどのように成立するかにも興味があり，「運動に基づく自己意識の成立過程」「脳活動に基づく操作感の定量評価」「自動化における操作感・主体感」「運動主体感を利用したリハビリテーションの効率化」の研究も行っています．

応用的な側面もさまざまあり，脳活動に基づき操作感を定量的に評価するなど，評価方法の開発にも使えると言えるでしょう．最近は自動運転などで再び主体感や操作感が注目されており，実際に現在ある自動車会社と共同で自動運転中にも何とか主体感を維持させる方法がないかを共同研究しています．

リハビリテーションの研究者の先生方とも共同で，運動自体が回復しても主体感が回復しない場合に，どうすれば主体感を向上させることができるかにも取り組んでいます．

おわりに

前半にご説明した脳のネットワークに関しては，ATRの研究員の皆様方や所長との共同研究を行っています．ほかにも，文科省のプログラムやAMEDのプログラムで共同研究を行っています．

主体感に関しては工学と脳科学で連携し，新たなリハビリテーション方法を提案するプロジェクトで研究を行いました．こちらは現在終了しており，後継プロジェクトでの研究を実施しています．

Q&A　講義後の質疑応答

Q　自動運転のなかでの主体感の維持の研究について，現在，自動運転ではレベ

ル 3 の権限移譲の問題が話題になっています．私はレベル 2 の自動運転を体験した際に，別の人間がいるという違和感や恐怖感を覚え，下手をするとそれが原因で事故に繋がる心配をしました．その問題はレベル 3 でもっと拡大すると思います．どのようにして AI と人間の人馬一体感を作っていくのでしょうか．これは自動運転に限らない人間と AI の融合性にも繋がるかと思います．

A 　自動運転が破綻した状況で突然ハンドルを渡されても人間は対応できませんので，自動運転のなかでも何とか主体感を維持する方法を研究しています．つまり，AI が人間の代わりをしてしまうと，人間が主体的に動かなくなる状況はきっと起こります．AI の側も人間の主体感のモデルを持つべきではないかと思っています．今回はさまざまな脳活動から主体感について予測したりしてきましたが，最終的にはコンパレーターモデルのような単純なモデルではなく，人間の脳に即したモデルを立てたいと考えています．そのモデルを AI が持つことによって，ユーザーがどの程度主体感を持っているかを予測し，アシストの程度を変えることなどが，今後必要になってくるのではないかと思っています．

Q 　細かい質問ですが，運動主体感の研究において局所的な脳活動のパターンを重みづけして解析するお話がありました．スライド上のテストの値について 50％ のものを使っており，100％ から 0％ までの 5 パターンで分析されているというお話がありましたが，50％ ではなく 25％ や 100％ でも分析する理由はどこにあるのでしょうか．どれか一つでも意味があるのではないでしょうか．

A 　ご質問は重要な点で，割合を変えるとさまざまな物理的な特性というか，カーソルの動き方，どの程度ジョイスティックを大きく動かしたか，など主体感以外の要因が変わってくるのです．そうした要因を取り除くため，異なる条件でモデルを作り，物理的な特性が提示レベルの特性と違うものをどの程度予測できるかを確認しています．何がとははっきり言えない点もありますが，自己の割合の変化に伴って変化するだろう主体感以外の心理学用語でいう「余剰変数」を取り除くために違う条件を設け，このモデルが変化するかを見ています．

Q 　運動主体感を利用したリハビリテーション効率化について質問をさせてくだ

さい．この3か月ほど自身がリハビリを受ける側になり，足に低周波機器をあて，30分ほど足の裏に置いたバスタオルをただ下に圧し潰す作業をしました．おっしゃられた「主体感」はやる気や満足感と近いのではないかとイメージしてお話を聞いておりましたが，どうしてもタオルの圧し潰しにはやる気が出ませんでした．ある日，さまざまなものを潰せばよいと気づき，豆腐やスイカ，アボカドやレンガなどに頭のなかで置き換えて，硬いものや柔らかいものでさまざま試してみると，20分間やり通せる，ということがありました．力を入れることが大事なことが分かっているのに，人間はさぼってしまうのです．リハビリをやる側として，AIが励ましてくれたり，モチベーションを上げたりはしてくれないのでしょうか．

A　圧し潰す対象のイメージを作って変えたのは素晴らしいですね．私たちのやりたいこともまさにそれです．発達心理学に有名な研究はありますが，生まれて数か月の子どもの足に糸を付け糸の先をモービルに繋ぐと，子どもは喜んで何回も足を動かします．何か報酬が与えられるわけではありませんが，飽きずにやります．人間は基本的に自分が外部環境に何かを働きかけることで意欲や報酬を感じるものだと思いますので，まさにそれに適っているのではないでしょうか．

第4講
精神医学と脳科学

笠井清登
東京大学医学部附属病院精神神経科教授
東京大学大学院医学系研究科教授

笠井清登（かさい　きよと）
1971年生まれ．1995年東京大学医学部卒業，2008年より現職．著書に『こころの支援と社会モデル（TICPOC）』（総編集，金剛出版，2023），『女性のこころの臨床を学ぶ，語る』（編者，金剛出版，2022），『人生行動科学としての思春期学』（編者，東京大学出版会，2020）．

1 精神疾患の概要と思春期

(1) はじめに

　今回は精神医学と脳科学をテーマにお話をさせていただきます．このグレーター東大塾は酒井先生が塾長で，私のほかに川人先生や今水先生という脳科学のご専門の先生方がいらっしゃるので，脳科学あるいはAIとの関連については先生方の講義を聞いていただければより理解が深まると思います．また，脳と心の関係については，信原先生から脳と心にどういう風な双方向的な関係があるのか，それらは還元できないけれども対応していることについて哲学的なお話があると思います．

　私の役目としては，川人先生の講義に精神疾患の話が出てくるかと思いますが，うつ病や自閉スペクトラム症などの精神疾患・発達障害と言われるものをどう考えればいいのか，そうした疾患と脳科学の対応関係について解説したいと思います．また，私は臨床医で社会とのつながりも深いため，脳と社会についてもお話をさせていただきます．ですので，今日は脳科学の研究の話はあまり出てきませんが，脳と社会の関係をどうとらえるべきかを皆さんと一緒に考えたいと思っています．

　自己紹介としては，私は同じ小学校の同級生に障害のある子がいてそのお世話係をやっていました．そして思春期の中頃にヴィクトール・フランクルの『夜と霧』（みすず書房，1956）を読んだことが後になってみると精神科を志したきっかけではないかと思っています．東京大学の駒場キャンパス時代には駒場点友会という視覚障害の方のために点訳をするサークルに入り部長をやっていました．そこから一転，当時現役の解剖学教室の教授だった養老孟司先生の教室に入り浸るようになり，養老先生から『脳を観る』（日経サイエンス，1997）という本の翻訳をしないかと言われ，お手伝いをしました．当時は意識していませんでしたが，これは私が脳のイメージングに携わるきっかけになりました．

　その後は精神科医になり，若い頃は悩める方の診療をするなかで一緒に悩んでいました．そのうちに自分の専門分野が決まってきて，脳の画像などを専門とするようになりました．40歳になった頃に東日本大震災が起き，発災直後の3月から現地に入ってその支援などを行いました．東日

本大震災の支援については，私は災害精神医療の専門家ではなかったのですが，一生懸命に取り組むことで『夜と霧』の著者であるフランクルの感覚がほんの少し分かったような気がしました．平和な時代に生まれたものの，過酷な状況に置かれた方の様子が少し分かるようになり，社会的なことに関心が向いてきました．さらに，車椅子ユーザーで小児科医の熊谷晋一郎先生と出会い，一緒にいろいろな活動をするようになりました．10代の頃に障害のある方のお世話役をしたこととも，どこかつながっている気がします．

さらに，研修医になる前は統合失調症のことをほとんど知らなかったのですが，今は統合失調症を専門とするようになりました．また，意識してはいなかったのですが，思春期のことにも詳しくなりました．50歳になると一般的には「天命を知る」そうなのですが，未だに迷いつつ臨床や研究をしています．皆さんもこのように自分を振り返っていただくと，自分のなかでいろいろなことがつながっていることに気づくものです．

(2) 精神疾患について社会が重点的に取り組む必要性

日本では5人に1人は一生涯に一度は精神疾患にかかるとされています．精神疾患の内訳としては，主にうつ病や不安症などが含まれています．これが米国やヨーロッパになるともう少し多い数字になります．

精神疾患が始まる時期は，意外にも若い年齢が多くなっています．中高年に多い病気と思っている方もいるかもしれませんが，実は10代20代によく発症する時期を迎える病気です．

精神疾患は思ったより患者数が非常に多く，思春期に発症して一旦良くなることもありますが，再発を繰り返したり，ずっと良くない時期が続いたりして長く患う方も多いのです．いろいろな病気の社会における重大さを，DALYs（Disability Adjusted Life Years; 障害調整生命年）と呼び，有病率×その人が病気のために生活に困難を生じている時期の長さで表しますが，その指標が循環器などの他の重要に思える疾患と比較して，精神神経疾患は非常に重大になっています．

もちろん低・中所得国では精神神経疾患よりも感染症の問題のほうが大きいわけなのですが，COVID-19以前には先進国では感染症の問題が少な

くなってきていたので，精神疾患，特にうつ病，統合失調症の影響が大きいのです．加えて，認知症の影響もどんどん大きくなっています．

(3) 思春期とは

思春期はライフステージのうえでは，第2次性徴の始まる10歳くらいからを指す言葉です．一般的には10代くらいまでを指すのですが，日本では青年期と呼ばれる20代中盤頃までを英語でadolescence（思春期・青年期）と呼びます．このかなり長い時期を思春期ととらえます．大人と言われる手前の時期です．

霊長類全体で見ると，ヒトでない霊長類に比べてヒトの思春期は長いことも特徴です．前頭葉などの進化の過程でヒトにおいて大きく発達している部位が，この思春期にかなり長い時間をかけて成熟することが知られており，言語などの最後の成熟の時期と前頭葉の発達は大変関連が深いと思いますし，ヒトと非ヒト霊長類を分けている要因でもあります．

シェイクスピアの『冬物語』に「十から二十三までの歳なんか無きゃいいんだ．さもなきゃそのあいだは眠っててくれりゃいい．だってよ，その年ごろの若えもんのすることときたら，（中略）……盗みは働く，喧嘩はするって，ろくでもねえことばっかしだからな．そうら，あれだ，頭に血ぃのぼった十九から二十二までのやつらでなけりゃ，誰がこんな天気に狩りなんかする？」（ちくま文庫）という台詞があります．昔の思春期がどんな風に扱われたかを示しています．衝動性が高い時期で，大人よりは未熟な時期という理解があったようです．

一方，イメージのうえでは高校野球のように心身ともに健康であると思われていたりします．疾風怒濤の時期と言われることもあり，少し衝動性が高かったり親に反抗したりもしますが，基本的に健康な時期と思われてきました．

ところが，その思春期は非常に難しい時期です．10歳くらいまでは親と子の関係で垂直に脳と心，特に情緒が発達します．アタッチメントとも言われ，親からの適切な養育行動が子どもの心や脳を発達させていきます．それが第2次性徴が始まると，男性はテストステロンなどが急に高まって声変わりをして衝動性が高くなります．親などから言われたことに反発

して仲間との関係性を重視したり，仲間と悪いことをやったりと反抗期のような状態を迎えます．私が中学時代の頃は横浜銀蠅というグループのようなリーゼントヘアが非常に流行していたのですが，多かれ少なかれそんな風になります．そのなかで仲間やより広い社会との関係性のほうが親との関係性よりも重要になってきて，感受性が高まり，脳が発達してきます．

　もちろんこの段階における言語の発達も重要で，言語は幼い頃から話しますが，特に 10 歳以降になるとメタ認知といって自分自身のことを考えたり一人で思考したりなどができるようになってきます．自分自身のことを考えることは脳と心のループを回していくことになり，そうした過程を経て脳は成熟していきます．そういう大事な時期が思春期です．

　大事な時期なのですが，価値観などが非常に揺れ動く時期でもあります．価値観はその人が大切にしていることや，大切にしていると気づいていないけれどもその人の行動や短期的な生活行動，長期的な人生の行動を左右する大事なものです．そうしたものが親から継承したものではなく自分自身にとって主体的なものとなる際に，社会に共有されている価値などが内在化され，個人と社会の作用点のようなものとして価値観が存在する時期になってきます．

　こうした時期は非常に不安定になるため，統合失調症とかうつ病とか不安症といった精神疾患，あるいは衝動性制御の問題である ADHD などが思春期に多く起こると考えると妥当な気がしてきます．また，薬物に対する感受性も増してきます．覚醒剤，大麻などを摂取しようとしますし，脳の伝達物質受容体がそうした物質に対し感受性が増してきます．非常にクリティカルな時期と言えるのです．

　思春期についてもう少し知りたい方は，『人生行動科学としての思春期学』（笠井ほか編，東京大学出版会，2020）がありますので，ご覧になっていただければと思います．

(4) 精神疾患について

　精神疾患は実は非常に身近なものです．私が勤める東大病院も総合病院ですが，総合病院の外来患者のうち，精神疾患の方の割合は21.1% に上ります．うつ病の方や不安症の方は珍しくないのです．また，一般の身体

疾患を診る診療科の入院患者のうち精神疾患をもつ方の割合も非常に高くなっています.

　大きい病院になると救命救急センターがあり，そこに昼夜を問わず患者が運ばれてきますが，そのうちの 10% 程度は精神疾患に関連する患者です．自殺企図の方が多いのですが，そこまでいかなくとも，生きているのが嫌になって元々服用していた睡眠導入剤や抗不安薬を大量に服薬して運ばれてくる方も多いのです．精神科医はあまり体を診ないと思われていますが，実は救急部と関係が深かったりもします.

　また，がん患者にもうつ病の方が多くなっています．若い 40 代，50 代の方が突然のがん宣告を受けると心理的にものすごくショックを受けてうつ状態になりやすいのです．これは当然のことですが，それだけではなく，がんに伴う免疫学的な異常や，抗がん剤などの投与が生物学的な要因として脳や精神に影響を与える可能性も少しずつ分かってきています.

　東大病院でも精神科医が他の病棟の入院患者の往診をすることがあるのですが，統計をとると年間で 1000 件ほどになります．毎日新しく 4，5人の方が各病棟でうつ状態やせん妄ということで，体を診る先生方が私たちを PHS で呼んでいます．ですので，ひっきりなしに体の病気を診る病棟に行っています.

　心と体はすごくつながりがあります．自律神経などで脳と体，特に内臓がつながっているため，互いに影響し合うのです．特に生活習慣病とうつ病は関係が深いことなど，いろいろな事実が分かってきています．たとえば，急性心筋梗塞で運ばれてきた場合に，その後の処置としてカテーテル手術などを受けますが，その後にうつ病を併発することが多くなっています．心理的なショックもありますが，虚血といって脳に血液が行きにくくなるのです．また，元々血管が高コレステロール血症などで狭くなっているからこそ心筋梗塞は起こるので，脳の血管ももろくなっていて脳の機能が低下しているため，そんな方が梗塞を起こすとうつ病を併発しやすくなります．また，将来的には認知症などにも影響してくることが知られています．そうなると，今度は心疾患の予後も悪くなるということです.

　全世界の死亡におけるかなりの割合が直接的あるいは間接的に精神疾患によるものと言われています．直接的なものは自殺，間接的には心筋梗塞

や糖尿病などが併発する，あるいはうつ病になることによって運動などをしなくなり生活習慣病になるということです．このような事象で，全世界の死亡の 14.3% が説明できると言われます．

2 精神疾患の分類と疾病概要

(1) 精神障害の分類の歴史

　精神疾患と言っても良いのですが，精神障害には分類の歴史があります．分類については，脳科学や体の医学が発展するうちに脳が原因か心が原因か区別がつき辛くなり，かつ相互に関係しているので，少し使われなくなってきているのですが，分かりやすいので説明します．

　分類の歴史は 100 年ほど前から続いており，元々は精神疾患を身体因性または心因性に分けて考えていました．

　身体因性はさらに外因性と内因性に分けていました．今となっては区別はそれほど明確ではありませんが，外因性は脳の明らかな器質性，たとえば脳腫瘍や脳梗塞，神経変性疾患，認知症性の疾患が明らかにある，それこそ脳画像を撮れば見えるものに基づく精神症状あるいは内分泌の疾患に伴う精神の不調を指していました．また，そういう風に体や脳の原因が明らかなものに加え，アルコール，薬物によるものを総じて外因性と呼んできました．内因性はそうした脳の要因がありそうにもかかわらず，なかなか証明されないものを統合失調症，気分障害と呼び，内因性としてきました．

　今となっては統合失調症の脳画像の研究などにより，外因性とまではいかないものの，健常者と比較した脳の構造の違いや機能障害などの知見がここ 20 年くらいで積み重なってきたので，この区別は曖昧になっています．

　心因性はこうした外因性や内因性の要因が見当たらない心理的な要因で発症するものと言われてきました．不安症やパニック障害，強迫症，PTSD などです．これらもなりやすい人となりにくい人がいることが知られるようになってきました．たとえば，PTSD については特定の脳の構造や機能の人がなりやすいことなどが，双子を観察した研究など，遺伝的な要因を統制した研究で分かってきました．この身体因性と心因性の区別は

曖昧になりつつあります.

こうした器質的な精神疾患か, そうしたものが少し弱い形で生じていると想定される統合失調症やうつ病などの病気か, さらには健常のスペクトラムの方にストレスフルな環境因がもたらされたことで結果として起こるものに分けて, 大きく3分類をしてきたのです.

また, いわゆる知的障害, 精神発達遅滞の方は別の軸で分類しています. これは精神疾患と二律背反ではなく, すべての人に認知機能のレベルやIQのレベルがあるため, そのレベルによって分類があります. 加えて, パーソナリティについてもあまりに通常の方と異なり, それにより社会適応が悪くなっていればパーソナリティ障害と呼ばれます. 児童から始まる自閉スペクトラム症やADHDは, これとは別の分類が行われていますが, うつ病もあり自閉スペクトラム症もあるなど重なることもあります.

ここ10年ほどで精神疾患に対する偏見や差別が格段に解消してきたため, ご自分の病気を明かす当事者の方などもいらっしゃいます. 統合失調症について分からないようなことがあれば, ビデオクリップがたくさんありますので, 文字情報よりは当事者の方の体験などを映像で見ていただくとよいのではないかと思います. 非常によく知られたものではJPOP-VOICEなどがあります.

(2) ICD-10 (国際疾病分類)

図1はICD-10 (国際疾病分類) のFコード, つまり精神疾患の分類です. ごく簡単に精神疾患にはどんな種類があるかを説明します.

① F0 : 脳器質性精神障害

F0の器質性の精神疾患は認知症です. 認知症と一言で言っても, さまざまなタイプのものがあります. また, 認知症の方に多く, 認知症でなくとも高齢者の方に起こりやすいのがせん妄という状態です. これは疾患というよりは状態を表すもので, 入院し手術の前後に急に意識が曇り, 「もう帰る」と言って点滴を抜いたりするような状況です. あとは, 内分泌疾患に伴う精神障害もここに分類されます.

これは架空のケースですが, 若い方でそれまでそんなことはなかったの

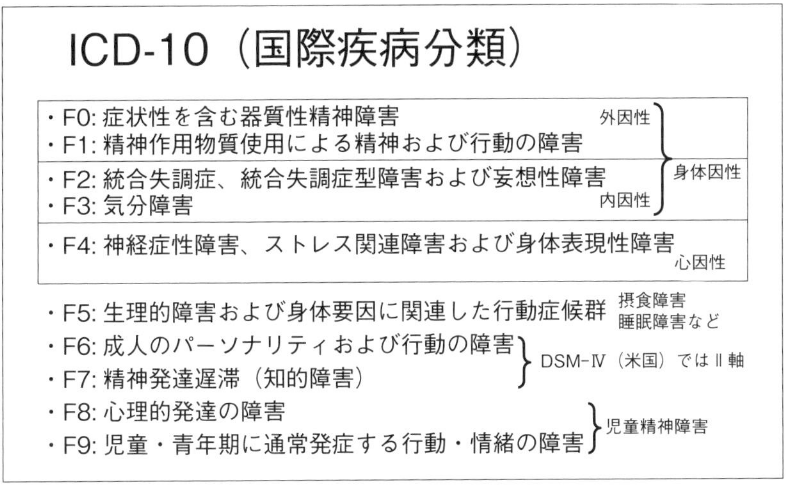

ICD-10 （国際疾病分類）

- F0: 症状性を含む器質性精神障害　外因性
- F1: 精神作用物質使用による精神および行動の障害

- F2: 統合失調症、統合失調症型障害および妄想性障害　身体因性
- F3: 気分障害　内因性

- F4: 神経症性障害、ストレス関連障害および身体表現性障害　心因性

- F5: 生理的障害および身体要因に関連した行動症候群　摂食障害 睡眠障害など
- F6: 成人のパーソナリティおよび行動の障害　DSM-Ⅳ（米国）ではⅡ軸
- F7: 精神発達遅滞（知的障害）
- F8: 心理的発達の障害
- F9: 児童・青年期に通常発症する行動・情緒の障害　児童精神障害

図1

に不思議な行動を取るようになった方がいるとします．その行動が万引き
である場合は，稀に単なる犯罪であることもあるのですが，たとえばハン
カチなど同じものを毎回盗る場合は生活の困窮とも関係がなく不思議な行
動です．そこで，本人の部屋を探すとハンカチが大量に出てきたりします．
単に万引きが癖になっているわけではなく，買う場合もあり，レシートが
たくさんあったりするのです．こうしたことを家族が心配して受診される
ケースがあります．

　この場合は，社会的な犯罪とリンクしているので，医療に持ち込まれる
と扱われにくいことも多々あります．性格の問題や警察の管轄と言われた
りして，ご家族が困ってしまうのです．しかし，こういう病態で注意しな
ければならないのは，前頭葉や側頭葉の変性が高齢期から発生する前頭側
頭型認知症です．こうした同じことを繰り返したり（常同行為と言います），
好みが偏ったりする症状が出ます．発生頻度は少ないですが，非常に見逃
されやすい病態です．

　ほかにも見逃されやすい病態として，10代の女性などに多い症例もあ
ります．何もストレスとしての要因が見当たらないのに，元気が出なくて
不登校になるケースです．診察時に冬なのに顔が汗ばんでいたりすること
が特徴です．こういう方を診ると甲状腺機能亢進症，バセドウ病に伴う抑

うつ状態を疑います．甲状腺のホルモンが出すぎていることにより交感神経が活動して頻脈になったり，汗が非常に出たり，眼球が突出しているように見える人もいます．こういう症状は甲状腺機能を改善させると良くなっていき，学校に行けるようになります．長期間不登校で心理的な要因と思われていたものが良くなっていくので，非常にご本人やご家族から感謝されます．

② F1：物質使用による精神および行動の障害

　アルコール依存症も非常に多い器質性精神疾患です．アルコールを入手されやすい環境の方に多いのですが，入院加療をして本人も酒をやめたいと思って断酒をしていても，CM などで「乾杯」という言葉を聞いた瞬間にいてもたってもいられなくなり再飲酒をしてしまったりします．本人も真面目な人で辞めたいと思って断酒をしているのに，トリガーがあると craving，つまり渇望の回路，これは基底核と前頭葉などを含む回路なのですが，それが一気に再度回ってしまって飲酒行動をしてしまいます．

　アルコール依存症は本人のせいにされやすいのですが，アルコールを乱用するに至ったきっかけには社会環境的な要因が大きい場合も多く，身体依存や精神依存が形成されてからはとりわけ生物学的な側面が大きいのです．飲酒行動については，家族の目を気にして犬の散歩のついでに缶チューハイを買って飲んでいる人もたまに見かけますが，どうしても社会的に容認されにくい行動になってしまうので，本人の意思ではどうにもならない渇望回路の過剰活動状態と思ってもらえないのです．また，再飲酒については，家族が家にアルコールを置かないようにしたり，一人で散歩させなくしたりしても，家の中のみりんや料理酒を探して飲んだりするようになります．なんとしてでもアルコールを摂取しなければ，いてもたってもいられないという行動指令を脳が出す状態になってしまっているということです．

③ F2：統合失調症

　統合失調症も若くして発病する非常に重要な疾患で，人口の 0.5% くらいの方が罹患する決して稀なものではありません．思春期に不登校など元

気がないような状態で始まるため，最初は診断が難しいことが特徴です．次第に統合失調症の症状らしい，悪口を言われているという被害意識が少し目立ってきます．いわゆる陽性症状と言われる，通常の人にはない思考や感覚が，自らにとっては非常にありありとあるように思われるような症状になっていきます．

こうした症状にはドーパミンを抑えるタイプの薬である抗精神病薬が非常に改良されていて，投与することで症状が良くなります．ただ，いわゆる陰性症状と呼ばれる引きこもりがちの生活はなかなか良くならず，リハビリテーションが必要だったり，自信をつけることが非常に重要であったりします．

④ F3：気分（感情）障害

気分障害，すなわちうつ病，双極性障害について述べます．うつ病と双極性障害はどう違うかというと，躁状態つまり調子が高い状態をエピソード的に繰り返していたり，躁状態とうつ状態を繰り返したりする方を双極性障害と呼びます．うつ状態だけを繰り返す方はうつ病と呼ばれます．

うつ病は非常に頻度が高いにもかかわらず，初診で精神科以外を受診することが多く見逃されやすい疾患です．たとえば，疲れやすい，口が乾くなど体に関係する症状が先に出たり自覚したりすると，内科を受診することが多いのです．それより前に，興味が持てない，楽しいと思えないという症状が実は始まっているのですが，こういう兆候はたとえば日本人の場合などではやる気が美徳とされているので，自分の気持ちが弱いだけ，サボっているだけと思って病気とは思わないのです．そして体の症状が出ると体の疾患かもしれないと思って内科を受診します．それで，内科で問題ないと言われることもあり，そうこうするうちにうつ病がどんどん進行して，体重が減少したり死にたいと思う気持ちが伴ったりするようになって，周囲も初めて驚いて精神科医のもとを訪れるのです．

うつ病と双極性障害は，よくマスコミによって医師の誤診，間違った診断があると言われます．もちろん医師の診断能力を高めることは重要ですが，医師を弁護すると，医師にとっても診断が非常に難しいのです．いかに詳しく問診しても，ちょうどいい状態やちょっとプラスアルファ調子が

高めな時期だったということは誰にでもあることで，いわゆるパフォーマンスが高い状態なのです．そういう時に大きな成功を成し遂げている可能性もあります．我々研究者であればすごくいい雑誌に論文が掲載されたり，ビジネスマンであれば興した会社で事業が成功したり，後先を考えずに投資をしたらすごく儲かったりというようなことです．この軽躁状態だったことはそうとは自覚されず「すごくいい時期だった」と認識され，周りからも評価されたりする場合もあります．そのためうつ状態で初診に来た際には，そうした普段より調子が高かった時期について私たちは一生懸命聞こうとしますが，「そんなことはありませんでした」「普通でした」と返答されるので，双極性障害の方をうつ病と誤診してしまうのです．その結果，抗うつ薬を投与すると躁状態になってしまって，そうした事象を抗うつ薬の弊害といった内容でマスコミ等に報道されることがあります．そういう風に報道されることについては，多少精神科医にも責任があるかもしれません．こうしたことを深く考えずやみくもに抗うつ薬を処方している医師もいるかもしれないので，難しい問題です．

⑤ F4：神経症（不安症）

　不安症で非常に頻度が多いのはパニック症です．他の症状も軒並み頻度は高くなっています．統合失調症の有病率は一般人口の0.5%程度と言いましたが，不安症は軒並みその10倍ほどの有病率です．日本では多くの不安症の方が医療を受診していないと言われています．特に社交不安症などは医学的な疾患として診断基準もありますが，いわゆる赤面恐怖，あがり症とも呼ばれるものです．抗うつ薬の投与や認知行動療法を行えば良くなるものの，病気だと思っておらず受診していない方が大半です．

　パニック症はあがり症と比較して，もう少し受診される方が多いのですが，疾病と気が付くのが遅れがちです．パニック症の症状は1回目は急な動悸や発汗など，自律神経症状のオンパレードが予期せず起こります．すると，周りの人は心臓の発作だと思い，救急車を呼んで搬送するのです．日本の場合は救急車が到着してから病院に搬送するまで30分ほどかかるので，そうするとその間に症状が治まるのです．内科や救急当番の医師は，心筋梗塞と比較して回復が早いので疲れやストレスだと説明します．ご自

身も気のせいや疲れだと思って，精神科の受診を思い立たないことが多いのです．しかし，この場合は恐怖感が非常に残るので，またあの発作が起きたらどうしようと思い，満員電車や飛行機に乗れなくなるのです．美容室，歯科の治療，買い物のレジの列に並ぶこともできなくなり，つまり社会的にその場から離れることが難しい状況をあらかじめ避けるようになり，生活に支障が生じてきます．

⑥ F8，F9：児童精神障害

　自閉スペクトラム症は発達障害と言われているものですが，症状が非常にスペクトラム状なので，頻度は狭くとれば少なく，多くとると非常に多くなります．2，3歳で既に診断される知的障害を伴うケースや，発語が3歳になっても無い自閉症のお子さんはそれほど頻度が高くないですが，知的障害が無い方で自閉症に似た認知特徴をもつ方は非常に多くいます．それ自体は障害でもなんでもなく，むしろ能力を発揮されている方も多くいますが，ひとたびそのことによって適応が困難になると，一部の方は自閉スペクトラム症と診断されます．

　注意欠如多動症（ADHD）も同様で，通常は子どもの頃から始まるものです．黒柳徹子さんが『窓ぎわのトットちゃん』（講談社，1981）で書かれたように，落ち着きのない子どもはクラスに何人かはいるものです．そのこと自体は，あえて診断すれば注意欠如多動症に当てはまるのかもしれませんが，良くなることもあり問題視することもありません．一方かなり学校での適応が困難になると，診断がついて心理的な療法や，場合によって慎重に適応を考えて薬物療法を行うこともあります．薬物療法は効く人には非常によく効きます．

　自閉スペクトラム症は，目が合わない，他の子がごっこ遊びをしているなか一人だけ別の遊びをしている，ずっと幼稚園の園庭の砂場をぐるぐる回っている，「絵を描こう」と呼びかけると字義通りの解釈をして文字の「え」と書いてしまうなど，社会的なコミュニケーションの特徴があると言われます．ほかにもずっと洗濯機が回っている様子を眺めている，通学路がたまたま工事中だと迂回できずに困ってしまう，「僕いくつ？」と聞かれると反復的な行動をとって「僕いくつ？」とオウム返しをしてしまう

などの特徴が小さな頃からかなり顕著に見られる方を自閉症と呼んでいます．こうした特徴が薄く見られる方は実はたくさんおり，それ自体は特段問題はなく障害と診断すべきものではありません．しかし，社会的に適応が困難になると，あえて自閉スペクトラム症と判断して支援に入っていくのです．注意欠如多動症についても不注意や多動性，衝動性などの症状があります．こういう特徴は私にもあったという方は多くいるでしょう．

これらは本当にスペクトラム状に分布するもので，社会的な適応が困難になってはじめて"症"と診断されます．お気づきのように，こうした特徴をもつ方に合った環境が一生涯用意されていれば，該当する方は注意欠如多動症と名指しされずにすみます．この点は今日お話ししたいテーマでもあります．

3 脳・精神疾患と社会

(1) 精神疾患と社会的側面

脳科学が発展してくると，精神疾患についても一般的な脳の MRI や CT で写らず器質性とまでは言えないものの，細かく脳画像を撮ったり，MRI 撮影したりすると通常の方との違いが出る内因性疾患であることがあります．MRI の進歩により症状と対応する脳の部位なども分かってきました．すると，あたかも統合失調症は生物的な疾病であるという言説が組み立てられていきます．

私自身もそうした研究をしているため，その言説を否定するわけではありませんが，社会的な側面がかなりあること，環境を整備することで大きく異なってくるということを今日の講義のテーマとしてお話ししたいと思います．

1990 年代に盛んに行われた種類の研究の一つを紹介します．幻聴の症状をもつ方に対して，幻の声が今どのくらい聞こえたかをボタンを押して 1 から 5 の強度で示してもらうものです．それを計測して，ある脳部位の BOLD シグナルとの相関を観ると，ちょうど上側頭回や下前頭回（ブローカ領域）に信号が見つかる場合があります．そのように幻聴に脳基盤があることが分かってきました．

そのように脳科学が進歩すると，あたかも精神疾患は社会と切り離され

た脳の障害なのではないか，精神の病なのではないかと考えられて，そこに対応が集中します．最も特徴的なのは薬物療法で脳に直接働きかける手法です．それ自体はもちろん有効で，私自身もよく薬物療法を用いますが，やはり重要なのはあくまで社会との関係性のなかで，環境をどう整えるかが精神科医としては重要です．しかし，個人の脳と社会の間に見えない線が引かれやすい領域でもあります．また，精神機能についても，不調について精神療法を個人の方に行っていただくことでストレスを与える社会側に変更を求めずに脳や精神を変えようというモデルになりがちです．たとえば，最近の認知行動療法は，セルフコントロールや非適応的な認知を切り替えるという手法をとる場合があります．

(2) 脳という器官と社会

そもそも人間は社会や世界に切実に向かって生き，その生活を上手くできるように脳も進化していると私は考えています．ホモ・サピエンスになってからは脳自体の進化は起きていませんが，ホモ・サピエンスになる前となった後を比較すると，社会や世界に適応していくために前頭葉が大きくなっているのです．脳を社会と切り離して考えることは元々ナンセンスだとまでは言いません．一旦切り離して脳の機能を突き詰めて研究することは重要です．しかし，最終的には脳と社会や世界の関係性を考えていかねばならないでしょう．

社会状況は農耕中心のものからどんどん変化していますが，そのなかで人間の脳，つまりホモ・サピエンスの脳は生物進化自体は起きていないものの，文化のようなものがどんどん変化するなかで脳は適応を求められてきたのです．

しかし，脳科学は社会を定数として扱う傾向があります．最後まで突き詰めると精神疾患の理解や治療には結びつかないのです．もともと人間は日々の生活を切実に研究する一種の研究者です．それが一種の暇（スコラ）が生じてくると，自分のことや他者のことを深く考える哲学など人文・社会科学と，自然現象について事物を客体として対象化していく自然科学とに分離が生じてきたのが学術の歴史です．

脳科学は自然科学を土台にしていますが，そこで急に精神機能のことを

扱おうとすると，元々事物の理解のために発展してきた生物学や脳科学を
土台にするため，社会と相互作用していることについては扱いきれないの
です．そのため，定数化したり無視したりして調査を行うことになりやす
い傾向にあります．一旦そうした方法をとるぶんにはよいですが，最終的
には社会をモデルとして取り込んでいかねばなりません．

(3) 世界：環境・社会といった言葉の解像度を上げる

　社会をモデルに取り込むためには，社会と呼ばれるもののことを少し綿
密に扱わなければなりません．環境と社会は分けて考えますが，環境も一
般的には自然環境を指すと思いきや，現代において環境はほぼ人間の影響
を受けていると言え，物理環境も多くなっています．こうしたところに，
今後 AI も関わってくるでしょう．

　AI も一種の人工環境や社会構造かもしれません．社会も抽象的な構造
をもっており，文化，慣習や人々の態度のようなものも含めて，"世界"
と呼んでみたいと思います．広く抽象的なので，"公共世界" と呼ぶのが
よいかもしれません．一方，家庭環境など，普段自分自身が影響力を及ぼ
し，その影響がフィードバックされる組織内のことを私的世界と呼ぶと整
理しやすいかもしれません．

(4) 脳ドーパミン機能

　私が所属する部署で精神科の研修を行い，のちに脳科学者になった柳下
祥先生は，脳のドーパミン機能について非常に素晴らしい研究をされまし
た．ドーパミンは脳の予測誤差の信号をコードにしていると言われていま
す．たとえば，美味しいものが目に見えると欲しいという気持ちが出ます．
これは実際にドーパミンのレベルが上がって，食べる，取ろうとする行動
になります．その後，食べてみて美味しかった，不味かった，もっと美味
しいと思ったけどそれほどでもなかったなどの結果をもとに，もう一度欲
しい＝want more か否かという学習が生じます．

　そのようにドーパミンは個体と世界の want more サイクルを生成して
いますが，柳下先生らはそのドーパミン信号について，マウスにとって音
刺激と砂糖水（刺激）の連合となっているものを，別の音刺激でも砂糖水

がもらえるかもしれないと幅広に予測（汎化）することについてドーパミン D1 受容体が関係することを明らかにしました．さらに，特定の音刺激と砂糖水はセットだが，この音刺激にはセットにならなかったという実験を行い，実際の報酬状況により価値の記憶をそぎ落とす，つまりこうした条件では報酬があったものの，こちらの条件ではなかったという風に精緻化（弁別）することに対してドーパミン D2 受容体が関与することを発見されたのです．いずれにしても，このドーパミンは個体と世界のあいだを繋ぐようなものなのです．

　ここからは物語のようなものなのですが，そう考えると個体と世界のあいだの人類史は変化してきました．狩猟採集の頃のように切実に今日の獲物が獲れるか分からないような時期から，穀物という保存可能な食品が手に入るようになり，それを計画的に育てるようになると予測が成り立ちやすくなります．その日暮らしの状態から，1 年を計画的に暮らすようになり，穀物をもつ人ともたざる人のあいだに身分の差ができ，貨幣が生まれ，交換体系が生まれ，物々交換ではなく貨幣を交換するという不思議なことを人類は始めるようになりました．一種の脳のドーパミン機能のようなものが外に出る，外在化するようなことが起きてきます．

(5) 現代社会の困難性

　中世までは個人の行動は，国家や宗教により強く規定されていました．しかし，産業革命により市場経済が生み出され，人工物の最たるものである都市が発生すると want more のサイクルが回っていきます．どんどん儲けたいがゆえに，金山を探してゴールドラッシュが起き，世界大恐慌が起こるなどしていきます．こうした能力や資本，健康などが多数派と少数派，多くもつ者とまったくもっていない者，まあまあもっている者など，一種正規分布化してしまいます．こういうものが自由主義と言われているものです．すると，多数派である厚い中間層の人たちにとっての予測誤差が少なく，つまり明日の暮らしが安定するように社会がデザインされるようになっていきます．都市をデザインしたりもします．しかし，少数派にとってはその社会が住みやすいとは限りません．その個体と世界とのあいだでアンマッチが増大します．こうしたものが一種の障害になるのです．

多数派の人にとって住みやすい社会が少数派の個人の生物学的な特徴にとってはマッチングが悪いような状況が出てくるのです.

こうしたことが,災害やCOVID-19のような状況下では顕著になります.さらに格差が増大する,お金をもって蓄えている人は黙っていても株価が上昇し豊かになったということがよく日本経済新聞などに書いてあります.たとえば給付金10万円を一律に配ると,困っている人にも困っていない人にも同額が配布されるので,格差が増大する可能性があります.COVID-19が流行する状況下では,豊かな人でも感染すればたちまち困ることになる一方で,社会格差はさらに増大します.また,在宅勤務が可能になる仕事もあれば,そうでないエッセンシャルワーカーの仕事もあり,そうした面でも格差が開いていきます.

このように,個人というものには,特に現代社会においては,格差の拡がりや自然災害,COVID-19の影響などの社会構造や文化のなかで,これまであまり想定されてこなかった困難との間にコンフリクトが生じているのです.

(6) 歴史に残る社会変動と人間

コンフリクトが生じることについて表現した先人が居ます.『方丈記』を著した鴨長明です.方丈記を改めて読み解くと,美しい序文で厭世感を美しく述べているだけではなく,その後には切実な火事や地震,あるいは都市災害などがあったうえに,貴族の世から武士の世への移り変わりを見て,武士の世になった後で過去にさかのぼって記載がされています.個人と世界について非常に考えさせられる古典になっています.

私も東日本大震災の体験からこんなことを考えるようになりましたし,10年前から考え始めてずいぶん深く考えているつもりだったのですが,今回のようにCOVID-19の流行などが起きると,まだ自分が考えていなかったことがあったと気づきます.

(7) 東京大学の精神疾患の治療・対応の歴史

余談も交えますが,私自身は25年ほどのあいだ東大病院の精神科で日々診療をしてきました.数えるとおよそ1万人の方に出会ってその人

生のストーリーを聞かせていただいています．東京大学医学部はお玉ヶ池種痘所から始まりますが，これは神田に存在した天然痘のワクチン接種場でした．そうしたものに起源があるので，今回の COVID-19 の流行もとても感じるものがありました．

精神疾患の日本における歴史も，このお玉ヶ池種痘所と関係が深く，1868 年の明治維新直後に政府が外国の要人の招へいや万博の開催を目的として，当時上野にいたホームレスの方々を治療という名目で収容したのが養育院の始まりと言われています．これが設置されたのが加賀藩のお屋敷，つまり現在の本郷キャンパスで，これが東京大学病院精神科の始まりになっています．

その後，高齢者の治療の場は現在板橋にある東京都長寿医療センターに移っていき，精神疾患については向ヶ丘，巣鴨に移っていき，現在は世田谷にある東京都立松沢病院に戦前から移っています．また，帝国大学医学部が作られたタイミングからかなり遅れて本郷のなかに精神科病床が置かれるようになりました．

そのような歴史があり，上野と本郷は明治維新後の医療や精神疾患の治療・対応の歴史と関係が深いのです．

(8) Tokyo の人々

これは架空の話ですが，精神科医がよく出会うケースに，毎年お盆の時期に胸がざわざわすると訴える高齢女性でうつ病の患者がいます．このケースに対してどう思われるでしょうか．なぜお盆なのか．これは，東京大空襲が起きた時期は 1945 年の春ですが，毎年お盆の時期に東京大空襲の映像や原爆の映像がテレビで放映されるため，軽い PTSD の症状がお盆の時期に出てしまうのです．

また，会社の経営が傾いて自殺企図をした方が救急外来にいらっしゃることがありますが，日本経済が下り坂になってきて，既存の第二次産業が上手くいかなくなって，そのストレスで抑うつ状態に陥った方などが含まれます．戦後に東京で中小企業を設立された経営者やその二世の方が経営が上手くいかなくなってしまうケースです．

東大病院というと，専門的な医療を求めて全国からやってくる患者を診

ていると思われがちですが，最も多い患者は近隣の地区の方で，社会経済的な状況が良くない方もたくさんいらっしゃいます．他方で近隣地価が高くアパート経営で生計が成り立つ方も一定数いる土地柄です．そうした家庭における家族間のストレス状況などから抑うつ状態をきたす方もいます．東京らしいエピソードかもしれません．

東京は戦後に金の卵と呼ばれた人たちが地方からたくさん流入して構成された点も忘れてはならず，そうした背景が精神科の患者さんの病歴に反映されていることもあります．

作家の柳美里さんが全米図書賞・翻訳文学部門を受賞した『JR上野駅公園口』（河出文庫，2017）に書かれた主人公の話なども，私は一気に読んでしまいました．

時代や世代については，一回性の出来事であるためたまたまそういうことが起きただけだとして理論化されにくい傾向にあります．脳と心については，もっと本質的な働きがあるだろうと研究がなされ，本質的な働きについての成果が教科書になります．しかし，多くの人は戦後の日本や東京という一回性の人生を生きていて，それこそが適応上は重要なのですがそうしたことはなかなかモデル化されません．

（9）時代と世代と社会

心理学や精神医学の教科書には脳と心の仕組みについて書かれてありますが，太平洋戦争が終結して帰還した兵士のことや，日中戦争などについて，本当は日本人の精神的な状況に大きな影響を与えている事柄についてはほぼ一切記載されません．

高齢の方のなかには，たとえば父親が日中戦争に行き，軍隊内部でリンチを受けたトラウマにより，帰還してからパートナーや子どもに暴力をふるって自身はアルコール依存症になったという方もいます．そうしたことが世代を超えて伝達していくのです．

また，出産年齢がどんどん遅くなると，親を看取ったり子育てをしたりする時期が前の世代と異なってきます．20代で子育てをすることと40代で子育てをすることは異なりますし，子育てをしている最中に自分の親のケアが始まる場合もあります．長寿になっていくなかで，人生のどういう

時期に自分自身のことをやり，子どもを育て，親をケアするかがまったく違ってくるということがかなりダイナミックに生じているのが戦後の日本です．おそらく都市化されてきている国際都市のような場所は，多かれ少なかれそういう面があると思います．

(10) トラウマとは

こうした環境下で非常に重要になるのがトラウマです．幼少期のさまざまないじめや，親からの虐待もあります．そうした adverse childhood experience（小児期の逆境体験）は人間の脳の発達や心理的発達に影響を及ぼします．今日はお話しする時間はないのですが，永山則夫という連続射殺犯のことを書いたノンフィクション作家・堀川惠子さんの『永山則夫 封印された鑑定記録』（岩波書店，2013）を読んでいただけると，このことがよく分かると思います．

心理学や精神医学ではなかなかモデル化されませんが，時代と世代とジェンダーのようなものは，この数十年のあいだ世代を通じて影響があります．戦争で男性側に軍隊のなかでトラウマが及ぼされたことが女性に対する暴力になり，女性の側にトラウマが生じている状況や，そういう方々が結婚して子どもが生まれると父親から虐待があり，そうこうしているうちに団塊の世代は 70 年代以降のメリトクラシー競争と呼ばれる受験競争に巻き込まれるといったトラウマもあるでしょう．ジェンダーの不平等問題は日本では非常に大きかったと思いますし，小説等でもそうした内容がテーマになっています．昨今は中間層が減り貧困世帯が増えたと言われていますが，こうしたトラウマにより貧困世帯が増える状況が生じたりするなど，戦争は過去のことに思えますが，二世代・三世代にわたり連鎖する状況にあります．

(11) 社会構造と精神疾患の発症リスク

最近は，社会構造が精神疾患の発症に影響を与えることが国際的にも知られるようになり，幼少期のトラウマ体験や，信じがたいことかもしれませんが都市部での生育が精神疾患のリスクを上昇させることが分かってきました．統合失調症のような生物学的な要因が大きいと思われてきた疾患

についても，都市部で生育した方のほうが若干ですがリスクが高いと言われるようになってきました．また，移民であるか否かなどマイノリティ状況についても，思春期までのストレスが大きく異なるため，精神疾患のリスクが異なることも知られています．

これまで示してきたように，脳と精神のことを考えるうえでは社会は無視できない存在です．それを考えない形で脳の機能をどう良くするか，精神機能をどう良くするかというアプローチを行う場合に気を付けなければならないのは，不調や障害を抱えた方に対してそのアプローチを適用しているあいだは失われた機能を回復させるためにはいいのかもしれませんが，同じ人工物は健康な方にも適用できる場合があり，そのエンハンスメントという倫理的な問題が生じることがあるということです．

元々人間は困った人がいれば助けていたと思いますが，我々研究者と医者と市民に分離することで，障害者をラベル化して治療する，市民が偏見や差別をもつという結果になってきた可能性があります．最近は多数派と少数派が分離してしまい，多数派のために社会がデザインされていくなかで少数派が取り残され，多数派の論理に基づいて少数派のための研究を行っているようでいて，実はその少数派のためになっていないような状況が生じてきました．そのため，ネイチャー誌などでは，研究の共同創造という概念が提唱されるようになってきました．国の研究費を配分する機関でも，研究に患者や市民の参画を奨励するという方針がとられるようになってきました．

(12) 障害の社会モデル（ICF）を医学・脳科学研究に

これはどういうことかというと，障害の社会モデルと呼ばれるもので，脳性まひで下肢が動かない車椅子の方がいたとして，下肢が動かない医学的な障害をインペアメントと呼びますが，そういうものに介入するということは車椅子を開発することになりますが，それだけでは段差を上ることができないという事態が生じます．社会側がこういう状態だと，たとえインペアメントに介入しても社会側とのアンマッチが解消されません．社会側と個人の特徴とのアンマッチをディスアビリティ＝障害と呼び，これを障害の社会モデルと呼びます．

この障害者の方のインペアメントを改善しようとして開発する技術については，私も脳の機能画像を用いて健常者の方と障害のある方を比較する研究をしているので自戒を込めて言いますが，何か障害のある方の能力低下を補塡しようとすると，その技術は健常者にも用いることが可能であるエンハンスメントの可能性が生じ，補塡した分と健常者が拡張した部分の差がより開いてしまう可能性があることをよく考えながら研究しなければなりません．

　一方で，ディスアビリティの部分を見極めてどうするかを考える研究は，もしかすると障害のある方のインペアメントを単なるダイバーシティに変えるかもしれないということも考えて研究していかなければなりません．

おわりに　精神医学・脳科学はパラダイムシフトが必要か

　精神医学は元々器質性つまり脳に障害が明らかなもの，明らかではないが障害がありそうなもの，脳に障害が無く心理的社会的な要因によって起こるものに分類されてきました．しかし，だんだん脳科学が進み脳画像を撮れるようになってくると，精神疾患の原因は脳のなかにあるという誤解が生まれかねない状況になってきています．そうではなく，個体の多様性，特に少数派の方にとっての多様性を重視しなければなりません．少数派の方にとっては多数派向けに社会がデザインされることが繰り返され，マッチングが悪いことについてストレスや影響を受けて，実際に脳機能が変化したりしています．一部は可逆的ですが，一部は非可逆的な変化が生じる場合もあり，それが結果として精神疾患と名指しされている可能性があるため，この多数派向けにデザインされた社会の変革も考えていかなければならないのです．

　トラウマについても，社会モデルで考えていく必要があります．元々多様な人がいただけであるのに，多数派向けにデザインされた社会構造のなかを人生の思春期を通過していく際に，多数派の人は順調にすくすく育ち，成人期の社会構造のなかに適合していくにもかかわらず，少数派に生まれた方はトゲのようなものにひっかかってうまく抜けられず，できたコブに炎症が起きたり，治りきらなくて残ったものがトラウマと考えることもできます．そうすると，これはその人の特徴かというと，特徴は元々は四角

い形だったものが，思春期を抜けるなかで新たなコブができて多数派の丸の枠にも，元の四角にも当てはまらないような状況になり，これを精神疾患や発達障害と呼んでいる可能性もあるのです．

　このように考える必要が常々あることをご理解いただいて，これまでと今後の講義で，この社会という言葉を考えながら受講していただければと思います．

Q&A　講義後の質疑応答

Q　10年ほど前に，アメリカでは1桁年齢の子どもたちまで双極性障害であるとオーバーに診断されているのではないかという言説を聞きました．社会との関わり，倫理観や価値観が芽生える小児期において，思春期以降の診断につかうような診断基準をどれほど当てはめることができるのでしょうか．

A　まさにその通りで，大人の行動によって作られた診断基準を子どもに当てはめようとすると必ず問題が生じます．子どもは行動がまとまっていないというか，言語によって自己制御をしていないので，双極性障害の躁状態のような言動が単に落ち着きがないように見えたり，少しプリミティブな形で現れます．そのため，児童の双極性障害という形で，国際的に少し過剰診断された可能性があります．

　精神疾患については，診断基準一つで，治療対象者の数が大きく変わり得ます．これはエビデンスを出しやすい糖尿病や高血圧でも言えることなのですが，精神疾患は診断に恣意的な要素が含まれやすいので，そこが要注意なのです．

Q　ドーパミンの働きについて2つほど質問させてください．

　パーキンソン病の方は距離を予測することが難しいという課題があります．特に車椅子などでゴールを決めていく練習をする際に，ゴールが近づいてある程度距離を予測して歩幅やスピードをコントロールするような課題が出ると含み足になって動けなくなるようなことをよく経験します．予測誤差が外れてし

まって，サイクルがネガティブな方向に働いているのではないかと感じました．そんな理解でよいのでしょうか．

また，予測誤差をフィードバック，つまり皮膚感覚や筋感覚，関節感覚のようなものでしっかり補い，世界とマッチさせることでポジティブな方向付けをすることはできないのでしょうか．

A　私は神経内科の専門ではありませんが，精神科は神経内科の隣の領域です．パーキンソン病で抑うつ状態の方を精神科で診ると，質問内容のようなことがあります．

しかし，学問上はパーキンソン病のドーパミン異常は専ら motor function＝運動機能をどうするかについて考えられており，まだあまり質問にあったような cognitive function や予想とつなげて考えられてはいません．ましてやリハビリテーションの観点が乏しいのです．最近，ようやく講義で説明したようなドーパミンの機能的な意義が統合失調症の脳科学の文脈で分かってきているところなので，今後おそらく統合失調症とパーキンソン病をブリッジする形で，ご質問のことがどのくらい有効かの検証や，パーキンソン病のドーパミン機能不調を勘案した作業療法のあり方などが発展するのかと思います．

Q　健常と障害の境目というものが社会との関係で決まるとすれば，どうやって決まるのでしょうか．つまり別の社会には別の病名があり得る，あるいは過去になかったような病名が新しい社会になればあり得るのでしょうか．健常と障害の境目はどういう風に定義されてどういう風に決まっていくのかをもう一度伺わせてください．

それから精神疾患とゲノムの関係という視点から研究は行われているのでしょうか．行われているとすると，優生学との関係はどうなるのでしょうか．

A　正常と障害の区別は社会によって変わり得ます．ですが，少しずつは変化するのですが，極端に急な変化が生じることは少ないということです．元々はホモ・サピエンスが過酷な生活のなかに適応するために，前段階のいろいろな非ヒト霊長類の頃から脳が大きくなっているので，生活のために必要な脳機能がある程度モジュールとして存在します．酒井邦嘉先生のご専門ですが，特に言語を用いたモジュールと他者の認知モジュールと事

物の認識のモジュールというたかだか 3 つ 4 つのモジュールが脳の，特に大脳皮質の機能にとって重要なのです．人間の脳機能や行動の特徴，パーソナリティなども次元削減しようとすれば大まかにそうなっています．そのため，精神疾患を個人の行動や思考と社会のアンマッチととらえれば，アンマッチのあり方は自分の認知についての苦悩や他者との関係性の苦労，事物の認知機能の苦悩などにおおまかに分類されます．ある文化だと急に 100 個，200 個の精神疾患があるというようにはならないのです．

ゲノムについては，大勢の健常者と何万人という単位の精神疾患と診断された方とを比べても，非常にわずかな違いしか見つかりません．おそらく今後もそうでしょう．見つかったものを土台に薬剤を開発しようとしても，現段階ではうまくいかないと考えられていると思います．ゲノム自身はほぼ多様性でしかありません．ただ非常に大きな染色体の部分欠失などがあると，知的障害や精神の不調をきたしやすい場合があります．基本的には多様なゲノム・脳の特徴と社会のコンフリクトととらえたほうがよいかと思います．

II 心の理解

第5講
食と香りの脳計測

小早川　達
国立研究開発法人産業技術総合研究所人間情報インタラクション研究部門上級主任研究員

小早川　達（こばやかわ　たつ）
1967年生まれ，1992年 東京大学工学部卒業，1994年 東京大学大学院工学系研究科修士課程修了．1994年 工業技術院生命工学工業技術研究所入所，1999年 東京大学にて博士（工学）取得，2016年 産業技術総合研究所 グループリーダー．2020年 産業技術総合研究所 上級主任研究員．編著書に『味嗅覚の科学』（朝倉書店）など．

1 「味」とは？——味覚と嗅覚の関係

(1) はじめに

今日は食と香りの脳計測についてお話しします．今回のグレーター東大塾では「脳とAI」をテーマにお話をしており，我々の業界も当然AIの流れに巻き込まれています．AIブームはGoogle社などテック企業から始まって盛り上がってきているのですが，今はどうもAIは万能ではないというフェーズに来ていると思っています．むしろ，ではどういう部分にAIは使うことができて，どういう部分にAIの応用が難しいのかを考えるところにきているのではないでしょうか．言葉は悪いのですが，浮かれている状態から実質的なところを見るフェーズに入っているように思います．

奇しくも，私が大学に所属していた頃は脳ブームでした．私も脳を研究したいと思っていたのですが，脳について研究したその先で味覚と嗅覚の研究をやることになるとは思ってもみませんでした．今日はその「食と香りの脳計測」について話をしていきたいと思います．

(2)「味」を体験する

普段リアルで講義をするときは，小道具としてフルーツのガムを使います．味を体験するための道具です．正確に言えば，いま感じているのは味覚で，ここから先は嗅覚であるということを非常に簡単に実感できる素材です．

まずは鼻を片手でつまみます．鼻をつまむことで嗅覚の有り無しをコントロールするのです．次に，箱を開けて紙からガムを出して鼻をつまんだまま口の中に入れます．そのまま10回ほど噛むと噛み終えることができます．そのときに感じているのが純粋な味覚です．大半の場合，ガムであれば甘酸っぱい何かと感じられると思います．

このあと，鼻をつまんだ手を放します．これはどういうことかというと，鼻を片手でつまむ行為は，嗅覚の情報をほぼ遮断することと同じです．完全ではありませんが，空気の流れがなくなると嗅覚の情報は大きく減衰するのです．つまんだ手を鼻から放すと，その嗅覚情報をキャッチできる状態になります．味覚と嗅覚情報を合わせて「味」になるのです．つまり，

純粋な「味覚」と「味」の差を実体験でもって分かってもらえる実験です．「つまんだ手を離した瞬間にそういう味が広がってきた」という感想が多く出るのですが，これは我々の業界では有名な錯覚です．いま嗅覚情報が鼻腔内に入ってきたにもかかわらず，その情報が口の中に広がっているように認識するのです．これは味覚と味が混同される原因になっています．

　余談になりますが，味覚センサーとAIでワインの嗜好性を予測するという話題が1〜2年前にありました．これは聞いた途端に無理だろうという感想を持ちました．

　なぜかというと，ワインはそもそも味覚ではなく香りを楽しむものなのに，味覚センサーのみを使うので味覚の情報しか得られないからです．AIに入力する情報は人が取得している情報に対して圧倒的に少ないのです．つまり嗅覚が欠如しているのですね．味覚センサーと嗅覚センサーの両方を使うのであれば，まだ予想が可能かもしれないのですが，味覚センサーだけでは無理でしょう．

(3)「味」とは何か

　では，「味」とは何なのでしょうか．味覚と嗅覚が役割を担っていますが，その関係性とは何なのでしょうか．

　正確に言うと，味と我々が思っているものは，多様な感覚が統合されてできたものです．そのなかで味覚と嗅覚が主役級の大きな役割を果たしていることは間違いありません．しかし，口の中の感覚に限っただけでも，味覚・嗅覚以外でも触覚と聴覚が要素として入ってきます．口の中の話をすると厳密には視覚は入りませんが，見た目が美味しそうであったり，良いレストランで出されたメニューや農園にある果物はおいしく見えたりします．この情報は何かというと視覚です．

　そう考えると，私たちは食べることに対して，持っている五感すべてを投入していると考えられます．そこまで話を広げると研究の幅が広がりすぎて収集がつかなくなるので，まずは私が今取り組んでいる味覚と嗅覚の関係について話していきたいと思います．

　まず「味とは何か」という問いを立てます．風邪をひくと味が変わります．実は，味に異常を感じて耳鼻咽喉科を訪れる患者の約半数は嗅覚異常

なのです．この症状については，3年前と今で世の中の状況が大きく変わりました．コロナウイルスに感染すると嗅覚異常や味覚異常が起こるようになったのです．コロナウイルスに罹患して嗅覚異常や味覚異常が発生した場合，普通の嗅覚障害とはかなり異なる機構やメカニズムで発生しているため，今までよく用いられてきた嗅覚症状に使われる治療法が役立ちにくいそうです．

いずれにしても，味には嗅覚が大きく影響していますが，人は普段はことごとく無自覚です．なぜ無自覚なのでしょうか．

この疑問をきちんと解き明かそうとすると，心理物理実験で味覚と嗅覚との同時判定を行うことになります．実験の正確さを期すためにはコントロールとして「味覚と視覚」「嗅覚と視覚」の実験も行って「味覚と嗅覚」の関係が「嗅覚と視覚」と比較してどうだったかを調べていきます．

味嗅覚の組み合わせは他の感覚の組み合わせと比較して同じか異なるかを調べていきます．他の感覚については，五感という言葉があります．通常は五感といえば，目で感じる視覚，耳で感じる音の情報である聴覚，肌感覚あるいは温度感覚である触覚です．触覚には痛覚というものもあります．この痛覚は食に関しては非常に縁が深いもので，辛さは全部痛覚です．そういう意味では，味覚と嗅覚に非常に近いところにあります．

視覚と聴覚はいわゆる物理刺激をキャッチしているものです．視覚は光という電磁波と音の音圧の変化，聴覚は空気圧の変化を感じます．触覚には物理的な圧力変化もありますし，温度変化もあります．先ほど述べたように，辛さは味覚と嗅覚に非常に近く，化学物質によって引き起こされます．味覚と嗅覚は味物質あるいは嗅覚物質によって起こるもので，いわゆるケミカルサブスタンスです．化学物質によって起こる感覚のことを我々はケミカルセンシーズと呼んでいます．

味覚と嗅覚の話をするのであれば，味覚と嗅覚だけではなく他のフィジカル，つまり，物理的な刺激も調べなければ，それぞれの感覚の特徴が見えてこないため，コントロールの実験を行うのです．

図1は同時性判断課題の結果です．横軸は時間を示しています．時間は左から右に進んでいると思ってください．この刺激Aと刺激Bについて実験参加者が同時に発生したと感じたのか，あるいは非同時，つまりバ

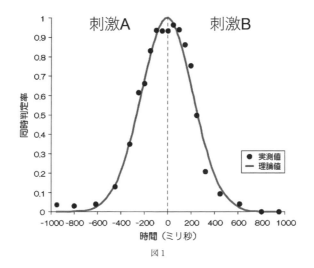

図1

ラバラに発生したと感じるのかを調べます．当然のこととしてこの時間差があればあるほど非同時と応える確率は増えていきます．

　一般的に考えると，この図に示した時間が0，つまり実際に刺激Bと刺激Aが物理的にも本当に同時にやってきた際に実験者の皆さんは同時と答えます．それでは，この時間が0.1秒だったら，あるいは0.05秒，0.2秒，0.4秒だったらどうですかということを実験し，確率分布を求めていく手法です．

　これを「味覚と嗅覚」の化学感覚同士，それから「味覚と視覚」「嗅覚と視覚」でやってみます．基本的に視覚条件は発光ダイオードを光らせるだけです．味覚条件としては濃い食塩水を使って舌の先端を刺激します．嗅覚条件としてはクマリンという桜の葉の香りを使っています．

　味嗅覚刺激の実験の場合，ミスマッチが起こるのは「味覚刺激（食塩水）と嗅覚刺激（桜の葉のような香り）」でした．つまり，日常でこの組み合わせはないということですね．今度はマッチ条件となるものを調べるために，食塩水と醬油の香りを合わせてみます．こうして，先ほどの同時か同時ではないのかをひたすら実験していきます．

　図2はその結果です．このグラフは，2つの刺激が本当に同時に発生している際に同時と判断する確率を示しています．（a）のグラフの場合は0.8がボリュームゾーンであるため，80％くらいの確率で同時だと判定す

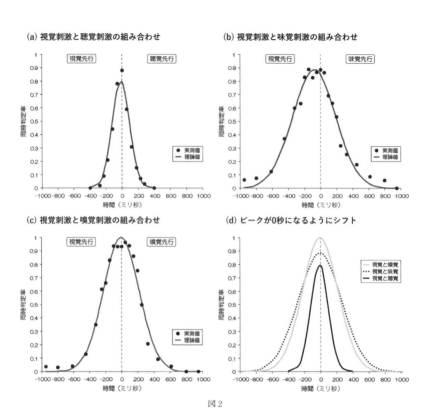

図2

ることを示しています．同じグラフの時間軸−400の箇所にある点は，同時判定率0%になっていますので，視覚刺激が先に発生し，0.4秒後に聴覚刺激が発生するとそれらの刺激が同時に提示されたと感じる人は誰もいないことを示しています．

　(b)(c)を見てみると，聴覚刺激と比べ，味覚刺激，嗅覚刺激との組み合わせはグラフのカーブが緩やかになっています．(a)(b)(c)を重ねると(d)のようになり，視覚と聴覚の組み合わせのほうが同時と判定されにくいことが分かります．これは，視覚と聴覚のほうが人間にとって区別がつきやすい，つまり時間分解能が高いことを示しています．要するに，少しの時間差でも細かく分離することができるということです．ところが，ここに化学感覚が入るとそうはいきません．化学感覚は物理感覚よりも時間分解能が低いと言えるのです．

　図3は同様の実験のデータです．今度は「視覚と味覚」「視覚と嗅覚」

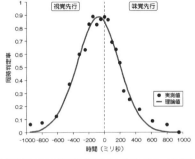
(a) 視覚刺激と味覚刺激の組み合わせ

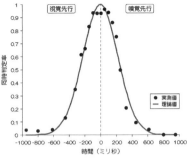
(b) 視覚刺激と嗅覚刺激の組み合わせ

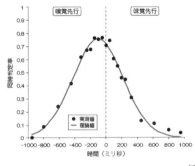
(c) 嗅覚刺激と味覚刺激の組み合わせ（ミスマッチ条件）

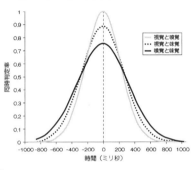
(d) ピークが0秒になるようにシフト

図3

と先ほどのミスマッチ条件である「嗅覚と味覚」をプロットしています．3つのグラフの幅を比べると，味覚は嗅覚よりも時間分解能が低いことが分かります．実際に統計をとると，味覚が入った場合は他のモダリティよりも遅くなることが分かっています．

図4はマッチ条件とミスマッチ条件を比較したものです．ミスマッチ条件は味覚が食塩水，嗅覚に桜の葉の香りを使用しています．マッチ条件は嗅覚だけを醬油に変えています．実験をすると，明らかにマッチ条件のほうが分解能は下がります．

このグラフは実験回数が多いとピークが0秒に一致する正規分布様になります．要するに，$e^{-\frac{(x-B)^2}{2C^2}}$ いわゆるガウス分布様になるのです．しかしマッチ条件はこのガウス分布からも外れやすいという傾向をもっています．

この理由はまだ考察できていませんが，やはり嗅覚・味覚の組み合わせ

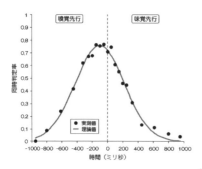
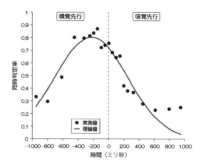

図4

では，経験していないものは正規分布様の確率分布になりますが，経験しているものはそれほど単純ではないという話になるかと思います．

まとめると，化学感覚が入っているものは少なくとも普通刺激同士と比べると異なり，時間分解能が低くなります．味覚と嗅覚を比べると，味覚のほうが時間分解能は低く，マッチ条件とミスマッチ条件を比べるとマッチ条件のほうが時間分解能が下がります．

---

(4)「味」の正体

時間分解能が下がるということはどういうことなのでしょうか．実験の際には，マッチ条件の場合は「味」が生じているのですが，この生じる際に来た感覚が味覚なのか嗅覚なのかどちらか分からないという報告が実験参加者から頻繁にされました．私も実験参加者になった際に同様の感想を持ちました．これが視覚と聴覚の場合は，目に見えている画像が視覚・聴覚どちらで感じているのか分からないということは一般的にありません．しかし，味覚と嗅覚では起こるのです．

人によっては，視覚を見て聴覚のようなことを感じる特性を持つ方もおり，共感覚保持者と呼びます．同様に味覚と嗅覚の区別がつかなくなっている現象を学習性共感覚と呼ぶ研究者もいます．

しかし，これはどの味覚と嗅覚の組み合わせでも共感覚が起こるわけではありません．先ほどの実験でも食塩水と桜の葉の香りでは「味」が成立しませんでした．

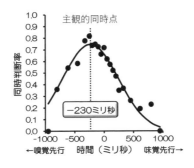
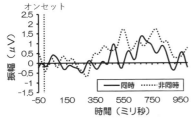
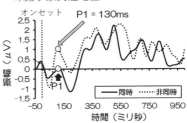

図 5

(5) 味覚と嗅覚の同時性判断に関わる脳活動

実際に味覚と嗅覚の同時性判断が起こっているときに脳活動がどうなっているかを調べてみました．

元々同時判定課題は，味覚刺激と嗅覚刺激を非常に短時間，しかも混じらない状態で刺激しなければなりません．そのため，元々は事象関連電位用の刺激装置を使っています．そのため，この刺激にロックし刺激音声と揃えた，つまり味覚の事象関連電位，嗅覚の事象関連電位を実際に測定してみたのです．

今回はマッチ条件で行いました．実験参加者は 23-39 歳の女性 5 名（平均年齢＝28.6±6.4 歳），嗅覚刺激は醬油香，味覚刺激は食塩水を用いました．結果は図 5 のとおりです．

分布そのものは先ほどの実験の分布と同じような結果が出ます．同じ実験をやっているので当然です．下の図はグランドアベレージです．つまり，被験者は全員そのノウハウをプロットしています．どちらも実線が刺激がバラバラに来た（非同時）と判断しているときの脳波です．破線は同時に

来たと判断しているときの脳波です.

嗅覚のでは,少なくとも今の解析状態では両方のあいだで差はみられませんでしたが,味覚は振幅に有意な差が出ることが分かりました.これは私たちが今までに測定してきたデータによると,いわゆる味覚一次野の応答で差が出るのです.

非常に手間がかかる実験なので,サンプル数は少ないのですが,そのなかでも同時と非同時では振幅に有意差が出ました.同時だと判断した場合の振幅が,非同時と判断したと場合の振幅と比較して優位に下がっていたのです.要は,同時だと判断した場合は,一次味覚野の活動が抑えられるということです.

ピーク潜時は130秒で条件によって変わりません.食塩水の130ミリは,ミリはミリ秒を示し,舌が食塩水に接触してから0.13秒経過したことを示します.これが味覚の一次応答の時間です.これがおよそ0.13から0.15という数字であるのは,これまで私たちが実験して計測をした結果が再現されています.これは弁蓋部の奥の方にある島皮質の活動潜時と一致しており,味覚大脳皮質一次野の応答であることが分かっています.

この味覚と嗅覚の相互作用が最初の0.13秒という非常に早い時間である短潜時に起こることは,予想外でした.一般的に考えると,味覚と嗅覚の情報はもっと高次の段階で統合されるものだと思っていたのです.それが実はいわゆる最初の成分,これをプライマリーコンポーネントと呼びますに影響していたのです.

最初にこの結果を見たときは,え?本当?と思っていましたが,何度実験をしても同じ結果が出ました.今この結果をどう考えているかというと,次の仮説で考えています.

視床において一次味覚野に味覚の情報が入る前の段階で相互作用を起こしていかないと,一次味覚野の応答は変わるはずがないということです.これはあくまでもモデルの話であって,実証されているわけではありませんがこの実証は大変だろうと思います.

嗅覚情報は大脳に入る前に視床を通らないということはよく言われることです.しかし,皮質を通った後は実は視床に入っていくと言われているので,いずれにしても視床において味覚と嗅覚の相互作用が起こっている

とすると，今起こっているさまざまな現象の辻褄が合うのです．

この第一次味覚野の活動が抑制されるということはどういうことなのでしょうか．味覚に限らず，感覚野ほかの五感も同様で，感覚一次野の役割の一つは，刺激が来たか否かの判断です．何かの刺激が今来ているか来ていないかを最初に見つけるのは脳の働きですが，この一次野の応答が抑えられてしまうと，この情報が抑えられてしまいます．それによって，同時と判断しやすくなっているだろうと考えられるのです．

なぜこのようなことをしているのかというと，同時と感じることで味覚と嗅覚の塊を一つの「味」というオブジェクトとして認識するためだと思れます．

我々は食べているときに嗅覚情報を感じ，それは呼吸や嚥下と同期して嗅覚神経を刺激します．その味覚情報と嗅覚情報は感じるタイミングは異なりますが，我々はそれを一つのオブジェクト（味覚と嗅覚が統合された味）として感じようとします．

「脳は辻褄を合わせようとする」とはよく言われます．余談ですが，統合失調症でさまざまな幻覚を見るのは，調子が悪くなった脳が辻褄を合わせようとした結果ということもよく言われる話です．

いずれにしても，味覚と嗅覚を一つのオブジェクトとして認識するためには，時間情報が邪魔になります．その時間情報をあえて抑えることによって，一つのオブジェクトとして認識しようとしているのです．

ただ，ここまでで一次味覚野と視床の関係の話をしましたが，視床がすべてこの機能を司っているわけではありません．むしろ，味覚や嗅覚の高次野で起こっている学習の結果が視床に対して何らかの変容を促して，結果としてこうなっているのだろうと考えています．

つまり，我々が「味」を認識する際には，高次機能にいったん情報が届き，それが再度低次機能にフィードバックされ，一次味覚野の時間情報が抑制され，結果として「味」のオブジェクトが認識されると考えています．

(6) 研究から分かる現在の AI 研究への示唆

ここから AI の話を関連付けると，人は食品を知るために食べるという行為をずっと行ってきています．食べるという行為で味覚と嗅覚の組み合

わせをずっと学習しているのです．この学習効果は，1日3回学習しているので，他の学習とは比にならないほど強固な学習と言えます．

このことを考えると，この学習効果を無視し，味物質やニオイ物質だけに注目して好みを予想するということには疑問が起こります．つまり，その味物質なりニオイ物質がその人にどう関わってくるかという話を完全に無視した状態では，おそらく何か間違った結果が出る気がします．ゆえに味物質・ニオイ物質の分析のみで人の感覚，認識，感性に近づくことは難しいのではないかと思います．

2 食品における香りの役割とその文化差

(1) 味覚と嗅覚と経験

これ以降は，味覚と嗅覚の経験についてお話をします．

次の話題は脳の測定はしていませんが，香りの組み合わせの熟知度が反応時間に影響するという話です．

キリンビバレッジ株式会社との共同研究で，嗅覚と嗅覚の組み合わせについて，反応時間という課題を使って調査しました．実験参加者は20-28歳の49名（男性25名，女性24名，平均年齢＝22.2±1.5歳），キリンの「午後の紅茶 おいしい無糖」を背景刺激として用い，レモン香料とアーモンド香料の2種類を標的刺激として用いました．

この実験の目的は，紅茶の香りにレモンが合うか，アーモンドが合うかについて被験者に対し心理学的な手法で確かめることです．

実験は「無臭空気とレモン香」「無臭空気とアーモンド香」「紅茶香とレモン香」「紅茶香とアーモンド香」の4つの条件で行いました．

反応時間を計測する手法としては，無臭の空気が流れている鼻の中にチューブを通して実施します．何も匂いを感じない条件が無臭条件です．そこに一瞬だけ匂いがやってくるので，匂いがしたらボタンをできるだけ早く押すというものです．

これは，課題を無臭条件に対してレモンの香りもしくはアーモンドの香りを出し，今度は紅茶の香りを背景に流して，レモンの香りとアーモンドの香りを出します．

実験参加者は，香りが変わったらボタンをできるだけ早く押すというこ

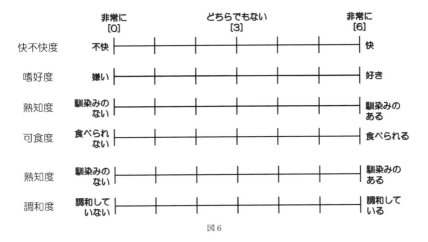

図6

とをひたすら行います．課題のなかではこの感覚強度も一緒に聞いていきます．また，実験を正確に行うためにカウンターバランスを取るなど幾つかのポイントはありますが，そうしたことはやっているという前提でご説明します．

40名ほどの被験者の実験データを採取しました．紅茶の香りはキリンビバレッジ株式会社の「午後の紅茶」の無糖の液体に無臭・空気を送り，着香したものを用意しました．それにレモン香とアーモンド香を重ねてみました．

図6のように快不快，嗜好度，熟知度，可食度などを確認しています．実験の評定を取る際によく採られる手法は，直線の両端に言葉（ラベル）を記載し，実験参加者さんが思われた程度を直線にマークを付けることで表現してもらう手法です．これを我々はビジュアルアナログスケールと呼んでいます．

また，熟知度は組み合わせについてよく知っているか，調和するかという質問をしています．ここでは紅茶香とレモン香とアーモンド香の熟知度を聞いています．

結果としては，図7のグラフのようになりました．これは無臭空気・紅茶香とレモン香の組み合わせ，無臭空気・紅茶香とアーモンド香の組み合わせの反応時間を示したものです．

アーモンドの場合は，無臭・紅茶香の両方でさほど変わりませんが，レ

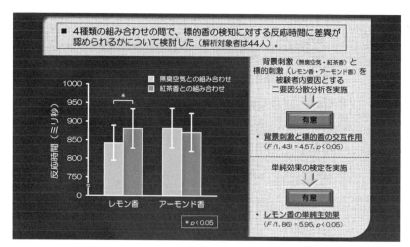

図7

モンの場合は時間が変わるという結果がでました．これはどういうことかというと，紅茶が背景にあった場合のほうが単体よりも反応時間が遅くなったのです．

それぞれの評定も行ったのですが，図8のように有意差が出る項目がありました．

熟知度，つまり「あなたは紅茶香とレモン香をよく知っていますか」「あなたは紅茶香とアーモンド香をよく知っていますか」という質問項目です．この評定値には有意差がありました．

今度は調和度つまり「紅茶香とレモン香は合っていますか」「紅茶香とアーモンド香は合っていますか」と質問をしているのですが，この調和度には差がありませんでした．私たちは合っているかいないか，知っているかいないかという2つの視点で見ていますが，その反応時間を説明する要素は「知っているか否か」になるということです．

やはり，背景の紅茶香とターゲットのレモン香とアーモンド香については，熟知度が効いてくるということが分かってきました．経験をすることで，紅茶の香りとレモンの香りを一体として感じるようになり，結果としてそれにより反応速度が遅くなっているのです．

ところが，紅茶香とアーモンド香の場合は，同系統のような気がしますが，一体となっていないためアーモンド香が来た際によく分かるのです．

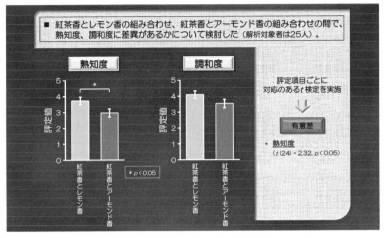

図8

それは背景が紅茶であろうが，無臭の空気であろうが変わりません．我々の実験では，ニオイが変化したらボタンを押すという処理としては最も低レベルの処理を行っていると考えられますが，それでもやはり普段から組み合わせとして知っているか否かによって結果は変化しました．ということは，この処理は最初に処理を行う嗅球あるいは梨状皮質が行っていると推測できると考えられます．

(2) 誰しも同じ「味」を感じているのか？

次は「味」の国際比較のお話です．羊羹の風味知覚に及ぼす消費経験の影響を調べました．消費者は何を感じているのかという，そもそも論が実験を行う動機となっています．

食品は大抵の場合，複数の物質で構成されています．5基本味（甘味・酸味・苦味・塩味・旨味）があると言われていますが，我々は単体を，たとえば甘みだけを，感じているわけではありません．

いろいろな味質がある場合に，分かりやすい味質と分かりにくい味質があるだろうという想定から，「気づきやすさ」という評定項目を考えつきました．これを我々は感知しやすさ，英語でnoticeabilityと呼んでいます．これを指標として使いました．

実験は非常にシンプルです．羊羹を一口サイズに切り分けて，感知しや

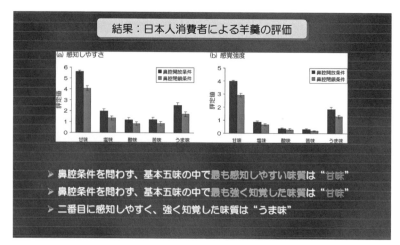

図9

すさと感覚強度で評定しています．感知しやすさについては，たとえば「甘味がすぐに分かりましたか」あるいは「見つけるのに苦労しましたか」と質問します．これを鼻をつまんでいる状態と鼻をつままない状態で実施します．

手続きとしては，最初にミネラルウォーターで口を洗います．これはよくやる方法です．その後，一切れ羊羹を口に入れ，十分咀嚼して味わって飲み込みます．飲み込んだ後に，基本五味（甘味・酸味・苦味・塩味・旨味）に関して分かりやすったかを「非常に困難」から「非常に容易」までの6段階で評価してもらいます．感覚強度については，どの程度強く感じたかを「無味」から「強烈」までの5段階で主観評価をしてもらいます．

図9は日本人被験者による羊羹の評価です．鼻を解放している場合のほうがそれぞれの味に対して感じやすいことが分かります．鼻を摘まもうが摘まむまいが一番感知されるのは甘味です．最も分かりやすい味も甘味でした．これだけだと，わざわざ実験する意味があるのかという結果です．

しかし，面白い結果が出てきます．感知しやすさと感覚強度の関係を見るのです（図10）．この一つひとつの点は，実験参加者が示した結果です．

この感知しやすさと感覚強度の分布が全く異なっています．嗅覚が無い状態では，感覚強度と感知しやすさは相関関係があります．ところが，嗅

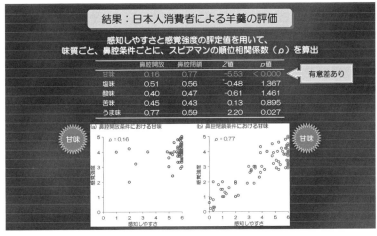

図10

覚がある場合は甘味を感知しやすいのですが，その強度にはバラつきがあり有意な相関が消失します．この現象は甘味の場合のみに起こりますが他の四味では起こりません．

次のステップとして，この原因を探るために，甘味であれば常に起こるのか，甘味が他の四味と比較して最も強く知覚される場合に起こるのか，あるいは馴染みの程度が影響するのかどうかということを考えていきます．

実はこの現象は，同じ実験を緑茶での苦味でも鼻を摘んだ場合と解放した場合で同様の現象が起こるのです．そのため，甘味である場合に特殊現象として起こることではないと考えられます．

いずれにしても，これは最も強く知覚される味の場合にしか起こらないことが分かりました．ならば，馴染みがない場合はどうなるのかという疑問から始めたのが次の実験です．

これは余談になりますが，官能評価をやっている方で最近のトレンドをキャッチしている方なら「TDS（Temporal Dominance of Sensation）」という官能評価の手法をご存じかと思います．そのときのポイントはドミナンスです．ある時点で最も気になる特性をいくつかの指標のなかから選びなさいという評価の方法なのですが，これがやろうとしていることは，要は前述の気づきやすさの指標化だと考えられます．

私たちの行う実験はこのTDSのDを我々なりにアレンジした方法にな

っているのだろうと思っています.

　ここからは，鼻を摘まむ・摘ままないに関する話と，感覚強度つまり主観の強度と気づきやすさの関係はどうなっているかという話をしていきます．ここまでは感知しやすさと感覚強度の間の相関が，匂いがあると低下するという結果を示しました.

　今回は，2種類の食品を使いました．1種類はドイツ人にも日本人にも馴染みのある食品を使い，もう1種類は日本人のみに馴染みのある食品を使います．これを鼻を摘まむ・摘ままないという条件で評定していきます.

　ドイツと日本，それぞれ2か所で実験を行いました．ドイツはフランクフルト郊外のギーセンという町の大学で私が現地を訪れ学生と共に実施し，日本人のデータは我々が日本で取得したデータです.

　実験材料はドイツ人と日本人に馴染みがある食品としてはマシュマロを使い，日本人には馴染みがあるけれどもドイツ人には馴染みのない食品として羊羹を使いました．少し贅沢をして羊羹には虎屋の「夜の梅」を使っています．「夜の梅」は非常にほのかな甘みなので，その点では実験に扱いやすいのです.

　これをまったく同じ条件でやるために，実施が非常に容易なビジュアルアナログスケールを使って評価をしました.

　実験の結果は，マシュマロであろうが何であろうが甘味がいちばん強く感じられるという結果になりました．図11はドイツ人に対しマシュマロを使った実験の結果です．先ほどの実験と同様，感知しやすさと感覚強度を両方プロットしていきます.

　これも一見して鼻を摘まんでいる場合は相関の斜め線が弾けますが，鼻を解放している場合は特定方向に点が固まってしまいます．要は，嗅覚があると甘味がよく分かるという感想をもちますが，その強さはバラバラであるという状態になります．これは先ほどの実験とまったく同じです.

　図12は日本人に対するマシュマロの実験結果ですが，羊羹の場合とまったく同じ結果になりました.

　図13は羊羹に対する実験です．ドイツ人は羊羹に馴染みがないですが，日本人とほぼ変わらない評定値が出ます.

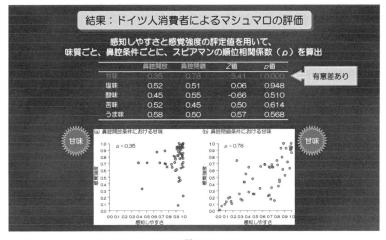

図 11

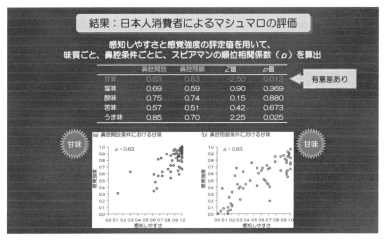

図 12

　実験のメインとなるのは，図 14 のドイツ人による羊羹の評価の相関です．ドイツ人も甘さに対して日本人と同程度の強度を感じているにもかかわらず，鼻を解放している状態の相関係数はおよそ 0.7 もありました．鼻を摘まんでいる状態と解放している状態の相関係数は変わりません．両方とも斜めの相関の線が弾けるのです．スピアマンの相関係数に有意差はありませんでした．

　ところが，日本人の羊羹の評価（図 15）になると，前回の実験とほぼ変

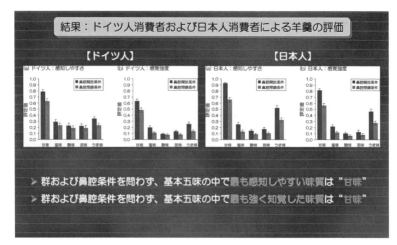

図13

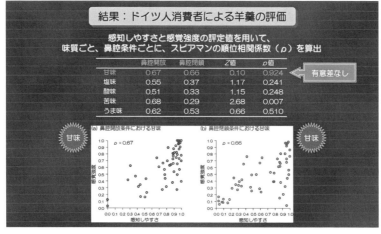

図14

わらない結果となり，鼻を摘まんでいると相関の線が弾けますが，解放していると右側に点が固まります．

　これをまとめると，マシュマロに関しては両国民とも馴染みがあるため鼻を摘まんだ場合と解放した場合で相関係数が変わります．しかしドイツ人における羊羹については，鼻を摘まもうが放そうが，つまり嗅覚情報のありなしにかかわらず，有意な相関があることが分かりました．

　つまり嗅覚情報があるなしによる相関の有無は，馴染みがあるか否かと

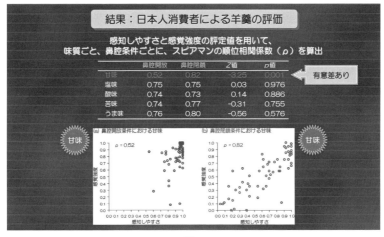

図15

いう要素が鍵になることが証明されたと考えられます．これは，食経験と香りは実は密接に結びついているということを意味します．

ドイツ人にとって馴染みのない羊羹を食べることは日本人が鼻を摘まんだ状態で食べることと変わりません．つまり嗅覚情報が活かされていないということです．活かされていないということは，味そのものの強度はまったく変わっていないけれども，鼻を摘まんだ場合と解放した場合で，主観強度と感知しやすさの関係性が変わらない，つまり嗅覚情報が活かされていないということなのです．要は，食品の経験がないと，食品の香りを使って味の認知ができなくなっているということが分かりました．

いずれにしても，やはり経験は非常に重要で，経験によっておいしさが変わるという話は山のようにありますが，それ以前に我々は経験がなければ，経験がある人とは異なる情報を受け取っているということになるのです．

3　味嗅覚に関わる脳内機構

(1) 味覚誘発地場応答の計測

ここからはもう少しベーシックな，脳において味覚はどんな風に感知されているのかという話をします．かなり前の話になりますが，私がこの実験を始める前は人の味覚野はどこにあるか分かっていませんでした．

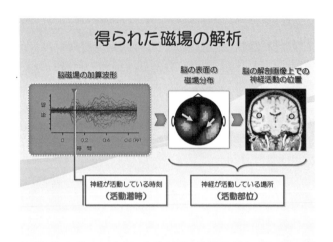

図 16

　以前に脳磁計というものを使って味覚一次野を測定することを試みました．舌の先端だけを刺激することで，刺激を工夫しました．

　事象関連電位において大切なことは一瞬だけ味覚刺激を与えることです．しかも，圧力変化―触覚刺激が絶対にあってはいけないという厳しい制限があります．

　実際に得られた磁場の解析をどうやってやるかというと，得られたら磁場分布から脳内のどこが活動しているのかを計算します（図 16）．

　例えば，時間 0 秒前では脳の活動はほとんど行われていないのですが，時間 0.11 秒付近で一度膨れて 0.2 秒で一旦萎み再度 0.25 秒で膨れてという活動がおおよそ起こるのですが，この最初に膨れた部位が事象関連電位の最初です．いわゆる，一次野でいうところの活動になるわけです．これがどこかを見るのです．

　どんな特徴があったかというと，この脳磁場計測をした際に，甘味には人工甘味料のサッカリンを使用したのですが，サッカリンと食塩では潜時が異なりました．潜時とは舌の上に味物質が付いてから脳の活動が起こるまでの時間差のことです．食塩の場合は 150 ミリ秒程度ですが，サッカリンの場合は 330 ミリ秒程度であり食塩水と比較して長いことがわかりました．

　舌の上に例えば食塩が付いたときに，その刺激を神経パルスに変えると

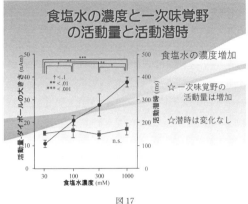

図 17

いう機構が存在します．いわゆる化学センサーが必ずあります．その化学センサーの機構が甘味と食塩では異なると言われています．

食塩はNaClなので，ナトリウムチャンネルを刺激していると言われていますが，サッカリンの場合はもう少し複雑な受容体を，受容体タンパクを経由して細胞内の反応を起こしていると考えられます．その刺激の受容機構の差が潜時の差になっているのです．サッカリン，つまり甘味のほうが間接的になるので，その時間が差として出るのだろうと考えています．

（2）味覚誘発磁場応答の計測

今度は強度評定，強さの話です．先ほども感覚強度の話をしました．心理計測を行う際に強さは重要なファクターになるのですが，感覚強度に関わるといってもさまざまな部位が関わっているという話をさせていただきたいと思います．

図17は一次味覚野の濃度と活動量の関係を示しています．縦軸が一次味覚野の活動量を示しており，横軸が食塩水の濃度を示しています．目盛りは0.03，0.1，0.3，1M（モル）となっており，1Mはかなり塩辛い状態です．ちなみに，海の水はおよそ0.8M程度です．1Mはそれよりも少し濃いと考えてください．今回は舌の先端でしか測定していないので，感覚としては思ったより塩辛くありません．

いずれにしても，脳の応答はこの食塩濃度のログに対して直線的に上っていきます．しかし，潜時には変化がないという結果が出ています．

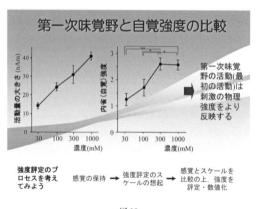

図 18

　ところが，図 18 のようなことが起こります．つまり右側のグラフは食塩水の濃度と一次味覚野の活動量の関係を，左側は自覚的な感覚強度つまり内省強度と濃度の関係を示しています．舌の先端しか刺激していないので，0.30 M と 1 M のあいだは，人が自分で感じる強度に差はありません．実験参加者が感じている強度と脳の一次味覚野で活動されているものでは差が生じるのです．内省強度は濃度が薄いところでは順当に上がっていきますが，濃いところになると感じる強さは飽和して，一致しませんでした．

　一次味覚野の活動は，物理刺激の強さ（この場合は食塩水の濃度）を反映するのですが，それは必ずしも本人の自覚とは一致しないということになるかと思います．この内容を最初に論文として提出したときには，査読者からこんなことはあり得ないと言われました，

　我々が感じている強さ――つまり感覚強度の大きさ――はかなり高次で処理された結果であると考えられます．最初に自分が今感じたものをなんらかの形で保持し，どの程度の強さかを強度評定のスケールで想起します．そして，感覚とスケールを比較の上，強度を評定・数値化するということをやっています．これは明らかに高次の脳内処理でしょう．

　これに関わる脳部位を脳磁場で探すために，感覚強度と脳の全体の活動量（磁場強度の root mean square＝RMS 値）の相関係数を時系列で表現します．内省強度と，RMS 値に有意に相関が見られた潜時を探ります（図 19）．

　そうすると，最初にピークが出てきます．これはいわゆる一次味覚野の

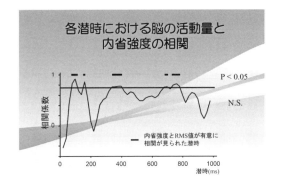

図 19

ことです．それから2番目におよそ0.4秒前後でもう一つ活動があり，最後に0.8秒くらいのところでも活動します．それぞれのピークはどういう場所で活動したかを調べると，前部帯状回があって，後ろのほうで再度一次味覚野が活動し，後は中前頭回が活動しています．（図20）

このことをまとめると，図21のような解釈ができると思います．刺激は一次味覚野から海馬に行き，そこで今までの経験と照合するのです．照合して，このなかにはスケールの話もきっとあるとします．実際にもう一度自分の持っている感覚と照らし合わせて比較計算し，たとえば，実験参加者が内省強度において2や3，あるいは2.2という数字を算出している潜時であると考えています．いずれにしろ，このような解釈は研究者が思い切ってやってしまうところですので，本当にそうなのかと言われればやや弱いところはあります．

(3) 食品の香気成分の識別に関わる脳活動

もう一つ取り組んでいたのが，MRIを使った実験です．食品の香気成分の識別について訓練によって何が変わるかを実験しました．

これは以前，COIの1テーマであるスーパー日本人というプロジェクトに取り組んでいて，その人が何か特定のスキルを獲得していく様子を見ることができませんかという話をしてきたので，やってみた実験です．

この時に香りを識別するための，難しめのテストを作りました．ダシ系の香りA，ダシ系の香りBといった3点識別です．3点識別は3つを嗅が

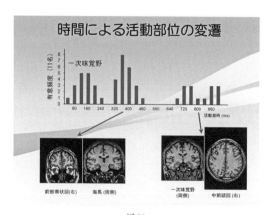

図 20

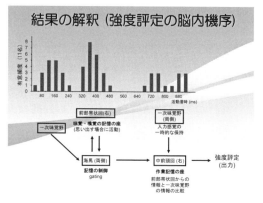

図 21

せてそのなかで違ったものは何番目だったかを答えさせるテストです．この課題を MRI のなかで行わせます．

ダシの香り A には醬油 2 リットル／分と顆粒鰹だし溶液 4 リットル／分から匂いを抽出しました．ダシの香り B には醬油 1 リットル／分と顆粒鰹だし溶液 2 リットル／分と昆布だし溶液 3 リットルから匂いを抽出しています．昆布だしはかなり薄いので，この差はよく嗅いで分かるか否か程度の微妙な差になっています．

最初は何のヒントも与えずにこの実験を行い，3点識別をする様子を MRI で測定します．

途中で香り A と香り B の差は昆布だしの有無だとヒントを出します．1

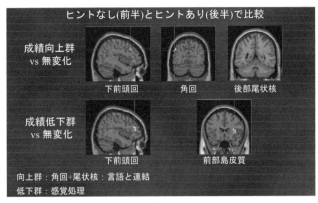

図22

度出してその後も必ず昆布が香る3点識別の前にヒントを出すことで，手掛かりを与えてその後も課題を行わせます．こういうことをやっても，ヒントにより皆が皆その成績が向上するわけではありません．

　成績が向上した人もいれば，ヒントを与えても成績が変わらない人もいました．成績がむしろ下がった人も出てきます．それらの人同士で脳内活動部位の比較を行いました．

　すると成績向上群は無変化群に対して下前頭回，角回，後部尾状核をよく使っているということが分かります．また，成績低下群と無変化群の比較では下前頭回や前部島皮質で差が見られました．（図22）

　この比較結果を見てみると，成績向上群は言語に絡んでいる部位をよく使う人たちでした．ところが，成績低下群は感覚に関わる脳部位だけで処理しており，それを言語化していないという結果が今回の実験から得られました．

　これは実はよく言われる話です．フレーバリストやコーヒーのカッパーやワインのソムリエは，必ず匂いを言語に置き換えなさいと言われます，置き換えることによって，映像やシンボルと結びつけて人間は匂いを区別していると言われています．これは我々が犬とは大きく異なるところでしょう．

　犬は当然言語を持っていないので，彼らはそのまま匂いを記憶できます．人間はそれが苦手です．ヒントを言語としてきちんと連結できる人は成績が上がりますが，感覚処理だけで何とかしようとした人は残念ながらパフ

ォーマンス向上に繋がらないという結果の表れだと思っています.

(4) 学術研究による脳計測と企業による脳計測

今回このグレーター東大塾にいらっしゃった方は, アカデミックの方だけでなく企業の方も多いと思います. これは私がよく講演の際にお話しするのですが, 脳計測とは何かというときに, 我々のように研究をして仕組みを解き明かして論文化を試みる研究者とそれを実際の商品開発に活かしたい企業の方々のあいだには随分差があるように思います.

学術研究における脳計測は, 審理実験で得られた結果があって, それがどういう仕組みで起こっているかを確かめます. 先ほど同時非同時の話をしましたが, 要は馴染みのある組み合わせのときには時間分解能が下がるという結果があった場合に, これはどういう脳内の機構で起こっているかを知りたい時には, 事象関連電位を測ることによってその仕組みの一端が分かるのです. 結果としては, 脳は辻褄を合わせるために時間分解能をわざと低下させているのではないかという示唆が得られました. しかし, それをそのままダイレクトに商品開発に活かせるかというと, 難しいという話に当然なります.

今度は民間企業における脳計測については, ある商品あるいは何かの香りについて, 「おいしい」「まずい」「いい香り」「いやな香り」と感じることがあります. いい, 悪いと感じさせているのは間違いなく脳なので, それならば脳活動を測ればよいという話になります. つまり, アンケート調査に頼らなくても脳を測定すれば消費者の感じている「おいしい」「まずい」「いい香り」「いやな香り」が分かるのではないか, ということは誰しも思うところでしょう.

ところが, 快あるいは不快な嗅覚刺激を用いた fMRI 計測に関する研究報告は多数ありますが, この部位が活動したら不快で, この部位が活動したら快であるという統一的な見解は得られていません. 味覚でも同様です. 快・不快に関わる脳部位としては眼窩前頭, 扁桃体, 前部帯状皮質が頻繁に登場しますが, これらの部位が快・不快に関わっていることは研究者間の意見は一致しているものの, どう関わっているかについては不明なままです. 脳が××の状態であれば「快」「不快」と言える××はまだ出てき

ていないと私は判断しています．結論として，脳を測定してもその人が快と判断しているか，不快と判断しているかを見極めるのはかなり難しいのです．

これはなぜかと考えると，私に言わせれば現在の fMRI の技術では脳処理を扱うには荒すぎるのです．fMRI は我々が使っている 3 テスラでも 1.25 mm の空間分解能で，そこからさらにフィルターをかけるため，さらに広い範囲でしか実際は見ることができません．すると，そのなかに入っているニューロンの数は 1250 万個超の凄まじい数です．これがすべて同じ仕事をしているとはとても思えません．我々が観ているものは脳活動であることは間違いありませんが，細かさがあまりにも足りないのです．これが理由で我々が必要としているものは得られていないのではないかと思っています．この点にはどうしても限界があると考えています．

4 味嗅覚と AI

（1）好き嫌いと脳と AI

眼窩前頭皮質，扁桃体，前部の帯状回が匂いの快不快に関わっていることは間違いないのですが，もう一つ考えなければいけないのは，好きと嫌いが本当に正反対なのかということです．これは我々のようにヒトを対象にして研究をしている研究者の間ではよく話題になる話です．

好きと嫌いを線形と捉えること自体が，本当に適切なのかと思うことはよくあります．たとえば，好きか嫌いかと言ったときに，その判断についての処理はかなり異なると思われ，おそらく好き嫌いの判断のほうが判断基準に関して単純なのだろうと考えています．

よく言われることとして，快と不快は好き嫌いに近いと思いますが，ものを見た際に不快のほうがさまざまなバラツキが小さいと言われます．快や好きのほうがバラツキは大きかったりするのです．不快を測定するほうが実は簡単だったりします．

その段階で好きや嫌いというものが完全に正反対であれば，好きであろうが嫌いであろうが，双方ともきれいに測定できるはずです．あるいは，両方ともあまりきれいに測定できないということが起こるはずです．しかし，実際にはそうではありません．明らかにさまざまなものを測定してみ

ても非対称なのです.

この非対称なものは,機械学習で解けるのでしょうか.たとえば,好きと言った理由がそれぞれ違ったとしたら,その「好き」の中身はすべて異なるという話におそらくなってくると思います.

いずれにしても,AIの限界が徐々に現れはじめていると感じます.世の中にはさまざまな問題があり,今までAIを使わなければ解けなかった問題もたくさんあるでしょう.一方で,AIを使ってもいまひとつ明確に判断できない問題もおそらくあるのです.なぜ解けないのかと言うと,おそらく人の応答,つまり回答にある裏側の処理を雑に扱っているからです.

たとえば,よく言われることとして,α波が出るとリラックスする,コルチゾールが減るとリラックスする,あるいはコルチゾールが増えるとストレスが溜まると言われます.しかし「リラックス」の状態とは一つでしょうか.

緊張している・緊張していない状態については,緊張しているけれどリラックスしているときもかなりあるのです.何かに没頭していて頭がよく回っている状態は,半ばリラックスしていると言えるのではないでしょうか.結局,我々が考えている快・不快やリラックスについて,いろいろな状況があるという指摘があるのに,それを分離しない状態で機械学習にかけたとしても適切に分類できないでしょう.

ゆえに,AIをもっとより良く使っていこうとするならば,人の応答をもっと噛み砕いて,どういうことなのかをもう一段掘り下げなければAIも混乱してしまうと私は考えています.

Q&A 講義後の質疑応答

Q 嫌いなものを好きになってしまうときがあります.ある食べ物を食べていると味が変わって美味しくなります.一般的に味覚はいろいろな要素が混じっている場合があるので,好き嫌いが変わるときは同じ味を感じているのでしょうか.違う味をよく分かるようになって好きになるのでしょうか.なぜ好き嫌い

が変わるのかについて脳科学で分かっていることがあるのでしょうか.

A　非常に本質的なご質問です．これまで癖のある食べ物について，好き・嫌いと思っていてもある瞬間にひっくり返ることはよくある話です．それもあって，好き・嫌いはそこまで正反対ではないと思っています．ただそれがどのように異なるのかという報告はあまりありません．嗜好性が変わる瞬間を捉えることができればかなり面白いと思います．そのなかで，実は脳がこのように変化したと結果がはっきりと出ると素晴らしいと思うのですが，その点はほとんど情報がないというのが実態かと思います．興味はありますが，その点はまだ皆さん研究を進められていない部分だと思います.

Q　自然界では苦いものや酸っぱいものは毒気なので子どもや動物は食べないと言われます．しかし，大人になるとビールなど苦いものも楽しむようになります．獲得していく味覚があるとすれば，どういうメカニズムなのでしょうか．遊園地でジェットコースターを楽しんでいるのを見ると，人間は変な生き物だと思います．このあたりも私たちの脳のなかで起きていることと関係があるのでしょうか.

A　非常に根本的な質問かと思います．私はずっと人しか扱っていませんが，学会でよくご指摘の内容を質問されます．苦味は元は毒からきているので，忌避するのではないかという内容ですね．動物と人は大きく異なると思っていて，猿などになると苦い物でも薬になると分かるとあえて摂取することはあるそうです．ただし，それも「良薬口に苦し」という側面があって，嫌なことなのです．やはり苦味を楽しむ動物は聞いたことがありません．そのため私は動物実験だけではヒトのことは分かりませんと言っています．特に味覚や嗅覚ではその側面が強いと言うと，動物実験に携わっている研究者からは嫌な顔をされます.

　最近，野菜の好き嫌いがどういう理由で起こっているかについてビッグデータを使ってデータを取ったことがあります．すると，小学4年生くらいになってくると苦いから野菜が好きという子がかなりいます．苦味に対する嗜好性は，その子供の好き嫌いとすごく関係していて，好き嫌いが多い人は苦味に対しての嫌悪感が強いのです．偏食しない子供は苦いもの

も好きなのですね．年代を追っていくと，苦いから嫌いという人の数は年齢が上がるにつれて減っていきます．

やはり，苦味への嗜好は年齢によって明らかに変わってきます．動物ではそこまで頻繁にある話ではないと思っていたら，ネズミも年を取ると苦味に対する嗜好性が上がるという実験結果もあります．しかし，人間の場合は，その苦みを明らかに楽しむ要素に使っていると思えるところがあり，いくら動物でもそこまではいかないと思います．私は苦味に関しては非常に人間らしいところ，あるいは学習によって嗜好性が変わるものとして非常に興味を持っています．

食に関して言うと，動物は同じものをずっと食べ続けても平気ですが，人間に同じことをやると拷問になります．動物に飽きはありません．あくまで妄想の範囲ですが，苦味は人間が少し違うものがほしいと思ったときに一つの大きな役割を果たすのではないか，つまり飽きないための道具になっているのではと思います．実験をやっていないので，ノーエビデンスですが．

Q　病院での治療においては，味と匂いが大きな問題になることが多くあります．たとえば抗がん剤治療中の患者や COVID-19 の患者の味覚障害です．記憶と視覚情報と味が異なり学習が崩れてしまうことで大変なストレスを受ける方もいますし，おいしくないから食欲がなくなり，栄養を補給できなくなり，亜鉛も補給できないためさらに食事がまずくなるというオーラルフレイルの負のスパイラルに陥る方もいます．ご紹介いただいた第一次味覚野と味覚強度の比較には非常に興味を惹かれています．その差のずれは大きくなったりするのでしょうか．また，抗がん剤治療を受けている患者には塩味の感知が低下する患者がおり，逆に酸味や辛味は残りやすいといった症状がでます．何か味によって脳の中の反応の仕方は変わるのでしょうか．視覚障害の方のように何か電気的な刺激で補うことはできないのでしょうか．

A　抗がん剤と味覚障害の話はよく聞くお話です．抗がん剤によって味神経のターンオーバーが阻害される，あるいは過剰になることはどういうメカニズムかは分かりませんが，甘味や苦味はより分かるようになるのですね．

いずれにしても，ターンオーバーが起こり，その受容体と神経が接合する部分がずれたり間違えたりすることがある，いわゆる異味症のようなことは起こるだろうと推測します．

高齢者になっても味覚はそこまで減退しないと言われますが，嗅覚は確実に減退します．65歳を過ぎると嗅覚がどんどん下がり，そのばらつきも大きくなります．そうすると，感じる味そのものが変わってくるので，できれば嗅覚が弱くなっていることが何らかの形で分かるのであれば，香料のようなものを使って，その人にとって適切な嗅覚情報あるいは味覚情報を提供するということが将来的には有望なのではないかと思います．

私も病院の食事はどうしてこんなにまずいんだろうと思うことはよくありますが，予算がないと言われればどうにもなりません．そういう意味でどこまでできるかは分かりませんが，この程度の嗅覚能力の人には匂いを強めにするというマニュアルができてくると，抗がん剤治療やさまざまなケースでのQOLの低下をある程度防ぐことができるのではないかと思います．

これは脳計測をやるまでもなく嗅覚能力をきちんと測定することができ，それをフィードバックするという現実的な方法があると思いますので，これからの話ではないかと思います．また，今回の新型コロナウイルス感染症において，味覚嗅覚障害は命に関わりないという扱いでしたが，一度失ってみてその有り難さが分かっていただけたのであれば，私としては嬉しいことですね．

第6講
志向性（意識）とロボティクス（心と体）
意識と無意識について考える

前野隆司
慶應義塾大学大学院システムデザイン・マネジメント研究科教授兼
武蔵野大学ウェルビーイング学部長・教授

前野隆司（まえの　たかし）
1962年生まれ．1984年東京工業大学卒業，1986年同大学修士課程修了．キヤノン株式会社生産技術研究所勤務，カリフォルニア大学バークレー校訪問研究員，ハーバード大学訪問教授等を経て現在慶應義塾大学大学院システムデザイン・マネジメント研究科教授兼武蔵野大学ウェルビーイング学部長．博士（工学）．著書に，『ウェルビーイング』（2022年），『ディストピア禍の新・幸福論』（2022年），『幸せのメカニズム』（2014年）など多数．

はじめに

(1) 今回のメインテーマ「意識とは何か」

　今回は，『脳はなぜ「心」を作ったのか──私の謎を解く受動意識仮説』（筑摩書房，2004）という本に書いた「意識とは何か」という話がメインです．ロボットについても少し触れます．私はもともと機械工学科でロボットやAIを研究しており，現在では脳について考え，幸せについて研究をしています．そうした立場から話すということに意義があるのではないかと思います．脳科学の研究結果についても，今回は専門家の方に向けて深いデータを示すわけではなく，基本的には『脳はなぜ心を作ったのか』と同じく一般の方に向けたものを示します．

　『脳はなぜ「心」を作ったのか』では，意識と無意識についての私の考え，心の謎を解く「受動意識仮説」について書きました．「受動意識仮説」は，「意識は受動的である，あるいは錯覚，幻想のようなものである」という仮説です．今回はこの仮説についてのお話です．

(2) 略歴と著書

　私は慶應義塾大学理工学部機械工学科に1995年から2008年まで13年間在籍し，ロボットの研究をしていましたが，2003年に初めて，縦書きの本を書きました．これが，ロボティクスの研究者が脳と心について書いた最初の頃，ということになります．

　その後2008年，「文系／理系を越えて，システムとして物事を考えよう」というコンセプトの慶應義塾大学大学院システムデザイン・マネジメント研究科に移りました．東京大学システム創成学科の，物事を関係性として捉えるというコンセプトに近いと思います．少し違うのは，慶應義塾大学大学院は私立で，私立は文系の比率が高いという点です．そのため大学院に移ってから，文系で扱う問題も同時にシステムとして解いていこうと，「幸せ」の研究を始めました．

　それに関連して「イノベーション」「幸せな経営」「子育て」などについて，いろいろな本を出しましたが，1番最初に出した『脳はなぜ「心」を作ったのか』が1番売れました．単行本と文庫本と合わせて6万部くら

い売れました．その後，たくさん出している割には，それほど売れていませんが，2番目に売れたのは『幸せのメカニズム——実践・幸福学入門』（講談社現代新書，2013）です．私の本で売れたのは2冊だけですので，もしも興味がありましたら，この2冊を読んでいただけたらいいと思います．

(3) 研究者として目指すこととその原点

　今回はこの『脳はなぜ「心」を作ったのか』からお話をしようと思います．一般向けですので，資料も，本と同じで分かりやすいと言えば分かりやすい，単純すぎると言えば単純すぎるかもしれません．

　しかし，昔の研究者は，物理学を研究し，アーティストもやり，文学もやり，スポーツもやった．これに対し，今の研究者は研究領域が詳細化し，細分化して，隣の分野は分からないという時代になっています．そこで研究者として私は，元来機械系でしたが，哲学もやり，心理学もやるということを目指しています．

　それを目指した原点は，子供の頃にあります．7歳くらいの頃から「宇宙とは何だろう」ということ，あるいは，命について，「私はなぜ私というものに生まれてきたのだろう」「死んだらどうなるのだろう」といったことを結構考えていました．ですから本当は，哲学や心理学が好きでした．ところが，高校の時には，物理と数学が得意で，それ以外の科目が苦手でした．「もう東工大しかない」みたいな感じで，機械工学に進みましたが，やはり好きなことと得意なことというのは一致しない場合もあります．ですから，本当は哲学科に行けばよかったのかもしれません．子供の頃から知りたかったことは「宇宙の謎」と「生命の謎」です．

(4) 現在の関心

　今の大学院では宇宙開発をやっている方もたくさんいますが，私の興味は宇宙ではなくて生命のほうです．宇宙については，「138億年前に何が起きたか？」といった途方もない遠いことをやっている学問ですが，生命の謎のうち，心というものは我々皆が持っているわけです．

　ですが，とても身近であるにもかかわらず，「心がどう作られているか」

は解明されていません．意識の質感，心のクオリアというものが，なぜロボットには作れないのでしょうか．それはメカニズムが解明されていないからです．

　嬉しいフリをするロボットは作ることができるようになりました．しかし，意識を持って，嬉しいと感じるロボットは作ることができていません．嬉しいという心の質感は全く作ることができません．それは何なのでしょうか．意識ですよね．「私たちの意識の上にあるクオリア（質感）は何なのだろう」ということを，今回はお話ししようと思います．

1 「心」の定義づけと「意識」の分類

(1) 心とは

　2003年に亡くなられた松本元さんというイカの研究者の方が昔，「知情意」と「記憶と学習」と「意識」の3つを捉えればだいたい心は理解できる」とおっしゃっていました（図1）.

　「知情意」の「知」は知覚や知的情報処理，「情」は感情や情動，「意」は自由意志や意図です．たとえばルンバのようなロボットも，知覚をして知的情報処理をして掃除をしますが，感情は持っていません．ですが，電池の残量が減ったら，自分で電源のところへ行って充電します．だから，自由意志のようなものは持っています．あるいは，感情のようなものを持ったロボットというのも作られています．ですから，「知情意」は単純とはいえロボットでも作ることができていると思います．

　それから「記憶」と「学習」も，ロボットでも作ることができています．少し覚えておいていただきたいのは，「エピソード記憶」と「意味記憶」というものです．

　「エピソード記憶」とは，自分の意識体験の記憶です．エピソードとは，Diary（日記）に書くような，過去のいつ何をしたかということです．「1年前にあそこに旅行に行って楽しかった」「今日は朝ごはんを食べすぎて，お昼は何も食べていない」，それを覚えているのがエピソード記憶です．これができなくなると認知症に近づいていくわけです．

　一方で「意味記憶」というのは，Dictionary（辞書）に書くようなことの記憶です．「朝カレーライスを食べて，美味しかった」というのは「エ

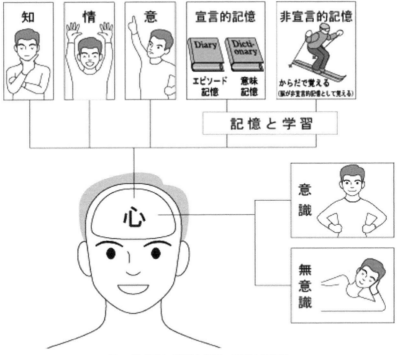

図1 「知情意」・「記憶と学習」・「意識と無意識」

ピソード記憶」ですが,「カレーライスとはカレーのルーをご飯の上にかけたものだ」といった定義を覚えているのが「意味記憶」です.

ほかに「非宣言的記憶」というものもあります.一般には「からだで覚える」と言われるような,実際には小脳などが覚えている記憶です.

「エピソード記憶」はロボットにもできます.ただ,ロボットにできないのは,意識です.叩かれて痛いフリをするロボット,「痛いではないですか」と言うロボットは作ることができていますが,痛みのクオリア,意識の質感をロボットに作ることは,まだ全くできません.ニューラルネットワークの複雑なものを作ればそこに意識は創発しているはずだ,と言う学者もいますが,それは証明も検証もできないので,私はまだできていないと考えています.

(2) 意識とは

　意識の反対に無意識というものがあります．宗教やスピリチュアルでは，潜在意識や前意識などいろいろな分類がありますけれども，ここでは，意識できないものを無意識と呼ぶという科学の定義に従って，意識と無意識の2つに分類します（図1）．

　今，蚊に刺されたら，蚊に刺されたところに意識が向きます．そのように「注意を向けたところ」が意識されるわけです．皆さんは私の文章に注意を向けているわけですけれど，蚊に刺されたら，意識がそちらに移って，文章を読むどころではなくなります．皆さんが椅子に座っているとすると，お尻の触覚はいかがでしょうか．椅子との接触を意識すると「汗をかいているな」「快適な椅子だな」といったことを感じますが，恐らく先ほどまでお尻の触覚は「注意を向けていないところ」であり，お尻の感覚を意識している人はいなかったのではないでしょうか．

　つまり，人間は，全身の触覚のいろいろな制御を同時にやっています．無意識のうちに同時に，自律分散並列システムとしていろいろなことをやっています．その中の「注意を向けたところ」だけが意識されるわけです．もちろん心臓の鼓動のように意識できるものもありますが，腸の蠕動運動のように意識できないものもあります．全身の運動は，外側は意識できるけれども，内側は意識できないものが多い．無意識にやっている制御というのもたくさんあります．

2　「意識」を捉える古典的なモデルとその問題

(1) 意識のサーチライトモデル

　それでは，意識というものは何のためにあるのでしょうか．何のためにこの意識というものを私たちは持っているのでしょうか．

　意識とは「無意識の一部に注意を向けて，処理の統合を行うための機能」ではないか，というイメージがよくあるかと思います．これは「意識のサーチライトモデル」（図2）という古典的な考え方です．意識というものは，もちろん脳の中にあると考えられますが，脳の中では機能局在と言って，それぞれ別の部位が，立つとか持つといった触覚，色形の認識，

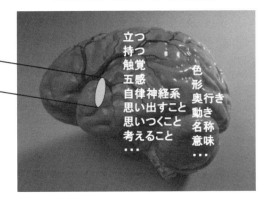

図2 意識のサーチライトモデル

奥行きの認識，などいろいろな情報処理を行っています．いろいろなところがいろいろな活動をしている中で「どれに注意を向けるか」を，サーチライトのように「どこを見ようかな」と決めているのではないか，つまり，無意識的な様々な処理の一部にサーチライトを当てる心の中の主体的な機能が意識なのではないか，と考えられがちです．それに対して，無意識のほうは，主体的というよりも自律分散システムになっているのではないか，と皆さんも思われるのではないでしょうか．

(2) 並列分散的な無意識

たしかに，無意識のほうが自律分散システムになっているというのはいい考え方だと思います．実際，哲学者はよく，ニューラルネットワークをホムンクルスという「小びと」にたとえます．小びとにたとえるからといって小びとがそれぞれ意識を持っているという意味ではありませんが，ニューラルネットワークの代わりに脳の中に無意識の小びとたちがいて，いろいろな仕事をしてくれていると思うと楽しいので，小びとというたとえを私も使います．

無意識の小びとたちが知覚，知的情報処理，感情，意思決定といった知情意を処理し，そして運動データ処理をして，喋ったり，手を動かしたりといった行動をします．その一部のデータが，エピソード記憶や意味記憶

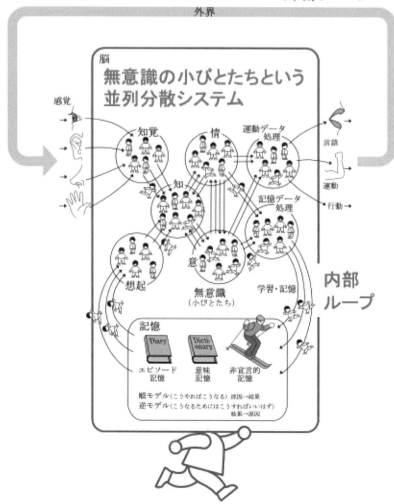

図3 無意識の小びとたちという並列分散モデル

として記憶されます．その記憶を思い出すことによって，外界からの情報と内部からの情報が統合されます．その統合によって，人はまたいろいろな行動をして，その行動の結果，外界とインタラクションします．図3のように無意識だけが処理をすると仮定すると，外界があって，脳の内部に知情意があって，記憶があるという形で，基本的にはそれほど間違って

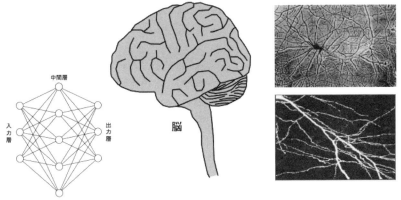

図4 脳はニューラルネットワークのかたまり

いない構造を描けるのではないかと思います．つまり，無意識というのは小びとたちの社会，ミンスキーが言うように「心は社会みたいなものだ」と考えればいいのではないでしょうか．

ところが，意識のほうはどうでしょうか．私たちは見た瞬間に物を認識しているような気がしますが，別々のニューラルネットワークが並列分散処理をして，その結果が意識されます．形，色，奥行き，方向，位置などについて機能局在していますが，私たちが落下するリンゴを見たら，落下するリンゴだと知覚します．ということは，やはり意識下では統合されているわけです．それでは，「統合はどこでやっているのか」ということが議論になるわけです．

脳はニューラルネットワークのかたまりです（図4）．これはだいぶ前，ディープラーニングが持て囃される前に作った資料ですが，脳の階層的ニューラルネットワークによって，任意の非線形演算を表現できるということまではわかっていました．この簡単なパーセクトロンというものでも，任意の非線形演算が表現できます．つまり，入力に対していろいろなパターン認識みたいなことができるというわけです．この中間層の段数を増やして高度化したのがディープラーニングです．

ですから，無意識の小びとたちというものはニューラルネットワークでできるというところまでは非常に納得できるわけです．つまり意識さえなければ，無意識がいろいろな認知を司っているという言い方で説明できま

す.

(3) 小びとの無限後退問題

　一方で，意識が統合のための機能だとします．たとえば，ここに意識の小びとがいたとすると，注意を向けて，「どれを今，主体的にやろうかな」という意思決定をするのは意識の小びとです．意思決定の下準備をする小びとたちがいたとしても，意識の小びとというのは，そうした無意識の小びとたちがやってきた内容と結果を全て把握し統合できる万能なシステムでなければならない，ということになります．ということは，この意識の小びとの中にも，小びとがいなければなりません．

　脳がいろいろな小びとたちに分かれている機能局在ということで説明できそうになっていたのに，万能システムである意識の小びとというものを考えたら，意識の小びとが「なぜ統合という全部の把握ができるのか」という問題が浮き上がってきます．この意識の小びとの中にも小びとがいると考えなければ，問題が解けないではないかとなります．これは哲学者や一部の人が「小びとの無限後退」や「小びとの無限縮退」と呼ぶ問題です．意識の中に小びとがたくさんいて，その中にそれを統率する意識のような小びとがいたら，その中にまた小びとがいて，小びとの中に小びとが……と無限に考えないと，このバインディング問題が解けなくなるわけです．意識が統合の機能を司っていると考えた瞬間に，自律分散システム論で上手く説明できていた問題がどう解かれているのかが分からなくなってしまうため，意識の問題は非常に難しい問題だと，茂木健一郎さんなどもだいぶ前から言っています．

　だから，哲学の議論の中には，無意識の小びとに分けて考えるやり方は間違っているという考え方があります．無限後退の問題があるから，無意識を統合するということも，考えると間違いであると言う人も多いです．

　ですが，無意識の小びとたちという考え方は間違っていないわけです．脳の機能局在というのは間違いなくあって，形を認識する部位，色を認識する部位と分かれているわけですから，小びとたちという考え方は間違っていません．つまり，「意識が注意を向ける主体的なものだ」ということのほうが間違っているのではないでしょうか．これが私の説です．

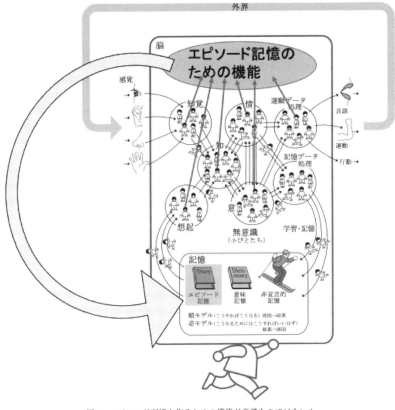

図5 エピソード記憶を作るための機能が意識なのではないか

3 「受動意識仮説」という新たなモデル

(1) エピソード記憶のための機能＝意識

　もう一度エピソード記憶の話をしましょう．意識から矢印が出ているという，意識がトップダウンに何かを統合する機能だという説がありますが，私の説はこうです．意識は実は統合などしていない，ただ単に，並列分散システムではいろいろなことがされていて，それをエピソード記憶に持っていくことだけを行っている．つまり，「意識とはエピソード記憶を作るための機能なのではないか」という説です（図5）．

　今，エピソード記憶が可能なロボットは作れます．体験した全情報を覚え込んでいけばいい．しかし，そうすると大変膨大な情報量です．皆さん

も文章を読みながら，お尻の感覚を感じながら座るという制御，息を吸うという制御など，並列分散的にいろいろなことをやっていますが，お尻はどのように接触して，足の裏はどのように接触して，呼吸は何回して，心臓は何回動いて，といったことを全部記憶していたら膨大な量になります．それでは，どうすればいいかというと，この中の主な記憶を抽出して覚えればいいのです．これがエピソード記憶です．

エピソード記憶をするためのものが意識だと私は考えています．エピソード記憶だけ覚えていればいいわけです．実際，「お昼ごはん，何を食べましたか」と訊かれて，「お昼ごはん，私はカレーライスでした」と答える場合，お昼ごはんの時にどういう景色で，どうなっていてという詳細全部を覚えているわけではないでしょう．ということは，いろいろな活動をして身体とか世界とのインタラクションをしているうちの主なものをここに送り出してきて，それを記憶すればよい，体験すればよいのではないでしょうか．

(2) 受動意識仮説

だから，意識というのは，体験する劇場なのではないかと私は考えます．哲学者デネットも，「意識は劇場だ」と言っていますが，私も同じイメージです．たとえば，指を曲げる場合，自分が指を曲げたと意識は感じますが，本当は自分がやったのではなくて，無意識がやった結果を，自分がやったかのように感じるシステムが意識なのではないでしょうか．すなわち，「私はさっき指を曲げた．その前にカレーライスを食べた」というエピソードを，エピソード記憶というところに持って行くために人間や動物にできた機能なのではないでしょうか．意識は，無意識に対して矢印を向けた作業をしているというより，無意識からきた結果を受け取っている，つまり，能動的に何かをしているのではなくて，無意識に対して受動的である，ということです．だから，「受動意識仮説」と呼んでいます．これが私の仮説です．

もう1回復習すると，意識は，無意識の小びとたちがいろいろやったことの結果に対して，サーチライトみたいに能動的に注意を向けるのではなくて，受動的に注意を向ける，ということです．

ニューラルネットワークは上手くいっているのですから，ニューロンが
たくさん発火したら，そこが頑張って発動しているわけです．発火がたく
さん行われているところからの情報を受け取って，それを注意とみなして，
その結果，たくさん発火をしているところ（たとえば「私は自分の意思で指
を曲げた」というところ）を体験して，エピソード記憶に持って行くため
の存在が意識なのではないか，というのが私の説です．この体験は幻想に
すぎないと私は考えていますが，それは後ほど脳の研究結果に照らしなが
らお話しします．いろいろな脳の研究結果や，不思議だと言われている現
象と全部整合する，全部説明できるではないかというのが，この受動意識
仮説です．

4 「受動意識仮説」によって説明できる様々な研究結果

(1)「知」「情」「意」は受動的か

これまで述べてきたように，意識は受動的で，その結果をエピソード記
憶に持っていくためのシステムではないかというのが，私の説です．「知」
「情」「意」はどれも受動的と考えれば説明がつく，ということをこれから
示していきます．

意識という氷山の上に，私たちは「知」「情」「意」を感じます．「私は
あれを見た」，「私は嬉しい」「私は自分で決めてカレーを食べた」といっ
た「知情意」は意識の上でありありと感じるわけです．ですが，特に「受
動的という気がしない」「能動的な感じがする」ものが「意」でしょう．
自由意志という言葉があります．例えば，指を曲げようと決めたら，指が
曲がります．この自由意志というのは，私たちは意識下で感じます．何し
ろ私が指を曲げようと決めたわけですから，能動的な感じがします．です
が，これから順番に示す結果によって，全部受動的と考えたほうがいろい
ろな結果と整合する，というお話をしていこうと思います．

(2)「知」について
①- i 「知」が受動的であることを示す事例
事例①

まず，「知」です．知的情報処理については，考えることは受動的かど

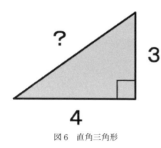

図6 直角三角形

うか,ということです.しばらく図6を見てください.私は何も問題を出題したわけではないですが,皆さんはこの図を見ると,脳がいろいろと働いたのではないでしょうか.中には,「下手な絵だな」と思った人や,「三角形だな,三角形と言えばサンドイッチ」と思った人もいるかもしれません が,「3」「4」「?」と書いてあると,この「?」は質問ではないか,と思う人が多いのではないでしょうか.要するに,視覚から,「三角形」「3」「4」「?」というものが入ってくると,皆さんの脳は,直角三角形だからピタゴラスの定理だよね,と思いついて,「3」と「4」,それから「?」は疑問形だから,ピタゴラスの定理に従って「?」＝「5」ではないか,というように働いたのではないでしょうか.それから,「?は5だと分かった」「誰かに5と伝えたいな」「5と分かって嬉しい」あるいは「ピタゴラスの定理というと三平方の定理で数学好きだった,体育も好きだった」など,いろいろと考えた人も,もしかしたらいるかもしれません.これらは全部,別にサーチライトで注意を向けていなくても,無意識の小びとたちがいろいろ働いた結果,その結果が得られたのではないでしょうか.知的情報処理において,我々は「自分の頭で考えなさい」と言われると,自分で考えている気がしています.しかし,どう考えても,脳の知識の中から,「あそこの引き出しからピタゴラスの定理を持ってこよう」といった能動的なサーチライトが働いているわけではなく,受動的に記憶が湧き上がってきて,受動的に思考していると考えて特に問題はない感じがします.少なくとも「知」というのは,受動的だと考えてよいと思います.

②-ⅱ 「知」が受動的であることを示す事例②

それから,「色を消すと何色が見える?」という1999年の下條信輔先生たちの研究があります.まず赤色を見せて,次に色を見せず,最後に緑色を見せますが,色を見せていないときだけ脳の近くに置いたコイルをONにすることによって,視覚野の一部を遮断するという研究です.コイルはONにすると,視覚野の赤が見えているところが発火しにくくなっ

て阻害されます．コイル OFF の状態で赤色を見せて，コイルを ON にしたら色を見せず，またコイルを OFF にしたら今度は緑色を見せます．「コイルを ON にして色を見せていないときに，何色が見えたでしょうか」という実験です．何色が見えるか，予想することが難しいのではないでしょうか．コイルによって視覚野がかき乱されているのだから，グレーのようになる気がするかもしれません．

何色が見えたかというと，緑色でした．皆さん，不思議ではないでしょうか．この時点でまだ緑色は見せられてはいません．にもかかわらず，未来の緑色が見えたわけです．「緑色は赤色の補色だからではないか」と言う人がいますが，補色だからではありません．緑色ではないほかの色にしても，後に見せた色が見えたそうです．ということは，私たちの脳は，未来の色を現在見たかのように感じるようにできている，つまり，今だと思っている時間は，本当は今ではないのではないか，ということが考えられます．不思議ですよね．未来の色がここに感じられる，不思議な実験だと言われています．

③-iii 「知」が受動的であることを示す事例③

それから，これは研究ではないですが，「目が動いているところを見られない」という話があります．皆さん，鏡を見て，鏡の向こうの自分の左目を見てください．そして途中から鏡の向こうの右目を見てください．そうすると眼球は両方とも，左目を見ている状態から，「動いて」，右目を見ている状態になるはずです．ところが，皆さんにはどちらかの目を見ている自分の画像しか見えないはずです．途中の「動いている」ところは何度やっても見えません．目を動かしはじめても，左目を見ているように見えて，ある瞬間から，右目を見ているように見えるわけです．つまり，目が動いている期間は，途中までは元の画像で埋め合わされて，途中からはまだ見ていない画像を見ているということになります．カメラが動いて揺れれば乱れた画像になりますが，人間の目が動いても「過去の画像をしばらく見ていてください」となって，動き終わる前にまだ見ていない画像が見えているという状態になります．これも不思議です．

④-iv 「知」が受動的であることを示す事例④

それから，これは『Mind Hacks──実験で知る脳と心のシステム』（Stafford and Webb, 夏目大訳，オライリー・ジャパン，2005）にも載っている有名な話ですが，秒針が1秒ごとに動く時計をお持ちでしょうか．私は持っていますが，これをしばらく見ないでパッと見ると，時々，針が1秒以上止まって見えます．なぜ1秒以上止まって見えるかというと，「目が動いているところを見られない話」と同じ説明になります．要するに，目をパッと動かすと，前半は前の画像，後半は後ろの画像を体験するわけです．後ろの画像は，目が動き終わるもっと前まで，未来の画像で埋め合わされるおかげで，運良く1秒動いた直後に時計を見た場合，1秒以上止まって見えてしまうわけです．ですから，先ほどの研究も，この結果も，私たちは現在の画像を見ているように思っているけれども，実は過去の画像を見ている，ということを表しているわけです．

⑤-v 「知」が受動的であることを示す事例⑤

『脳と意識の地形図』（カーター，藤井留美訳，養老孟司監修，原書房，2003）という本に書かれていますが，ロボットに「青い色」や「青い服を着た人」を認識させると，ロボットのコンピュータが計算する必要がありますから，見てからしばらくかかります．同様に人間も写真を見た瞬間から，「青い図形だ」と認識するまでに，脳は計算に0.2秒かかるということが分かっています．見てから視覚野で「青だ」と感じるまでに0.2秒かかり，「青い服を着た人だ」とわかるためには0.5秒かかると言われています．脳の経路を見ると分かるわけです．0.5秒もかかるのですが，しかし，この図を見て，0.5秒間何だかわからなかった人はいるでしょうか．0.5秒は1秒の半分ですから，結構長い時間です．0.5秒間何だか分からなくて，0.5秒後に，「あ，青い服を着ている人だ．」とわかったのではなく，見た瞬間にわかった気がするのではないでしょうか．ということは，この瞬間には本当はわからなくて，0.2秒とか0.5秒経ってから「青だ」とか「青い服だ」とわかるはずなのに，この瞬間にわかった気がしているということになります．思い出す場合もそうです．思い出すという作業に時間がかかるはずなので，思い出すための情報処理時間を経過したあとが，

思い出す瞬間になるはずですね．要するに，こうした例は，時間軸というものはズレが生じている，つまり，我々の目あるいは脳は，今を感じているようで，実は過去を感じていたり，未来を感じていたりするということを示しています．

②つじつまが合うように時間情報を調整する脳

　何が言いたいかというと，意識される知覚というものは，未来を見たり，過去を見たりしているということです．これは，脳が「つじつまが合うように調整している」と考えればいいのではないでしょうか．つまり，錯視図形で空間情報がひずむように，時間情報もひずむのではないでしょうか．錯視図形では，たとえば，横棒の横に外向き矢印や内向き矢印を付けると長く見えたり短く見えたりします．このように，私たちの脳は，空間情報をひずんで知覚するようにできています．同じように，時間情報もひずんで見えるようにできていると考えればいいわけで，それほど不思議なことではないでしょう．空間情報がひずむような脳の回路があれば，時間情報をひずませるような脳の回路があっても全く不思議ではないし，実際，先ほどの研究結果もそう考えなければ説明がつきません．未来の時計の針，青色と緑色，いろいろなものを感じているということは，時間情報もズレが生じているということでしょう．

③エピソード記憶のための「つじつま合わせ」

　繰り返しになりますが，「受動意識仮説」とは，「意識は無意識下の自律分散的情報処理結果に受動的に注意を向けている．それはエピソード記憶するためである」ということです．なぜ時間情報にズレが生じるのかというと，それを行ったと感じるべきタイミングで行われるように，上手いことできているのではないかということです．

　たとえば，ロボットに青い服を着た人を見せると，「これは青い服を着た人です」と，0.5秒あるいはそれ以上遅れて答えるわけです．間延びして嫌ではないでしょうか．ですが，人間も本当はそうです．脳は情報処理をしていますから，時間が遅れるわけです．青い服を着た人だとわかるまで0.5秒もかかりました，というよりも，見た瞬間に「青い服ですよ．」

と感じたほうがいいからそうなっているのではないか，ということです．あるいは，左目から右目に動かすときに流れた画像，非常に見づらい画像が見えたら，脳がクラクラしてしまうかもしれません．そういうことが起きないように，人間の目や脳は，途中動いている情報があったらないことにしたほうがいい，「そう感じたら一番いいよね」と「つじつまが合うように調整している」のではないでしょうか．

　知的情報処理は能動的にやっているというよりも受動的であることや，従来の常識が成り立たない世界であるということをお伝えしました．

(3)「情」は受動的

　次は「情」です．感情，情動というのは，もともと受動的です．人は，3秒後に笑おうと言えば笑えますし，怒ろうと思って，怒ろうとすれば怒れます．しかし，普通は，何か不条理なことや痛いことなど，いろいろなことが起こって，その結果として感情が出てくるわけです．感情は，先ほどのピタゴラスの定理の時と同じように，脳の無意識の小びとたち，ニューラルネットワークが情報処理した結果として湧いてきていると考えて，特に違和感はないのではないかと思います．ですから，「情」というのも受動的だと考えられます．

(4)「意」について
①「意」が受動的であることを示す事例
事例①

　一番気になるのは，「意」でしょう．意思と言えばいいのに，わざわざ自由まで付けて自由意志と言うくらいです．「位置について，よーい，ドン.」と言われたら，「よーい，ドン.」という声を聞いてから走り出したような気が私たちはします．だから自由意志，意思とか意図というものは，非常に能動的な活動で，まさにサーチライトのように「私は次はこれをやろう」と意思決定しているように感じます．

　ご存知の方がいらしたら，釈迦に説法かもしれませんが，カリフォルニア大学サンフランシスコ校，医学部の生理学の先生だったベンジャミン・リベット先生が，1983年に行った研究結果があります．有名な，不思議

な実験だと言われていました．どういう実験かというと，「光が動いていく時計を見ながら，指や腕を曲げたくなったら曲げてください」という実験です．

指というのは，腕の筋肉が収縮することによって曲がっているわけです．この腕の筋肉を収縮させるのは，運動野の脳神経の発火によりますから，この運動野，指を曲げろという指令を出すところに，電極を刺すわけです．そして，運動準備電位と言われていますが，その電位がいつ上がるかを計ったわけです．これを（1）とします．（1）は，無意識のうちに「指，動け」という指令が出るのを電極で計りました．それに対して，（2）は，意識の上に生じた自由意志，「動かそう」と思った瞬間を光が動いていく時計によって計ったわけです．（3）もあります．（3）は，指が動いた瞬間です．指，動けという筋肉の指令（1）と，動かそうという意図（2）と，指の動き（3）．これらはどういう順番で行われ，どういうタイムラグがあると思われるでしょうか．普通は，自由意志が動かそうと思って（2），それが運動準備電位，脳の電極のところに伝わって，「筋肉，動け」という指令が出て（1），筋肉が動く（3），という順番だと思われるかもしれません．ですが，リベット先生の研究結果では面白いことに，（1）のほうが（2）より大体 0.35 秒早かったということです．私たちが「動かそう」と思った（2）よりも，0.35 秒早くもう無意識の運動野の電位（1）が上がっていたそうです．誤差はありますが，何度計っても平均すると 0.35 秒くらい早かったということです．ということは，動かそうと意図する（2）よりも前に，無意識の指令が出ている（1），つまり私のモデルですよね．運動野付近のニューラルネットワーク，無意識の小びとたちが，いろいろな活動をしていて，無意識に「指を動かそう」と決めて，その結果，指が動くわけです．（2）と（3）はほぼ一緒で，0,0 何秒の違いです．（1）だけ早くて，（2）と指が動くのは，ほぼ同時です．

ということは，意識というのは劇場で，指を動かそうと思ったら，スカッと動いたというように感じられているということです．0.35 秒遅れたら，ロボットみたいではないでしょうか．動かそうと思って，「あ，やっと動いた」という感じです．ズレが生じているといろいろな運動がしにくい，オンラインの講座のやり取りのようにタイムラグがあると運動がしに

くいですね．それでは，どうすればよいかというと，動かそうと思った瞬間に，スカッと動くとよいのではないでしょうか．青い服の人を見た瞬間に，「青い服の人だ」と思うとよかったのと同じで，動かそうと思った瞬間に動いたほうが，人間としてタイムラグがなくてよいということです．ですから，本当は，0.35 秒前から準備していたにもかかわらず，指が動いた頃に，動かそうと意図したというふうに，意識の劇場が感じるように人間はできているのではないでしょうか．

　このように考えると，このリベット先生の実験は説明がつきます．茂木健一郎さんも「謎だ」と言っていましたが，意識が司令塔だとすると，まずは「指を曲げる」という指令をするはずですが，指令の 0.35 秒前にもう電位上昇が始まってしまっていることになります．司令官が「いくぞ」と指令を出す前に，もう兵隊は動いているという状態ですから，この点が不思議だと言われていたわけです．しかし，無意識のほうが先だと考えれば，当然説明がつきます．

　これに対しては，いろいろと反論があって，そもそも動かそうとする瞬間を計る電光掲示板みたいなもの，時計を見た瞬間がズレているかもしれないとかいう話もあります．しかし，0.35 秒は結構大きな時間です．意図の瞬間というのはそれほどにはズレが生じないでしょう．意図の瞬間より，もっと明らかに前に電位が始まっていたという実験もあります．カードを選ぶ実験ですが，私たちが「こっちのカードにする」と決める瞬間の 8 秒から 10 秒前に，もう無意識の意思決定がされているそうです．ある種の判断，行動に関しては，8 秒後にやった気になっているけれど，本当は 8 秒前に決まっていたということです．コンピュータも，一度にいろいろなことをやると熱くなってしまったり，Zoom が止まってしまったりしますけれども，脳も，一度にいろいろなことをやると飽和してしまうので，早めに 8 秒前に準備，料理の下ごしらえみたいなものをするということです．8 秒で準備できるものは 8 秒前，0.35 秒前に準備したほうがよいものは 0.35 秒前です．いろいろな時に下準備しています．意識の劇場では，それを「今自分がやった」と思うようにできていると考えれば，つじつまが合うということです．

②「意」が受動的であることを示す事例②

　次は，ダートマス大学の認知神経科学の教授マイケル・ガザニガ先生というお医者さんの分離脳患者についての実験です．これもかなり古い実験です．昔は，癲癇の発作のある患者に対して，頭蓋骨を切り開いて，右脳，左脳の間にある脳梁という，左脳と右脳を繋いでいるところを切り離すという分離手術をしていました．この分離手術によって，癲癇の発作が治まったそうです．今はもちろん行われません．なぜかというと，右脳と左脳とを切り離してしまうと，このあいだで情報交換ができなくなるので，2人の人みたいになってしまうということです．これが分離脳患者です．左の耳から入る言葉は右脳に伝わり，右の耳から入る言葉は左脳に伝わります．ガザニガ先生の実験というのは，左の耳から右脳に対して「前に歩いてください」と伝えると，右脳は判断して分離脳患者は歩くわけですが，右の耳から左脳に対して「あなたはなぜ歩いているのですか」と聞いたというものです．

　この分離脳患者は何と答えたでしょう．右脳と左脳は分断されていますから，「歩いてください」と言われたことを左脳は知りません．「なぜか分からないけれど，歩いています．たぶん右の脳が何か始めたからではないでしょうか」と答えそうなものです．ところが，左脳からの答えは「のどが渇いたからジュースを買おうと思って歩いています」というものでした．実際，その歩いている先には自動販売機があったと言います．本当は「前に歩いてください」と言われて歩いているにもかかわらず，左脳は，嘘をつくでもなく，堂々と自信を持って答えたそうです．

　これも先ほどの無意識の小びとたちが皆で話し合って決めて，その結果を自由意志というものとして感じていると思うと説明がつきます．分離脳患者でなければ，「なぜ歩いているのですか」と言われたら，「前へ歩いてください」というのを聞いた小びとが「『前へ歩いてください』って言われたからだよ」と教えてくれ，その結果を受けて皆で決めて，「『前へ歩いてください』と言われたから歩いています」と答えたはずです．ところが，分離脳患者の場合，左脳の小びとたちは，右脳の小びとたちのことを知りませんから，左脳の小びとたち皆で「なぜ歩いているのだろう．理由をつくらなければ」と考えるわけです．ある小びとが「俺，のど渇いている

よ」と考えると，皆で「あの先に自動販売機があるよね」「のどが渇いているから自動販売機で買うということにしたら，自由意志としてちょうどいい」と決めて，それが自由意志になっているということです．つまり，右脳と左脳が切り離されているために，ある情報だけから無意識の小びとたちが考えた結果，この自由意志にしておくとちょうどいいから，これが生成されたということです．

　この研究結果から推測すると，0.35 秒くらい前に無意識の小びとたちがやった結果に対し，0.35 秒くらい遅れて「のどが渇いたからジュースを買おうと思っています」という意識上の自由意志体験をするために意識はあるということです．それをエピソード記憶するわけです．エピソード記憶の経路も切れているとすると，どうなるのかわからないですが，左脳は「のどが渇いて，歩いてジュースを買いに行って良かった」とエピソード記憶をし，右脳は「『前に歩いてください』と言われたから歩きましたよ，あの時は」とエピソード記憶をするのではないでしょうか．意識は司令塔であり，自分で決めてその結果が行動に反映されるとすれば，「前へ歩いてください」と言われて歩いていたのに，「のどが渇いたのでジュースを買おうと思って」はどこから湧いてきたのだろう，嘘なのではないかという話になります．しかし，無意識の小びとたちが皆で決めて，その結果を自由意志が受け取ると考えると，まさにこの説明がつくわけです．いろいろな議論，いろいろな反証事例もありますが，私はこの説明が最もシンプルで納得感もあるのではないかと考えています．

(5) エピソード記憶のための適切なタイミング

　いくつかの事例を挙げましたが，知情意，いずれも意識が何かしている，意識から矢印が下に向かう，サーチライトモデルのような司令塔をしていると考えると，説明がつかないことだらけでした．ですが，知情意の小びとたち，ニューラルネットワークが，いろいろな活動をして，その結果が意識にちょうどいいタイミングで感じるようになっていると考えると全て説明がつきます．視覚の話も，「未来の画像」が見えたほうが「目が動いて流れる画像」を見なくて済むからちょうどいい．あるいは，自由意志も，少し前に決めたことを「今，指曲げましょう」「今，ジュース買いに行く

ところです」と感じたほうが，タイムラグがなくて，知覚と行動が合って
ちょうどいいでしょう．そのため，ちょうど辻褄の合う時間に後付けで作
られて，ちょうどタイミングの合う時間に体験する．「ちょうど右目を見
ていた」「ちょうど私は指を曲げた」「ちょうどジュースを買いに行った」
といったことに対し，細かいことまではエピソード記憶しないかもしれま
せんが，つじつまが合った体験をするために意識はある．意識はエピソー
ド記憶のためにあると考えると，今まで謎だと言われた研究結果は全部説
明がつきます．

　「『意識さん』というのは偉くて，知情意とか表象，感情，情動，意思決
定，意図，知覚とか全部を万能にコントロールしている」という従来の意
識のサーチライトモデルをイメージしている，あるいはイメージしたいと
いう人が多いと思います．そうではなく，人間も昆虫などと同じような自
律分散システムで，そこに意識というものがありますが，意識はエピソー
ド記憶をするために無意識の結果を見ているだけだという心のモデルが
「受動意識仮説」です．無意識の結果を見ているだけにもかかわらず，「自
分が指を曲げた」「自分がジュースを買いに行った」「目を動かした」「こ
の瞬間に時計の針を見た」と後付けで感じるようにできているシステムで
す．

　多くの人が言及している研究結果を説明できる仮説で，当時はすごい発
見のつもりで，「受動意識仮説」という仰々しい名前を付けましたが，私
のオリジナリティは「エピソード記憶のためではないか」ということです．
「エピソード記憶のため」ということを除くと，別に意識体験をする必要
もなく，意識の目的が分からないということになります．意識がなくて，
知情意を感じているロボット，哲学者の言う「哲学的ゾンビ」と人間は一
緒でいいわけです．「哲学的ゾンビ」は，人間とそっくりですが心のクオ
リアがないというものです．哲学的ゾンビと人間の違いは，「意識体験を
ありありと感じているか感じていないか」という違いだけです．ありあり
と感じる目的というのは，「カレーが美味しかった」「あの時，指を曲げ
た」という感じたものをエピソード記憶するためであると考えれば，つじ
つまが合うでしょう．

5 「受動意識仮説」によって見いだされるロボット開発の可能性

(1) 意識のサーチライトモデル／受動意識仮説の対比をたとえると

　私の本を読んでくださったある方が，会社にたとえてくださいました．私たちの意識というものはワンマン社長で，統合・統括を全部やっているつもりでいたが，実は，意識より先に社員がやっていた，というわけです．それでは，意識はダメ社長なのかというと，社長ではなく，社史編纂室長なのではないかということです．「うちの会社は何月何日に新製品が出ました．これはこう売れました．株価はどうなりました」という会社がやったことの結果を見て，社史に編纂することが，社史編纂室長の役割です．それと同じように，自分（会社）がやった結果を意識して，それをエピソード記憶（社史）に持っていくのが意識（社史編纂室長）です．意識は会社のトップというよりも，むしろ窓際と言ったら失礼ですが，脇役なのではないかというたとえです．

　私は，社会にたとえています．従来のサーチライトモデルの場合，意識が独裁者で，皆全部をコントロールしている独裁政治であるとするのに対して，受動意識仮説は小びとたちが皆での多数決を重視するという点で民主主義です．ニューラルネットワークで，小びとたちが皆バラバラに活動している中で，重要なものが発火しますから，その中で「蚊に刺されて痒いよ」という発火が多ければ，「私はやはり蚊に刺された時は，授業を聞いていられなくて掻いていた」と多数決で記憶したほうが，自分の健康のためにいいのではないでしょうか．ここでは，意識は独裁者ではなく，政治家でもなくて，図書館にドキュメントを保存する係と考えられます．

　ここで地動説と天動説の話を出します．地球は止まっていて，宇宙の星とか太陽とか月が動いている，これが天動説ですが，実際は地動説だったわけです．地球は，別に主役ではなく，ただの惑星の1つで，しかも銀河系の中の小さな太陽系の中を回る惑星の1つに過ぎないわけです．「意識の地動説」です．意識もそれと似ていて，中心にあるかのように感じてしまうものではないかと考えています．

(2) ロボットの「意識」は作ることができるか

それでは，ロボットの意識は作れるのでしょうか．私はもともとロボットの研究者として，「ロボットの意識が作れたら脚光を浴びるよね」「これを研究テーマにしよう」という戦略的な理由もあって意識についての研究を始めましたが，ロボットの意識の作り方がわからないわけです．今も誰もわかっていないのです．見た目だけで涙を流すロボットは作ることができますが，本当に「悲しい」「嬉しい」というクオリアを意識下で感じて涙を流すロボットは作ることができないわけです．なぜ作れないかというと，意識が劇場だとしても，サーチライトを操るものだとしても，どちらだとしても作り方がわかっていないからです．現象としての意識，クオリアは，作り方がわかりません．

しかし，機能としての意識は作ることができるはずです．なぜなら，人間の意識というものは，嘘ものだったわけです．本当は，無意識が全部やってくれていて，その結果を受け取ってエピソード記憶に回すだけのものですので，大したものではないわけです．社長ではなくて，社史編纂室長ですから，ちょっとしたモジュールです．本当に意識体験をするロボットは，まだ作り方がわからないから作ることができません．知情意の結果を全部ライフログにして記憶するロボットはできていますが，この中の一番印象的で，感情としても「嬉しいな」「悲しいな」と思ったものだけをエピソード記憶するというロボットは作ろうと思えば作ることができると思いますが，作られていません．

どうすればよいかと言うと，ロボットに「嬉しい」「悲しい」といった感情を持たせたほうがよいでしょう．なぜかと言うと，感情というものは，意識の劇場の体験を彩り豊かにするからです．やはり楽しい時，嬉しい時，興奮した時，感動した時のエピソードは，後々まで覚えています．ということは，感情というものは，エピソード記憶をより鮮やかに覚えておくようにするための機能なのです．ただ単に「息子が殺されました」とエピソード記憶するのではなく，「畜生．何なのだろう，この犯人は」と思ってエピソード記憶したほうがよいわけです．たとえば，裁判の時に頑張るといった後の行動のために，喜びや悲しみはしっかりエピソード記憶に残し

たほうがよいから，そのために感情があるのではないかと考えることができます．コミュニケーションをして，その結果をエピソード記憶に残すための身体の機能の一環として感情がある，と考えるほうがいいのではないでしょうか．これが私の説です．

そういうわけで，「ロボットの意識は作れるのか」という問いへの答えは，機能としては作れるということです．ロボットもプログラムされて，昆虫と同じように自律分散システムとして作られているとすると，例えば今のルンバは感情とか言葉がないかもしれないですが，「あの時，あの部屋の掃除はやり甲斐があった」「何月何日が水浸しで大変だった」といった覚えるべき感情のモジュールを作って記憶させれば，意識のようになるでしょう．ですから，ロボットの意識を作るということは，現象としてのクオリアを作る場合は謎ですが，機能としての意識の場合は，それほど難しくないのではないか，というのが私の説です．

むしろ，無意識を作るほうが難しいです．今の AI は，囲碁のようにルールが明確な問題や，英文和訳，和文英訳のように教育情報が大量にある問題は解けますが，「初めての時にどうするか」という問題はまだ解けません．「初めての時にどうするか」という問題に対しても，本当に自分たちが考え，知情意をやるという人間の無意識は大変複雑です．AI ではこの無意識を作るところが難しいのですが，最近のディープラーニングの動向を見ていると，意外と近い将来，できるかもしれません．

意識は，機能として，その中の重要そうなものを体験して「いや，水浸しになった時，本当に辛かったですよ」とルンバに言わせれば，それで疑似意識が作れたと言えるのではないかというのが，私の立場です．もちろん，クオリアとしての意識の作り方も，いつの日か解明されると作れるようになるのかもしれません．それが必要かどうかという話もあります．指を曲げた際も「曲げよう」と思った瞬間に曲げていないわけですから，人間のクオリアも本当は幻想，嘘なわけです．本当は 0.35 秒前に決まったことを，自分の意思で指を曲げたという気がしているだけなのが人間です．クオリアがないとしても，指を曲げた気がしているロボットを作れば機能は人間と一緒ですから，よいのではないでしょうか．これがロボットを作る立場の時の私の意見です．

6 「受動意識仮説」に対する様々な反応

(1) 受動意識仮説への意見

　技術開発やロボットの話とは全然違う方向の話になりますが，2004年「受動意識仮説」についての本を出しました．読者の中には，「本当は指を曲げようと思った時に決まったのではなくて無意識が決めてしまった」というのは「むなしい」と言う人もいれば，「気が楽になった」という人もいました．「意識できるのは今だとしてもその準備計算に0.35秒にかかったりするから，当たり前のことをセンセーショナルに言っているだけではないですか」という意見もありました．その通りで，ロボットを作っていた私の立場からすると，別にそれほど大したことを言ったつもりはなく，ロボットのコンピュータが間延びするから，人間のほうは間延びしないようにズラしていると考えないと説明がつかないと言っただけです．以上のように，「むなしい」「気が楽になった」「当たり前」という意見があります．

　それから，「当たり前ではないか」の反対で，「いやいや，能動的なはずだ」という意見もありました．例えば，長い歴史の中で，キリスト教もいろいろと変遷していますが，5世紀まで，500年間は受動意識的といいますか，人間には自由意志は「ない」と思われていました．それが，5世紀頃の論争で「ある」に転じ，キリスト教では，神が人間に自由意志というものを与えた，人間には自由意志があるという説が主流になっています．リベットは，意識がサーチライト的なトップダウンの処理をしていないという自分の実験結果に驚いたわけです．リベットの本を読むと，意識というものがなぜ0.35秒も遅れてあるのかというと，意識に最終的な禁止権があるのではないかと書いてあります．指を曲げようと0.35秒前に決められて，0.35秒後に「曲げよう」と後付けで思っていますが，「やっぱりやめた」と思うために意識はあるのではないか，と能動性を完全に否定しきらない考察で終わっています．心理学者の下條信輔が，そのリベットの『マインド・タイム──脳と意識の時間』という本を共訳されていますが，それを読むと，リベットの意見はそうなっています．リベットに限らず，「能動的な心というものはあるはずだ」という意見は多いです．

(2) 国別に傾向が分かれる意見

　今日もこれからそういう質問があるのではないかと思いますが，いろいろな国でこの話をしますと，アメリカ人の方々は「意識は能動的なはずだ」という人が多いです．「いやいや，そんなはずない．リベット先生の研究が間違っている」「時計が1秒止まって見えるのもこういう説明があるのではないか」「ここの緑色が見えた計測が違うのではないか」というように，とにかく私の説の間違いを突いて「やはり能動的なはずだ」という人が多いのがアメリカ人の方々です．インド人の方々の前で講演した時は驚きました．「心は受動的で，自分で意思決定はしてなくて無意識に従っているだけではないか」と言ったら，20人くらいいたインド人の方々は「いや，最初からそう思っていたけど」「心は受動的でしょう．ヒンドゥー教でも前からそう言っているけど」という反応でした．アメリカ人は能動派，インド人は受動派，日本人は半々です．「たしかに，受動でいいのではないでしょうか．気が楽になりました」と言う派と，「いやいや，おかしい，能動的なはずだ」と言う派が半々で，日本はアメリカとインドのちょうどあいだくらいです．

　個人主義と集団主義という考え方が，文化心理学にはあります．心理学というのはアメリカ，イギリス，ヨーロッパ中心に進んだので，もともと個人主義が前提でした．自分の考えがハッキリしている人ほど，しっかりした人であるという，300年くらい前から進んだ個人主義の考えに基づいていました．しかし，もっと前はヨーロッパもアジアも皆，集団主義的でした．自分の自由意志もないかもしれないし，皆が動いていたら皆と同じようにやろうという考え方でした．しかし，産業革命前後から，欧米は個人主義的になりました．そのため，個人主義は新しい考え方であるのに対して，集団主義は少し古い，少し遅れた考え方であるという捉え方がありました．「個人主義的か，集団主義的か」という観点から国を分類すると，やはりイギリス，アメリカが一番個人主義的で，その他ヨーロッパの国々は個人主義的な傾向が強いです．ラテン系の国々になると，家族を大事にするといったところで割と集団主義的な面があります．東アジアの中では日本だけ個人主義と集団主義のあいだくらいですが，ラテン系の国々より

もう少し集団主義寄りです．そして日本以外の東アジアの国々は，非常に集団主義的な国が多いという分布になっています．

この受動意識仮説を受け入れるかどうかについても，集団主義的な人は，同調圧力によって皆が動いたら自分も動くように，心も生き方もそういうものだという考え方になるのかもしれません．インド人の方々は自分の意見を主張するようですが，「無意識が言ったから言った」という考えなのでしょう．この説に合意するということは，そういうインド人がいて，日本人が真ん中にいて，「受動意識は考えられない．あり得ない．人間は自由意志を持っているはずだから，それを否定するとは何てことだ」という人が多いのがアメリカ人です．

(3) 受動意識仮説に類似する意見

『脳はなぜ「心」を作ったのか』を書いた時点で心の哲学に興味がありましたが，この本を書いてからよく聞かれるのは，「どうして受動的なのに結びつけ問題が解けるのか」という質問です．これはもちろん自律分散システム論です．多数決の結果，多いものが選ばれると考えれば説明がつきます．それから，「スピノザ，ヒューム，下條信輔，ミンスキー，ワトソン，スキナー，釈迦，老子，荘子などと同じ考えではないか」といった反響があり，いろいろな人からいろいろなことを言われて面白かったです．スピノザ，ヒュームは哲学者です．下條先生や，『心の社会』（安西祐一郎訳，産業図書，1990）を書いたミンスキーは心理学者です．ワトソンはコンピュータを作った人，スキナーは心理学者です．釈迦，老子，荘子など，2500年前くらいのインドや中国の人たち，いろいろな人の考えと似ているのではないかという議論は興味深かったですね．

意識は能動的か受動的か，個人主義か集団主義かや，自由意志があるかないかについては，両方の考え方があります．それらの論争については，調べてみると非常に面白かったです．スピノザは，「意識はない，受動的である」と主張して，迫害されています．スピノザはユダヤ人でしたが，「もう神なんか信じない」と言って，『エチカ』という哲学書に「神は自然のはずである」という自分の説を書いています．『エチカ』は数学の証明のような哲学書ですが，この人は「わけの分からないことを言っている」

と迫害されて，生きているうちはそれ以上本も出せず，身分剥奪され非常に辛い思いをした人です．イギリスの哲学者ヒュームの場合，「飛ぶ石の比喩」というたとえがあります．誰かが石を投げたとして，石が飛んでいるとしましょう．そうすると「その石は自分の意思で飛んでいると思っただろう」というものです．つまり人間への皮肉です．人間も自分の意思で何かやっていると思っていますが，本当は投げられた石と一緒で，受動的に生きているのに，勝手に自分でやっていると思い込んでいるのではないでしょうか，ということを言っています．

　スピノザやヒュームのように，ある時代に，その時代の流れと逆らって，「人間の心は受動的だ」「幻想だ」ということを言った人は，かなり虐げられています．ですが，釈迦とか老子，荘子はその時代の主流派でした．ですから，心はあるのかないのか，あるいは能動的なのか受動的なのか，個人の自由意志はあるのかないのか，個人主義がよいのか集団主義がよいのか，こうした論争の立場は，歴史的に時代によって，両方表れてくるのでしょう．現代日本の知識人はおそらく個人主義的で，自己決定，能動的な意識みたいな考え方が強く，東洋思想が好きな人は受動的な考えも分かるということではないでしょうか．

　『脳はなぜ「心」を作ったのか』では，歴史的な議論の脳科学版というものを提示したことになっていたのではないかと思います．いろいろな反響があったので，2冊目，3冊目の本ではさらに「やはり脳は錯覚とか幻想だ」ということを書きました．2冊目の『錯覚する脳——「おいしい」も「痛い」も幻想だった』（筑摩書房，2007）では，「感覚遮断タンクのようなまっ暗なにがりの上に浮いて，全ての感覚を遮断したらどうなるでしょう」というスピリチュアルのような体験の仮定から，やはり心は受動的であるし錯覚であるという話を書きました．それから『脳の中の「私」はなぜ見つからないのか？——ロボティクス研究者が見た脳と心の思想史』（技術評論社，2007）という本を書きました．老子，荘子，お釈迦様，キリストから心理学者，哲学者，中でも実存主義や構造主義などいろいろな哲学の立場が，私の受動意識仮説とどう似ているのか似ていないのか，誰がどう影響を受けたのか，という内容の本です．いい本でしたが，絶版になってしまったため，もう読めません．

(4) ブッダとの類似

　たとえば，受動意識仮説はブッダ（釈迦）の考えと似ているのではないかという説がありました．石飛道子さんが書いた『ブッダ論理学五つの難問』（講談社，2005）によれば，大乗仏教を始めたルージュナという人がいましたが，その頃，インドや中国で「無我」をめぐる論争があったそうです．「無我」は仏教の中心思想の1つで，「私はない」の意味だと思われていますが，インドの言葉から中国語に訳す時に，「無我」なのか「非我」なのかという論争があったそうです．「無我」は訳し間違いなのではないか，「私はない」なのか「私ではない」なのかという論争があるという本を石飛さんが書かれています．

　その石飛さんからメールが来て，「前野さんの本と，私が書いている本は一緒です」と言われて，読んでみたらそうでした．ブッダと前野を比べるのはおこがましいですが，ブッダの「無我」（「私はない」）と「非我」（「私ではない」）に受動意識仮説は重ねることができます．つまり，指を曲げた瞬間に指を曲げたという自由意志はないわけですから，「私はない」と言えばないわけです．もう一方で，指を曲げた瞬間には，無意識のニューラルネットワークが指を曲げるということをあらかじめ，下ごしらえしておいてくれたから，「私ではない」人が私というものを作っているということにもなります．「私はない」と「私ではない」を合わせて受動意識仮説です．「意識は幻想であって，無意識に追従している，受動的である」という話を私は展開しましたが，それが「無我」と「非我」と一致しているではないかということです．ブッダが悟った「無我」は，「心って幻想だな．自分がやっている気がするけれども，世の中とのインタラクション，いろいろなことが起きてその結果，無意識の小びとたちがいろいろやってくれた結果を自分がやった気になっているだけで，ありがたいものですな」と考えられるのではないでしょうか．ある本で「私も悟った」と豪語していましたが，あとでお坊さんに「悟ったと言っている人は，悟っていないですよ」と言われました．なぜなら「悟ったというのは無我なので，私は悟ったと主張している時点で無我ではない」と言われましたが，ブッダの言う悟りと受動意識仮説とは似ています．逆に言うと，脳神経科学が

発達した現代だから，脳科学のいろいろな研究結果と照らし合わせて，「心は幻想だ」と言った私に対して，2500年前に，脳科学もなかったのに「私はない」と気づいたブッダはやはり偉かったのかなとも思います．

(5)『脳はなぜ「心」を作ったのか』がロボットの研究開発に与えた影響

　それから，「ロボットに心を持たせることは可能か」という問いの答えについては，クオリアとしての質感を持った心，自由意志，つまり「あの時本当に自分で曲げた」という意識の作り方は全く分かっていませんが，曲げたという意識体験するエピソード記憶のための機能を作ることは容易で，作ろうと思えば作れるし，作るべきだということでした．2003年に「作るべきだと思っている」と言ってから，もう20年近く経ったのに作っていませんが，LOVOT（ラボット）というロボットを作った林要さんと何度か会って対談もしました．奴隷（チェコ語のrobota）が語源であるロボットに対して，LOVOTはLOVEに由来しています．嬉しいことに，林要さんは「『脳はなぜ「心」を作ったのか』という私の本を読んでいなかったらLOVOTは作っていなかった」とおっしゃってくださいました．あの本を読んで，人間の心も別にあってないようなものだと感銘を受けて，作ってくださったのがLOVOTであれば，目的もあってないようなこの可愛いLOVOTの設計原理は，まさに自律分散システム論です．SONYのaiboもそうですが，全てを統合するサーチライトである意識のようなものを作らなくても，昆虫と同じような自律分散システムとしてロボットを作ることができます．ブルックスという人は，サブサンプション・アーキテクチャという反射の積み重ねで，かなり高度な昆虫のようなロボットを作ることができると言いました．林さんは「もっと人間に近いロボットも反射の積み重ねで作れると自信を持ってやりましたから．前野さんがいなかったからこのロボットはありませんでしたよ」と対談の中で言ってくれました．林さんの言葉は，嬉しいと言いますか，なるほどと思いました．

　『脳はなぜ「心」を作ったのか』という本は，精神科医や弁護士の方々も「本当は『自由意志はない』とはどういうことだろう」と興味を持って読んでくださいました．精神科医や弁護士の方々にとっては「自由意志で犯罪をしたのかどうか」という大事なところに関わる話です．ですが，最

近は AI の研究者の方が「この本は古典だから，まずは読んでおけよ」と言って，私の本を読んでくださっているようです．私の本がそういう本になったのは嬉しいと言いますか，書いて良かったなと思います．

おわりに

(1) 結論

　私たちは，自由意志で考え，感じ，生きているような気がしています．しかし，それは全て，無意識の小びとたちの仕業です．仕業という激しい言い方をしなくてもよいのですが，文学的表現です．私たちの心は，あたかも自分でやったかのように幻想しているに過ぎません．つまり，プログラムによってロボットの意識を作る場合と大差ないのではないでしょうか．これが結論です．

　人間中心主義，これは分野によって流れが逆転している点が面白いと思います．ある分野，たとえばデザイン思考では，利益中心から人間中心へという流れがあります．ですが，哲学やアートといった分野では，人間中心から人間中心ではない方向への流れがきています．機械中心よりも人間中心のほうがいいという気持ちも分かります．しかし，人間中心をやりすぎたから，環境破壊，貧困などや，SDGs や ESG と言われているあらゆる課題が起きているわけです．人間だけが偉いということを考えすぎたから，地球を破壊してしまったのです．ですから，「人間も昆虫とかロボットと同じで受動的にプログラムによって動いているにもかかわらず，その結果に対して，人間は偉そうに自分がやった気になっているだけではないか」という謙虚さを持つと，もう少し平和で良い世界になるのではないかと思います．

(2)『脳はなぜ「心」を作ったのか』執筆の動機

　というわけで，もしご興味があれば，前に述べた 2 冊を読んでください．そのうちの 1 冊である『脳はなぜ「心」を作ったのか』をなぜ書いたかという話を少しだけしようと思います．この本を書こうと思った強い動機は，「茂木健一郎への反論を書こう」と思ったことです．当時，茂木健一郎さんは「心のクオリアはすごく謎だ」とよく言っていました．「ク

オリアこそすごい謎で，世界中の人はもっとクオリアの問題を考えるべき
だ」とおっしゃっていました．その本を何冊か読んで，「いやいや，クオ
リアは謎だけれども，別に大したことないというか，どうせ錯覚みたいな
もの．その錯覚の作り方，クオリアの作り方は謎だと思うけれども，どう
せ錯覚みたいな心も，自由意志もないのだから，そこを『謎だ，謎だ』と
言い過ぎると，人々を惑わすではないか」という，茂木さんへの対抗心か
ら書きました．この話をすると茂木さんに「もうやめてよ．その話しない
でよ」と言われますが，続きがあります．まず，対抗心があって書いたも
のの，茂木さんの本のほうが100倍くらい売れました．

　それが落ちではなく，まだ先があります．ある日，日経サイエンス社で
対談することになりました．「茂木さんとついに対談だ．歳も同じくらい
の東大出身の敵とついに戦う日が来た」と，日経サイエンス社に行きまし
た．茂木さんに，「クオリアが謎だ．バインディング問題が謎だって言っ
ているけれども，リベットの実験結果を見ると自由意志はないと考えるし
かないではないですか」と言いました．茂木さんの矛盾点を突こうと思っ
てビシッと言ったつもりでしたが，「それはそうだよ．僕もそう思ってい
るよ」と言われ，話してみると考えはほぼ一緒でした．脳科学についての
知識は同じものをベースにしていますから，一緒で当たり前です．要する
に，「心は謎で，ロボットにクオリアは作れない．ここの謎はすごい謎だ」
と言っている茂木さんに対して，「作れないけれども，所詮は幻想．人間
のほうも幻想，ロボットのほうも幻想だから，同じようなものを作れば，
それでいいでしょう」と言っている私とでは，結論が真反対なので，もの
すごい距離があると思っていましたが，実は研究へのスタンスは一緒だっ
たということです．最後の考察が違っただけだったということです．それ
で仲良くなって，それ以来，結構交流もさせていただいて，うちの学生も
指導してもらったり，講演会に呼んだり，呼んでいただいたりしています．
ですが，最後の最後のところが違います．

　私の立場は東洋的な考えに近いと思います．0か1かではなくて，ある
けれどない，ないけれどある，という考え．「色即是空空即是色」と『般
若心経』に書いてあります．色とは，ありありとあるクオリアです．「色
即是空」ですから，ありありとあるクオリアは，即ちこれは空である．な

いよ，ということです．「空即是色」ですから，ないけれども，ありあり
と感じるよね，ということです．『般若心経』は，受動意識仮説と同じで，
ないけれどある，あるけれどない，これが心の実態だよねというふうに読
み取れます．あるいは，全ては0であり全てである，無為自然である，
という老荘思想にも似ています．東洋的に，老荘思想や仏教哲学の説明を
すると，私の説明に近い．茂木さんは法学と物理学を学んでいますが，私
は工学，心理学．応用科学の研究者です．茂木さんは，物理学のように，
根本に興味があります．私は応用．科学の基本と言いますか，「心がない
というのは謎だ．ないのにバインディング問題が解けるのは謎だ」という
ことに興味がいく茂木さんと，それを東洋的な思想で分かった気になる私
との対比が非常に面白いと思っています．

　「分かった気になる」と自己卑下的に言いました．ですが，素粒子論も
「光は粒子か波動か」というと，粒子でもあるし，波動でもあるわけです．
心はあるのかないのか．ないけれどある，あるけれどないというのが，真
実だと思います．素粒子論を持ち出さなくてもいいような非常に静かな空
間で考えると，波動と粒子，あるかないか，0か1か，正しいか間違いか，
そういう古典力学的なロジックで全て説明がつくような気がします．しか
し，やはり，決定論的には決められないものがあることが，素粒子論でも
複雑系の科学でも哲学でも宗教でもわかっていますから，それを問うた1
つとも言えるとも思います．というわけで，ロボットの話というよりも，
かなり好きな話をしたという感じですが，いかがでしたでしょうか．

Q&A　講義後の質疑応答

Q　例えば，「あの時，ハチに刺されて痛かったから，ハチのいそうなところに
は行かない」と，もうその行動を起こさなくなるようにエピソード記憶をする
のであれば，学習をしたことが，意識が無意識に働きかけることがあるのでは
ないか，という疑問があります．無意識から意識へずっと一方通行ならば，変
化とか学びがないのではないかと思うと，やはり，何か意識をしたことが無意

識に働きかけて，ニューラルネットワークの発火をするところが変わってくる
とかということがあるのではないか，と思います．意識が無意識に働きかけて
いる部分もあるのでしょうか．

A 意識が直接，0コンマ何秒の間に，無意識に働きかけていないと考え
ても，説明がつくよねというのが今回の話です．ですから，意識から直接
無意識に働きかける回路がないと考えたほうが，説明がつきやすい事例を
今回はいろいろと述べました．ですが，脳の神経ですので，意識の結果が
無意識に結びついていることは，多々あってもおかしくはないとは私も思
います．

　ご質問の通りで，意識した結果が，エピソード記憶に残るわけです．エ
ピソード記憶に残るから，「あの時，ハチに刺されて痛かったから，ハチ
のいそうなところには行かない」という行動変化にはなります．つまり，
もっと長期的に見ると，意識から記憶になったものが，無意識に影響する
ということは，当然起きると考えています．

Q ハチの場合は生存確率を上げる選択で理解できますが，「酸素ボンベを持た
ずにエベレスト登頂するぞ」といった生存確率を下げるような無謀な選択を，
小びとたちの多数決でなぜ選ぶのか，理解できないところがあります．受動意
識仮説論ではどのような考えになるのでしょうか．

A 「エベレストに登るぞ」というのは，小びとたちの中に，過去の成功
体験を強く大きい声で言う小びとがいて，その結果，「自分はエベレスト
に登るぞ」というような強い意思を小びとが持って，その結果が意識にや
ってきて，意識のところで「俺はエベレストに登るぞ」と力強く言ってい
るということになります．ですから，同じ無意識の小びとたちが全て決定
しているという考え方で説明がつくと思います．

　生存確率を下げる選択をする理由については，エベレストに登る人に聞
いてみないと分からないですが，過酷なことにチャレンジした後の達成感
というのが好きだとか，死をかけるくらいの喜びがメリットとしてある，
あるいは有名になることで生存確率や子孫繁栄確率を上げるという戦略が
無意識のうちにあるのかもしれません．あるいは，死なない自信があると
か，いろいろな過去の経験によってそれをリスクと感じないのかもしれま

せん．何を感じてやるのか分からないですが，それは受動意識仮説の問題ではなくて，倫理学の問題です．何に重きを置くかということです．重点の置き方によっては，そういう人がいてもいいように思います．

Q　脳のニューラルネットワークとAIは，岐路は同じでも別のシステムで動いているというイメージがありますが，これはどうでしょうか．
A　脳のニューラルネットワークというのは，もともと0か1かという信号で，それがシグモイド関数みたいになっているので，それを模擬しているという意味では似てはいます．

　ですが，脳の学習とニューラルネットワークのバックプロパゲーション学習とでは，実はかなり違います．コンピュータに適した学習法をしている面もあるので，部分的にはかなり違うところもあります．

　しかし，AIが和文英訳などをできるようになったのは，やはりニューラルネットワークの良い面を上手く真似たからだと思います．要するに，論理としてプログラムを書くのではなくて，非線形演算ができるという機能を上手いこと，さっき言ったバックプロパゲーションみたいな部分的には違うものも上手く使いながら，脳の自律分散的な学習能力のすごさを上手く真似たという意味で，似ている面と違う面があります．

Q　そうであるならば，なぜ同じものと考えられるのでしょうか．私は，人間の心と機械は全く別物のような気がします．それから，嬉しいという感情を作ることはできないと先生はおっしゃいましたが，将来的にはどうなのでしょう．心を持ったAIというのはいつ頃，作られるのでしょうか．
A　難しいですね．「嬉しい」と言うロボットは既に作ることができますが，この嬉しいという感じが，意識の劇場に湧き上がるロボットは，まだ全く作ることができていないということです．ですから，その全く作られていないものが，いつ発明されるかというのは，私には予想できません．核融合がいつ実用化するかという問題について，専門家によって見解が分かれるのと一緒です．早ければ，意外と2，3年後には誰か天才が思いつくかもしれないし，1000年後かもしれません．そのくらいのバラつきと答えておきましょうか．

Q　現在のところは，同じものではないということでしょうか．

A　人の脳と人工のニューラルネットワークでは，学習法など細かいところは同じではないですが，基本的に0と1の演算をするネットワークであるという点では似ているので，根本的な構造は似ていると思っています．そのため，将来脳のようなものを作ることはできるのではないかと思っています．

　脳の機能についても，様々な考え方があります．「0と1の演算をするだけだ」という私のような考え方をする人もいれば，「素粒子論みたいな量子力学の現象が関係している」という捉え方をする人もいます．この問題にはまだ正解は出ていませんが，私が人工ニューラルネットワークなどを使った手応え，あるいは自分の心について内省した手応えでは，自分の脳が単純だからかもしれませんが，「結構AIやロボットって簡単に作ることができるのではないかな」という立場です．この点への意見は人によって違うので，これからが楽しみなところだと思います．

第7講
AIで脳から心を解読する
〈ボトルネックとしての身体〉とBMI

神谷之康
京都大学大学院情報学研究科教授

神谷之康（かみたに　ゆきやす）
1970年生まれ．東京大学教養学部卒業．カリフォルニア工科大学でPh.D.取得後，ハーバード大学，プリンストン大学，ATR脳情報研究所を経て，2015年から現職．機械学習を用いて脳信号を解読する「ブレイン・デコーディング」法を開発し，ヒトの脳活動パターンから視覚イメージや夢を解読することに成功した．SCIENTIFIC AMERICAN誌「科学技術に貢献した50人」（2005年），塚原仲晃賞（2013年），日本学術振興会賞（2014年），大阪科学賞（2015年）等を受賞．2018年，ATRフェローの称号を授与される．現代美術家ピエール・ユイグ氏の作品"UUmwelt"（2018年）のための映像を提供するなど，アーティストとのコラボレーションも進めている．
著書に「ブレイン・デコーディング——脳情報を読む」（分担執筆，オーム社，2007），Visual Population Codes: Toward a Common Multivariate Framework for Cell Recording and Functional Imaging（MIT Press 2011）

はじめに

　ここでは，「AIによる脳からの心の解読」というテーマを取り上げ，副題を「〈ボトルネックとしての身体〉とBMI」としています．BMIとはブレイン・マシン・インターフェースの略称です．身体は，私たちの生活において非常に重要な役割を果たしていると言われていますが，脳と世界との関係を考える上で，身体はある種の「ボトルネック」として機能していることがあります．本書では，身体を回避することによって，どのような可能性が生まれるのかを探究していきます．

1　何のための脳？

(1) 社会性・心を読むため？　フルーツを見つけるため？

　人間にとって脳というものが何のためにあるかということについては，さまざまな議論があります．

　すべて，人の脳は社会性や心を読むという機能のためにサイズが大きくなったという，"Social Brain Hypothesis"という説がありますが，これについてもいろいろな反論があります．その1つが，「何を食べるか」に依存するということで，人間の脳が大きくなったのは非常に栄養価の高いものとしてフルーツを見つけるためだというものです．フルーツを食べるサルなどの種と，葉っぱを主食にするような種とを比較するという研究のなかからこういった学説が出てきています．

　最近では，人類の脳のサイズが，最近になって少し小さくなったというような話もあります．それは言語を獲得したことと関係している，つまり言語を獲得することで効率的に情報を処理できるようになって，すこしですが脳が小さくなっているのではないか，そういった話もあります．

　もう1つ，運動系の研究をしているダニエル・ウォルパートという研究者はロボットなどの運動に興味を持っている人で，「脳が存在する本当の理由は，体を動かすためだ」と言っています．

　彼が例に出すのはホヤです．ホヤは岩場に定着して泳ぐ必要がなくなると，自分の脳を消化してしまうのですが，動いている間は脳が必要になるが，定着したら脳は不要になる．彼の議論のポイントは，思考，感情，言

語，社会性などといったもののためではなく，「精密・精巧な運動をするために脳は進化したのだ」というものです．

(2) 機能を並列化することでロボットを作る

多くの人が，身体というのは非常に重要であるという話をよくします．ロドニー・ブルックスというロボット研究者もそういう議論をしています．彼は，ルンバという製品を製造しているアイロボットという会社の創立者です．

ルンバは，それほど賢くはないんです．多くの人はロボットを作ろうとしたときに，センサーがあって，知覚があって，プランニングして，運動出力というシリアルな流れに沿ってアクションが出てくるというふうに考えます．しかし，なかなか実際に動くロボットを作ることができない．そこで彼は "Subsumption Architecture" ということを提案しました．これはつまり，単純な機能をもつ入出力モジュールをパラレルに放り込んでいく，それでいろんな機能を果たせる．その思想に基づいているのがルンバであり，これはとくに賢いことをしているわけではなく，ぶつかったらすぐ向きを変えるとか，センサーとアクチュエータ（動かす部分）が，非常に簡単な経路で直結しているものです．彼は昆虫のような知性ならこのアーキテクチャで実現できるのではないかと言っています．そして，そのセンサーとアクチュエータを直結させるというのは，脳よりも身体を重視する考え方です．

これと似た考え方で，「身体性認知科学」というものがあって，私も2000年頃とても影響を受けました．センサーからの入力をもとに，いろいろと考えて出力するという考え方は古いというもので，「そう思われがちだが，実際には身体がいろいろとしているのだ」という考え方です．しかし，今日は「それはちょっとどうかな？」というニュアンスで話したいと思います．

(3)「AIに身体性は不可欠」？

最近よく「AIに身体性は不可欠だ」と言われます．「身体なしに意識は宿らない」，「身体性の欠如は社会病理である」，「頭の中だけで考えても駄

目だ」,「AIが今一つ次のステージに行けないのは,身体がないからだ」などといったことも言われています.確かにそこに真実はあると思いますが,なんとなく僕の印象では,「身体」と言えばちょっと深いことを言っているような雰囲気が出てくる,でも言っていることにはそれほど中身がなかったりする,という気がしています.ですから今日は敢えて,脳的なものが非常に重要というか,単に身体のおまけとして脳があるわけではない,という点を強調したいと思います.

1つの例を挙げます.いわゆる植物状態になってしまい,23年間ずっとその状態であった方がおられるのですが,あるとき何かきっかけがあって目を覚ました.彼が言うには「23年間ずっと意識があった」と.「家族が何を喋っているか全部聞こえていた」と.ちょっと怖い話ですが,そういうことを言うわけです.つまりわれわれは,そのような人を見て意識があるかどうかということについて,結局,身体的な反応しか見ていないわけです.「身体的な反応が無かったら意識は無いだろう」と思ってしまいがちですが,脳が働いているのであれば,当然意識はあるわけです.こういった方々に協力してもらっている研究者がいます.

いわゆる植物状態にある人にMRIという脳をスキャンする装置に入ってもらうと,脳の活動を測ることができるのですが,行動がなくても反応はできるわけですね.「これから質問をします.“YES”と答えたかったら,テニスをしているイメージをしてください.“NO”と答えたかったら部屋の中をうろうろしているイメージをしてください」というようなことを言う.一般的に人がテニスをしているイメージを喚起すると,運動に関する脳の部分が活動するし,家の中をうろうろしていると,そういう場所に関係する脳の部分が活動する.それは割と綺麗に分かれるので,後でお話しするようにAIなどを使わなくても,ある程度,脳画像を見るだけでわかります.

そうすると,植物状態の人のうちの何%か,このYES-NOの問題に,かなり正確に答えられるというわけです.

例えば「あなたは兄弟がいますか?」というような,明確に答えが決まっているような質問に対して20回中20回とも正答する人がいます.そういう方に「あなたには意識がありますか?」と聞くと,“YES”と答える

わけですね．つまり，そういった方は「意識がない」と見なされているのですが，体が動かなくても意識はあるし，考えることもできていたのです．

(4) ニューロンとは

ここでは「身体」という言葉を，運動器官と感覚器官を含むものとして使いたいと思います．視覚の場合，視細胞という網膜で光を受けている細胞が大体150万ぐらいある．出力の方で言えば，骨格筋は600くらいあるとされています．視覚の場合，視神経というものを通って信号が脳に行くわけですが，このとき150万から100万くらいに落ちる．脳から筋肉に行くときの「ニューロン」は100万くらいある．ニューロンというのは神経細胞のことで，脳を巡っている細長いケーブルのようなものです．100万という数字はかなり多いように思われるかもしれませんが，脳の中のニューロンの数というのは，桁違いに多いわけです．ただ，生物の種類によっても違いがあります．

視覚に関して，網膜と脳の視覚野の関係を考えてみます．網膜というのは，身体の中で光を受け取る場所と考えてください．脳の視覚1次野は目から入った信号が最初に届く脳の場所で，「V1」と呼びます．V1の大きさと網膜のサイズを比べた研究があり，サルやネコでは脳（V1）の方が大きい．対してマウスやラットでは，網膜は結構大きいが，脳が受け取っている部分（V1）は小さい．ですから，ヒトでは，視覚に関しては，光を受けている身体の部分よりも，脳の中の方が多くの情報表現をもっているのだと言えます．

この研究ではさらに，視覚1次野（V1）の "Receptive Field" の形の分布を調べています．これは，どういった光のパターンに反応するのか，ということです．例えば，左に傾いた線に対して強く応答するようなニューロンがあり，同じような光のパターンに反応するニューロンが固まりを作っていることがあります．

(5) コラム構造とは

これを「コラム構造」と言うのですが，こうしたクラスター（塊）を作っているということが，ネコやサルの脳で昔からよく知られています．こ

れは非常に普遍的なことだと思われていたのですが，最近になってマウス
やラットを調べてみると，あまりこういうクラスターがない．脳のいろい
ろな場所で隣り合うニューロンを調べてみると，そこで見つかるニューロ
ンは全部違う向きに応答している，というようなことが起きました．つま
り，"Salt-and-Pepper"と言うのですが，一般的に言って脳が相対的に小
さいほど，ニューロンがバラバラなのです．脳の方が大きいほど，こうし
たクラスターがよく作られ，マウスやラットにはない情報処理も行われて
いるのかもしれません．

2 身体は「ボトルネック」

(1) 脳の機能

これらのことを踏まえると，「身体というのはボトルネックだ」と考え
ることができます．ボトルというものは，内部は広いけど首（ネック）の
部分は細い．世界に対して感覚運動器官を通してやり取りをする部分（身
体）は細いけど，脳というものはある意味では広い空間を持っている．

「世界」と「脳」があり，例えばものを見るとき，3次元の風景，3次
元の世界が2次元の網膜像に投射されます．2次元になるということ自体
が，情報が落ちるということです．先ほど話したように網膜の細胞という
のは意外に少ない．そこからまた3次元の形状を含むイメージをわれわ
れは心の中で持つことができるわけですが，おそらく脳にそういった表現
があるのだと考えられます．網膜に与えられていないものも含めて，脳の
中でイメージを膨らませているわけですね．

運動の方で言えば，例えば「かな漢字変換」．われわれはパソコンで文
字を入力する際に，言葉を漢字で思い浮かべ，それをかなにして，ローマ
字にして，指を動かして，またかなにして，漢字にするという，非常に面
倒なことをしているわけですが，そのことからも「脳と世界の間に身体と
いうボトルネックがある」と言えるのではないかと思います．

(2)「マルコフ・ブランケット」としての身体

すこし専門的な話になりますが，事象の確率的な関係を表す「ベイジア
ンネットワーク」というものがあります．ネットワークのノードが，「明

日は晴れ」とか，「今日のご飯はおいしい」とか，何らかのイベントを表す変数だと思ってください．世界の出来事でもいいし，脳の中の出来事でもいいのですが，ここでは真ん中にあるノードを脳の状態を表す変数だということにします．脳のノードを囲むノードで，「マルコフ・ブランケット」というものを作ることができます．

　この外側にあるのが世界だと思ってください．この真ん中を取り囲んでいるマルコフ・ブランケットを身体とみなすことができます．マルコフ・ブランケットというのは，これが決まってしまうと，その内側と外側はまったく関係なくなる．ですから脳にとって，使える外界の情報はこれしかないわけですね．

　実際にわれわれの脳にはたくさんのニューロンがあって，さまざまな状態があるわけです．身体を通してしかわれわれはものを知ることができないが，潜在的に脳は，身体の外側のもの，世界のさまざまなものを予測したり，モデル化したりしようとしている．そのようなことを「自由エネルギー原理」という枠組みで議論しているのが，カール・フリストンという人です．やや怪しい話もありますが，面白い考え方です．

　彼は，脳が「変分自由エネルギー」というものを最小化しているときには，マルコフ・ブランケットを通して，外側の状態を予測，推測するように振る舞うのだと言っています．本当かどうか，微妙な話ではあるのですが，考え方としては面白いと思っています．つまり身体というものはマルコフ・ブランケットみたいなもので，われわれはそれを介することでしか情報を得ることはできないが，そこから外の状態を予測しようとしているのだということです．

　こっちに世界があって，こっちに脳がある．世界の状態を脳が一生懸命予測しようとする．われわれの網膜像は2次元ですが，見ている世界は3次元に見えますね．それは脳が「世界はこうだろう」というモデルを作っているわけなのですが，当然これはまったく同じものというわけではありません．

(3) 脳は独特な仕方で世界をコードしている

　世界は原子や分子でできていて，自然の階層構造がある．基本的に物理

というものは近接作用です．脳は，ニューロンとそのネットワークでできています．「スパイク」というパルス状の信号でやり取りをしている．脳というものはネットワークで，「局所・遠隔コネクション」を築いている．つまり，脳というのも物理学に従いますので，突き詰めると近接作用なのですが，ニューロンは必ずしも隣り合っているニューロンとだけやり取りをしているわけではなく，遠く離れたニューロンとも非常にフレキシブルにやり取りをしています．

　世界の要素や構造と脳は異なるものなのですが，脳はまったく違うものを使って世界を表現している．その「表現している」ということを，われわれは「コードしている」と言います．ここでの「コード」は「プログラミング」という意味ではなく，例えば「コンピューターの 01 が文字を表現している」という意味でのコードです．ですから，暗号化しているというようなことだと考えてください．世界が「コードされるもの」で，脳の状態というのが「コードするもの」です．

　例えば 01 がコンピューターで動画を表現している，という考え方に基づいて，脳のコーディングというものを考えます．「デコーディング」というのは，その脳の状態を見て，世界で対応しているものが何なのかを調べることです．

---

(4) 刺激をコードする視覚野ニューロンのスパイク

　具体的にどういうものがあるのか．ヒューベルとウィーゼルという研究者による画期的な研究なのですが，画面に線を映して，そのときのネコの視覚野の脳活動を調べるというものがあります．ネコの視野のどの辺りに光を出したら電極を刺したニューロンに強い反応が見られるのかということを調べます．縦の線にニューロンが反応するとすると，この縦の線という情報が，そのニューロンの活動パターンでコード化されているのだと考えられます．一般にそのコードの正体は，ニューロンを伝わる「スパイク」という尖ったパルス状の活動だと言われています．ニューロンの樹状突起に，他の細胞から来た信号がたくさん来て足し合わされ，ある値を超えると，スパイクがバリバリと出るという現象が，基本的な情報伝達の仕組みだと考えられています．

神経細胞の中では，スパイクの手前にも，もちろんなだらかな信号の変化があるのですが，ここでいくら変化してもスパイクにならなければ，他の神経細胞には何も伝わらない．そういう意味で，スパイクというものが非常に重要だと考えられてきています．

(5) ニューロンドクトリンへの批判

　しかし，最近ではその辺りが見直されてきて，スパイク以外の方法でもさまざまな情報を伝えているのではないかという話もあります．つまり，ニューロンの中をスパイクが行儀良く並んで伝わっていくというイメージがだんだん崩れつつあります．この従来の考え方を「ニューロンドクトリン」という言い方で批判する方もいます．スパイクが電気ケーブル上で綺麗に伝わるというよりは，細胞から漏れる電流や電位が重要なのではないかとか，あるいはニューロンとニューロンの繋ぎの部分が1対1であるのではなく，もっと広がった形で情報が伝達されるのではないかとか，いろいろな話が出てきています．ただ，基本的にはまだこのニューロンを伝わるスパイクが，一番コアな情報伝達だというふうに信じられています．

(6) チューニング

　先ほど見たように，線の向きをちょっとずつ変えると，ある向きに対してニューロンが強く応答するという現象があります．脳の違う場所のニューロンを調べると，別の向きに応答するニューロンが見られます．線の向きを変えていくと，あるところでピークになることを「チューニング」と言います．どこにこのピークがあるかはニューロンによっていろいろ，ということです．

　ヒトの脳に電極を刺して調べるのは難しいのではっきりしたことはわからないのですが，先ほど述べたようにヒトの脳にもサルやネコなどと似た「コラム構造」があり，ある特定の向きのときに強く応答するニューロンが集中していると考えられています．

(7) グリット細胞と空間表現のトーラス構造

　視覚とは違う話になりますが，マウスやラットをウロウロさせるとある

特定の場所に来たときだけに強く応答するニューロンが,「海馬」という所で見つかります. さらに海馬に近い他の場所を見ると, 1 つの場所だけではなく, 周期的にいろいろな場所に対して応答を示すようなニューロンもあります.

こうしたものが実は外界をトーラス状に表現しているのではないかという理論もあります. 脳というのは世界を単なるデカルト座標のようなものとして表現しているのではなく, かなり独特な方法で表現しているのではないかと考えられます.

3 ブレイン・デコーディング

(1) 機能的磁気共鳴画像法（fMRI）

ここから私の研究の話に入っていきます. 私が研究しているのは「ブレイン・デコーディング」というもので,「脳活動を, 心の内容を表現するコードだと見なし, 機械学習によるパターン認識によって, 脳信号を解読する」というものです.

(2) 脳計測法

脳の計測法にはいろいろなものがあります. 脳計測法は, 時間のスケールと空間のスケールで特徴づけられます. 動物実験であれば, どちらも非常に細かい解像度でできますが, 細かくすればいいかというとそうではなくて, その分広い領域をカバーできなかったりします.

人間の研究でよく使われるのが fMRI ですが, 時間解像的にはそれほど良くなくて, 数秒ぐらいのオーダーです. 空間解像度も決して良くなくて, 大体ミリメートルぐらいの精度です. 画像で結果が出てくるのですが, 1個 1 個の画素は大体 2 ミリから 5 ミリぐらいです. 1 ミリ, 2 ミリ, 3 ミリと聞くと細かいように思われるかもしれませんが, その中にニューロンが何十万, 何百万と入っているわけです. だから決して高いとは言えない. ただ, 脳全体をカバーできるという利点があります. 特に視覚を研究する場合, 視野全体の情報をしっかり取ろうとすれば, かなり広い領域の情報が必要になるので, そういった際に fMRI というものは適しています.

MRI は病院でレントゲンのような感じで, 体の構造を見るために使わ

れます．fMRI には「f」がついていますが，体の中の動き・活動を調べるという意味で functional の頭文字がついているというわけです．

原理は結構ややこしいです．脳が活動すると血流の内容がすこし変わるんですね．血液の中に「ヘモグロビン」という酸素を運ぶ細胞があって，そこに酸素がくっついている状態とくっついていない状態があり，それによって磁気の性質が変わります．ちなみに色も変わります．ですから光を当てて脳の血流を調べることもできます．

脳活動が起きるとエネルギーを消費するので，エネルギーを供給しようとして血液の流れが変わります．その際，たくさん酸素がくっついたヘモグロビンがドッと流れます．

もともと酸素がくっついていないヘモグロビンが，磁場を不均一にして信号を弱める働きをしていて，それをすこし減らすと，信号値が上がります．そういった間接的な方法で脳活動を測っているのですが，現状はいろいろな意味でバランスが取れるのでこの方法がよく使われています．

（3）視覚的方位のデコーディング

われわれが最初にデコーディングという方法を提案したのが 2005 年で，最初に研究したのが，線（縞）の向きでした．先ほどお話ししたように，線の向きというのはネコやサルでよく調べられていて，ある意味ではそれが脳機能の解明の端緒でした．現在の AI にも繋がっています．

そういうことがあったので，私も縞柄を見せる実験を行いました．縞柄を見せて，脳がどの向きの縞を見ているのかを当てるということをやるわけです．fMRI の画像を目で見てもよくわからない，ノイズにしか見えないわけですが，このことを，今で言う AI，機械学習の方法で解決することができる．

ようするに，被験者にさまざまな向きの線の画像を見せて，あらかじめ脳のデータを取っておく．それについては，正解がわかるわけです．そのデータを使って，今で言う AI のすこししょぼいモデルを訓練する．AI は答えを与えれば学習し，ちゃんと出力するようになります．

(4) データを一般化できるかという問題

　ただ問題は，新しいデータに対しても，その答えを一般化できるのかということです．

　結果を言うと，すこしは間違いますが，かなり正確に当たることが判明しました．一般に，機械学習では，訓練データでは正しく出力できても，新しいテストデータには一般化しないことが多く，これをオーバーフィッティングと呼びます．オーバーフィッティングになっていないか慎重に見極める必要があります．

(5) デコーディングの「超解像」

　従来の研究では，例えば言語の課題をやっているときとそうでないときの脳活動の差を見て，脳の数センチぐらい，つまりピンポン玉ぐらいの解像度のデータを参照して，脳のどの場所がどのような機能と関係しているかを調べようとします．人の目で見てわかるような，大きなマッピングを調べる方法です．しかし，違う向きの縞を見せたときの脳活動の差については，目で見てもまったく区別できない．ですから，そういうものをAI，機械学習を使って，機械で判別させるというアプローチを提案しました．これをベースに，今，いろんな方面に発展させてきています．

　ちなみにfMRIの2ミリ〜5ミリの解像度では，コラム構造を見ることができません．先ほど話していた線の傾きは，0.1ミリくらいのスケールなので，3ミリの画像では，線の向きに対応するコラムを可視化するには粗すぎる．

　しかし，だから駄目ということではありません．脳画像の画素の1個1個の区画の中の線の向きに対応するニューロンの分布を見てみると，すこしずつ違いがあることがわかる．これはコラム構造というものが完全に規則的ではなく，不規則性があることと関係しています．一個一個の画素に，すこしずつ線の向きの違いに関する情報が載っているということになります．そこにAI・機械学習を用いると，何百何千という画素を上手に組み合わせてくれます．先ほど述べたような予測も，そのようにできたのだと考えることができます．

(6) ヒトの脳を「小さな脳のモデル」で解読する

「しょぼい AI」というような言い方をしましたが，最初の研究で使って
いたのは，脳画像の画素の白黒の強さを重みを付けて足し合わせて，出力
を出すものです．この重みを AI に学習させるというわけです．学習とい
うのは，脳画像を入力して，正解が出るように重みを調整していく，とい
うことです．

これは統計学で言う回帰分析のようなものだと考えることもできますし，
ニューラルネットワークの初期段階に提唱された Perceptron と見なすこ
とも可能です．Perceptron というのはニューロンの構造や機能にインス
パイアを受けて生まれた理論だと言われています．このような意味で，わ
れわれの初期のブレイン・デコーディングは，人間の脳を小さな脳のモデ
ルで解読する，ということだったと言えます．

4 夢の内容をデコードできるか？

(1) ニューラル・マインド・リーディング

2005 年に行った研究の中でもう 1 つ重要なのが，「ニューラル・マイン
ド・リーディング」というものでした．これはどういうものかというと，
先ほどのように，線の向きを当てるデコーダを作っておく．これとまった
く同じものを，例えば右に傾いた縞模様だけを想像しているときの脳活動
に適用する．すると，右に傾いた縞か，左に傾いた縞か，くらいの単純な
分類であれば，そこそこの正答率で当たります．これはどういうことかと
いうと，実際に何かを見ているときと，イメージしたときとでは，脳の中
の状態が同じようなものであるということです．この原理を利用すれば，
夢の内容もデコードできるのではないかと私たちは考えました．

夢にはさまざまな要素がありますが，人種や民族によらず，やはり視覚
的な情報というのが大きい．夢を見ているときの視覚は，目覚めていると
きの視覚とまったく同じとは言えないが，なんとなく似ている．そうであ
れば，少なくとも脳の一部は，目覚めてものを見ているときの状態と同じ
ようなものになっているのではないかという推測が成り立ちます．つまり，
目覚めているとき見たものと夢で見たものとが同じ内容だったら，同じよ

うな脳活動が起きていると考えられないかということです．これを調べるにはどうするかというと，目覚めているときにいろんな画像を見せておく．そうやってデコーダを作っておいて，寝ているときの脳活動を解読する．

2013年に発表した論文で報告したのがこういった研究です．被験者に脳波計を付けています．脳波というものは頭の表面の電位で，脳波計を使うと睡眠状態がよくわかるのです．そして fMRI は，詳細な心的内容を知るのに適しています．脳波計を見ながら「今，夢見ていそうだ」というときを見計らって起きてもらい，どんな夢を見ていたのか報告してもらいます．寝てもらうこと自体はそれほど難しくないのですが，1人当たり延べ200回ぐらい起きてもらって，夢の内容を取集するのは結構大変です．

そこから，眠りから覚める直前の脳活動を，先ほど述べた方法で解読していきました．例えば，被験者が起きたとき，「直前に見ていたのは文字でした」と報告したとすれば，目覚めるすこし前の脳活動を使ってデコーディングを試みると，文字の夢である可能性が高いという結果が出てくる．つまり，寝ているときに文字を見たときと，起きているときに見たときが似たような脳活動になっていたわけです．こういった形で，われわれは睡眠中の脳活動から，単語レベルではありますが，その意味内容を解読できるということを示しました．

---

(2) 視覚像再構成

この研究と並行して，実際に見ている画像をそのまま画像として解読するということもしました．

ボヤッとしてはいますが，そこそこ当てることができます．重要なのはデコーダのトレーニングのときには，被験者にテストで使う画像を一切見せていないということです．初めて見せる画像でもちゃんと再構成できます．

この研究にあたって難しかったのは，画像というのは非常にたくさんあることです．このとき使用したのは 10×10 の白黒ピクセルなのですが，2の100乗通りの大量の画像があるわけです．このすべてをあらかじめ被験者に見せ，AI に認識させておくことは不可能です．

不可能なのですが，人間の脳というのはある程度その視野の場所によっ

て表現が独立しています．ですから，あらかじめ視野を局所的な場所ごとに分割しておいて，それぞれのコントラストを予測して，最後に組み合わせればいい．最初のモデルの学習の際には，ランダムな白黒画像を400枚程度見てもらいましたが，その画像からそれぞれのコントラストの値が計算できるので，その値を正しく予測できるようにデコーダをトレーニングしていったわけです．その結果を，そのトレーニングに使用していない画像に当てはめて，どれだけ一般化するかということを見ていったのですが，目で見て認識できる程度にデコードできるということがわかりました．

5 「大きな脳のモデル」としての AI

(1) 深層ニューラルネットワーク

　この視覚像再構成は 2008 年の研究で，当時「虚構新聞」というパロディのニュースサイトにも取り上げていただきました．われわれの研究結果を紹介した後で，別のチームが「脳内彼女」を再現したという話になるネタなんですけれども，ここからは，10 年前のこのネタにわれわれが現在どこまで近づいたか，という話をしたいと思います．

　AI をもうすこし積極的に取り入れようというのが，われわれの最近アプローチです．この 5 年，10 年で AI も非常に進歩し，大きな脳のモデルとして AI を使うことができるのではないかと考えました．つまり，今では，脳の視覚野の働きをある程度全体的に模倣する AI があるわけですが，それを使用して，脳の信号を AI の信号に変換する．一度変換すると，AI というのはコンピューターのモデルなので，実際に実験しなくてもいろんなデータの加工ができる．われわれが使っているのは「畳み込みニューラルネットワーク」(convolutional neural network) というものですが，ここからは「CNN」と略すことにします．DNN という用語もあるのですが，これは「deep neural network」の頭文字になります．

　例えば，チンパンジーの画像があるとしたら，出力が「チンパンジー」というカテゴリー名になります．これを実現するために，あらかじめ何千万枚という画像と答えをあらかじめ AI に与えておく．その答えが正しく出るように，ニューロンとニューロンの繋がりの重みのパラメータを変えていく．そうすると新しい画像を入れても，ちゃんと正しい答えが出てく

る.

　今ではタスクによっては人の認識能力を超えるような AI もできています．言わばブラックボックス的な処理で学習させるので，「中で何をやっているのかわからない」とよく言われますが，それを明らかにする 1 つの方法として，CNN の人工ニューロンが強く反応する画像を生成するテクニックがあります．

　1 個のニューロンがどういった情報を表現しているかを調べるために，ランダムな画像から入力を始めてすこしずつピクセルの値を変え，画像をニューロン活動が高くなるように画像をに変えていく．すると例えばバナナみたいな画像が出てくる．そこから「このニューロンはバナナの特徴を表現しているのではないか」という推測が可能になるわけです．

　そうやって調べていくと，この CNN の，入力に一番近い第一層と呼ばれるところでは，前述した線の向きに対応するような画像が生成されることがある．これが CNN の階層が進んでいくとだんだん複雑になっていくということもわかりました．

　サルなどの動物の脳についても同じようなことが知られていました．目から入った情報が大脳で最初に処理されるのは V1 で，なぜか V1 は頭の一番うしろにあります．V1 では線の向きやコントラストなど単純な特徴が検出されて，そこからだんだん前の方に情報が流れていって，処理が進んでいきます．処理が進んだ IT という部位には，顔を見せたときにだけ応答するようなニューロンが見つかります．動物実験で知られていたような階層的視覚特徴表現が，たくさんの自然画像で訓練した AI にも現れます．

（2）ヒトの脳と人工知能の相同性

　このような定性的な類似性だけでなく，もうすこし具体的なデータのレベルで，脳と AI の対応関係を見出せないかと考えました．人間に見せたたくさんの画像を見せながら脳活動を計測し，同じ画像を CNN にも入力して内部のユニットの信号値を調べます．脳活動と CNN の信号の対応関係を機械学習を使ってモデル化すると，脳活動信号から，同じ画像を与えたときの CNN の信号値を予測できることがわかりました．

これを脳とCNNの階層ごとに調べてみると，脳の低次層からはCNNの低次層がよく予測でき，脳の高次層からはCNNの高次層がよく予測できる．つまり，脳とCNNの階層が綺麗に対応することがわかりました．

(3) 深層イメージ再構成

こうしたものを利用して，視覚像再構成にもチャレンジしています．2008年の研究とは違い，自然画像を見せて脳活動を測り，それを既に学習済みのCNNの内部信号値に変換する．そして，その脳から変換されたCNNの内部信号値に近づくようにCNNへの入力画像のピクセル値を変えていく．このような形で，見ている画像を，脳からCNNを介して再現します．

ところで，村上春樹さんの小説『世界の終りとハードボイルド・ワンダーランド』に，これと同じようなことが書いてあります．「被験者に何かの物体を見せ，その視覚によって生じる脳の電気的反応を分析し，それを数字に置きかえ，……ドットに置きかえ」，「何度も補整し，細部をつけ加えていくうちに，それは被験者が見たとおりの画像をコンピューター・スクリーンに描きだす」というような表現があるのですが，われわれと同じようなことをしているようにも解釈できます．

画像のピクセルを少しずつアップデートしていくというプロセスを動画にしたものをYouTubeに公開しています（https://youtu.be/jsp1KaM-avU?si=NcjJspnrl9disa0o）．ピッタリ一致してはいませんが，なんとなくそれっぽいものが見えているのではないかと思います．このように，目など，主要な形や背景の質感などもある程度再現できています．

この方法では，色や輪郭などといったレベルだけではなく，さまざまな階層の情報を脳と合致させようとしているので，たとえ色や形などの細かい表現を再現することに失敗したとしても，テクスチャーや質感など中間的情報でマッチしていれば，なんとなく「見た印象がそれっぽい」というものが出てきます．

同じ再構成モデルを使って想起したイメージの再現も試みています．例えば，被験者にあらかじめ四角形を見せておき，脳のスキャナーの中で「あの赤い四角を思い出してください」と指示し，その際に計測した脳活

動を元に先ほどと同じ方法で画像を生成します．かなりプリミティブなものですが，単純な形であればある程度再現できます．想起したイメージを脳から取り出すということは，われわれがチャレンジしてもなかなかできなかったことでした．これがようやく最初の一歩というものなので，寛容な気持ちで見ていただきたいと思います．

(4)「注意を向ける」ことの効果

それから，注意を向けることの効果も調べました．2つの画像を重ね合わせたものを見せ，このどちらか一方に注意を向けるように被験者に指示します．そのときの脳活動から先ほどと同じ方法で画像を生成すると，どちらに注意を向けるかで，再現される画像が全然変わってきます．注意を向けた内容がよりはっきり反映された画像が生成されます．このことからも，再構成画像というものは，単にどういう画像刺激を見ているかということだけではなく，その人の心の状態に深くかかわっていることがわかります．

画像刺激と心の状態の違いという点では錯覚も興味深い現象です．例えば実際には線がないのに縦に線があるように見える錯視があります．この錯視画像をAIに入れて，それをまた画像に戻すと，刺激がほぼそのまま再現されるだけなんですが，錯視画像を見ているときの脳活動から，先ほどの方法で再構成すると，ちゃんと主観的な線が出てくる．

「ネオン・カラー・スプレッディング」という錯視があって，画像の一部に色が付いているだけなのに，色が広がって見えます．これを見ているときの脳活動を計測して画像を生成すると，やはり主観に対応した色の広がりが見える．このように，主観的なイメージを脳からAIを介して外在化することができます．

(5) 睡眠中の脳活動

それから睡眠中の脳活動も調べています．現状では論文にできるレベルではありませんが，なんとなくそれっぽいものが出てきます．しかし今はまだ，ここから明確な意味を読み取るということは難しい状況です．今，追加の実験や解析を進めているところです．

もしこれができたら，睡眠中の脳活動がどういう画像に対応するかということも調べることができます．われわれが覚えている夢というのは，前述した 2013 年の夢研究でもそうだったのですが，目覚めるほんのすこし前に見たものだけです．先ほどの睡眠の実験の例だと，大体 15 秒とか 20 秒ぐらい前の脳活動から解読したものが，起こした後で報告された内容と対応するのですが，それ以前のものはあまり対応しない．つまり起きる 30 秒ぐらい前に見ていた夢というのは，あんまり覚えていない．しかし，この方法を使えば，本人も忘れている夢の内容を解読できる可能性があります．

6 挿入型電極を用いた BMI

以上のことから，われわれが研究しているブレイン・デコーディングというものは，「身体を介さずに脳の言葉を世界の言葉に翻訳する」ことなのだと言うことができると思います．

一方で，「BMI」と略されるもので，「Brain Machine Interface」と呼ばれるものについての研究も盛んに行われています．

ブレイン・デコーディングと BMI の違いは，ブレイン・デコーディングは，必ずしもリアルタイムで出力することを目指していない一方，BMI はリアルタイムで出力することを非常に重要視している点です．

アメリカのジョン・ドナヒューという研究者たちのグループが，最初に人間に対して行った BMI のデモでは，脊髄損傷で首から下が動かなくなった患者さんが，頭に開けた穴から脳に剣山のような電極を 1000 本近く刺しています．これを介して，脳で念じてコンピューターのカーソルを動かし，図形を描いたりする．そして自分が何をしようとしているのかを一生懸命口で説明しています．このような BMI では必ずしもデコーディングが必要というわけではありません．自分が念じたことに対して，どういうふうにカーソルが動いているのかを見て，フィードバックを受け取ることができます．このフィードバックを通して念じ方を変化させることで，意図したとおりにカーソルを動かすことが可能になります．

BMI というものは，先ほどの「ボトルネック」のスキームで言うと，ボトルにたくさん口が開いているような状態なのだと考えることができま

す. リアルタイムで脳と世界を繋ぐ身体以外のチャンネルが開通した状態
と考えることができると思います.

われわれも実際に頭の中に電極を埋めて, BMI を開発する研究をして
います. すでに 10 例以上の研究を, 大阪大学の脳神経外科のグループと
行いました. アメリカの研究グループは, よく脳に直接電極を刺すことを
するのですが, われわれは「ECoG」という手法を用いています. これは
脳の表面に薄い電極シートをペロッと置くというものです. 脳に刺すこと
はしないので細かい信号は取れないのですが, 安定した信号を取ることは
できます.

被験者としててんかんや慢性疼痛の患者さんに多くご協力をいただい
ています. 臨床的な目的で埋め込む ECoG ですが, BMI のシステムに組
み込み, ロボットハンドを動かしたりします. fMRI などでは何秒も遅れ
るのですが, この方法では遅れなくできます.

データを解析すると, 実際に手の筋肉が動く 0.5 秒程前の段階で, グ
ー・チョキパーくらいの動作なら当てられる. つまり, じゃんけんに負け
ないロボットをこれで作ることもできるというわけです. 大阪大学では数
年前に, ALS の患者さんに電極を埋めた研究もしています. ALS という
難病はホーキング博士が罹ったことで有名ですが, 現状では脳外科的には
治療法がありません. この研究のためだけに, 頭を開けて電極を入れる研
究に協力してくださった患者さんがいます. この BMI でロボットハンド
やカーソルを動かすということはできます. ALS は患者さんによって残
存する運動機能のレベルにはいろいろとあり, この患者さんも舌でカーソ
ルを動かすことを日常的にされています. BMI を用いてその残存する運
動機能を超えるような運動を実現できるかというと, 現状ではまだすこし
厳しい. なかなかその壁を超えられない状態が続いています.

(1) 最近の話題：ニューラリンク（イーロン・マスク）

われわれも電極を細かくするなど, いろんなことをしていますが, BMI
の話題として最近一番ホットなのが, イーロン・マスク率いる「ニューラ
リンク」という会社のシステムです.

イーロン・マスクという人のことは皆さんご存じだと思いますが, 彼は

ある意味では AI 脅威論者です．AI に人間が支配されないよう，BMI で人間を拡張させようという，ちょっと独特な動機で BMI を研究している．先ほど紹介したドナヒューのグループの研究は 2000 年代初めぐらいのものでした．その 2000 年辺りに，アメリカではいろいろブレイク・スルーがあり，国のファンドも受けて，ドナヒューなどは会社を立ち上げて取り組んだのですが，結局上手くいきませんでした．会社もなくなり，国からのサポートもほぼない状態になって，たくさんの研究者が去っていったのですが，それらの有能な人をニューラリンクが引き受けたという側面があります．

ニューラリンクのシステムで凄いのは，糸のような電極を使うことです．先ほどのように剣山のような電極を使うと，やはり脳の組織を傷つけたり，すこし動くだけで同じニューロンから信号が取れなくなったり，さまざまな副作用があるのですが，彼らはミシンのような装置を用いて細い電極を田植えするように刺していきます．すると脳が動いてもそれほど場所が変わらず，脳の組織を傷つけることも最小限に抑えられるというわけです．

「NeuroPong」というデモでは，この細い電極がサルの脳に埋められているのですが，信号はワイアレスで送られるので，頭からケーブルが出ていない．手術した後，毛もまた生えてきていて，外見からは脳インプラントがあるとはまったくわからない．デモ動画では，サルが実際に手でジョイスティックを動かし，カーソル操作しているときの脳活動を計測しています．このデータを使って，運動意図と脳活動を対応づけるデコーダを訓練します．

デモの次のシーンでは，サルが手を動かさずに脳だけでコンピューター上のラケットを上下に操作して Pong（テーブルテニス）をプレーしている．体もすこし動いているので，脳だけで操作をしているのか疑問があるところではありますが，過去の研究でも脳だけで操作ができるということはわかっているので，おそらく体の動きと独立に脳で操作できていると思います．

以上のようなことが，既にできつつあるという時代が到来しています．

イーロン・マスクたちはこういうシステムを，もっと手軽なものにしようとしています．最終的には，レーシック手術並みの手軽さでできるよう

にすることを目指しているようです．初期段階ではALSや脊髄損傷の患者さんのような，運動機能を再建に必要な人が使うことになるでしょう．しかし，例えば，BMIを使うと10倍の速さでスマホに文字を打ち込めるようになったりすれば，健常者もBMIのための脳インプラントを受け入れるようになるかもしれません．脳外科の先生によると，それほど大変な手術ではないということです．まさにレーシック並みに，普通の人が脳にインプラントをして，外見ではまったくわからないということにもなる．体に埋め込んだ電池を使うこともできますし，ワイアレスにパワーを供給したりすることもできるでしょう．外見ではまったくわからないけれど，街を歩いている人の何％かは，頭にインプラントを入れている，そういう時代が来るかもしれません．

7 脳に情報を書き込む技術

　ここまで話してきたのは，主に脳から情報を読み取る方法でしたが，脳に情報を書き込む技術についても，現在開発が進んでいます．

　昔から電気で脳を刺激する方法はありましたが，光を当てて細胞のイオンチャンネルを操作する光遺伝学という画期的な技術も生まれています．現在では，光を受け取る細胞に障害のある患者さんの網膜に，こういうチャンネルの遺伝子を導入するといったことが試みられています．外から光を当てるだけで脳の特定の部位を刺激することもできる．こういった技術を使うと，脳から読み取った情報をもとに別の脳を刺激することで，脳と脳の通信ができそうではありますが，難しいのは，個人間で脳のパターンが異なるということです．

　ここまでの話のなかでしっかり説明できていませんでしたが，デコーダを訓練するデータとテストするデータは同じ被験者のものです．ですから，視覚像を再構成するためにはそれぞれの被験者に，あらかじめ何時間もかけて1000枚くらいの画像を見てもらう必要があります．その人のために訓練したデコーダというのは，そのまま他の人には使えません．

　今，そこをなんとかしようといろいろ研究しているのですが，なぜ使用できないかというと，同じ画像を見せても人によって脳の活動パターンが異なるからです．脳の後ろの方が活動するというところでは似ているので

すが，細かいパターンはＡさんとＢさんでまったく違うわけですね．それはある意味当然のことで，頭の形も大きさも違うわけだし，脳のニューロンの繋がり方というのは，経験によって決まってくるわけで，まったく同じ遺伝子を持った双子であっても，おそらく脳の活動パターンというのはだいぶ異なると思われます．なので，そのままモルフィング（画像を加工する技術のひとつで，2つの画像を合成させて中間状態を作り，一方の姿形から他方の形へと変形していくような操作）のようなことをして，脳の溝を合わせてグニャッと変換するだけでは，なかなか内容まで対応付けることは難しいのです．

(1)「脳コード変換器」

　この問題に対処するため，われわれは，「脳コード変換器」の研究をしています．これは，ＡさんとＢさんに同じ画像を見せて，その画像を表しているＡさんのコードはこれ，Ｂさんのコードはこれ，というふうに考え，同じものを見ているときに，どういう脳の状態になるのかをＡさんからＢさんに変換する，というものです．

　こういうことができるようになると，例えば，あるみかんを見ているときのＡさんの脳活動パターンがこれであるなら，同じ内容をＢさんが見たときはどういうパターンになるか，ということを導き出せるわけです．その後，変換したパターンで脳を刺激できれば，このイメージをＡさんからＢさんに伝達できるかもしれません．そこまで実現することができなくても，各個人でデータをたくさん取って，デコーダをトレーニングして，という制約から逃れることはできるかもしれません．

　この方法で，個人間の視覚像再構成ということもできるようになりました．今まで，新しい被験者を調べる際には，10時間ぐらいかけて訓練データを取る必要があったのですが，コンバーターが学習するための30分から1時間程度のデータさえあれば，今までに取った他の人のデータを使って，再構成できるようになりました．

　いずれ脳情報通信というものが重要になる世界が訪れるかもしれません．最初のステージはおそらくデコーディングで脳の信号を画像に変換する，あるいは文字や音声などという物理的な情報に変換して，それを受け取る

側は通常の感覚器官を通して理解するということになると思います．次の
ステージでは，先述のように脳コード変換で計算したパターンで脳を刺激
し，脳から脳にイメージや意図を直接伝達するといったことが起こるかも
しれません．

(2) 心はプライベートな聖域？

　ところで，こういった議論のなかで，「心というものはプライベートの
聖域だから，そんなことをしてはいけない」とよく言われます．もちろん
危険な面があるかと思いますが，「でも本当に聖域なのか」ということを，
立ち止まって考える必要があると思っています．

　清水玲子さんが書かれた『トップシークレット』という漫画があります
が，これは警察の科学捜査研究所が舞台で，その世界では死体の脳に電気
刺激を与えるとその死体が死ぬ前に見ていた映像が再現できるという技術
が開発されています．

　プライバシーというのは結構最近になって生まれた概念で，「一人にし
ておいてもらう権利」とか，「自己情報コントロール権」とも言われます．
こういったものが確立していく契機となったのは，19世紀後半のイエロ
ージャーナリズムの進展だったと言われています．つまり，スキャンダル
を巡る状況です．さまざまなプライバシーが明かされたり，嘘の情報がば
らまかれたりするような状況に対抗するため，プライバシーという権利が
確立されていったそうです．

　プライシーと対になるものとして情報化や情報化社会という考え方があ
ります．プライバシー権がメディアの情報力に対抗するという側面がある
一方で，情報技術の発達によって，情報にかかるコストが大幅に下がるこ
とでわれわれが恩恵を受けることもある．さらに，「脳」情報化社会とい
うものが実現するとすれば，身体を介さない情報通信技術によって，心や
脳の状態に関する情報を手に入れたり発信したりする費用が劇的に低下す
ることが予想されます．

　われわれにはプライバシーを守りたいという欲求がありますが，その一
方で，情報化の恩恵を受けたいという思いもある．その起源を考えると，
プライバシーというのは「内部状態を他者に知られて出し抜かれると生存

に不利である」ということがあると思います．一方，情報化の要求というのは「自分の内部状態を相手に知らせることで協力関係を築く」という側面もあるわけです．

プライバシーが行き過ぎると「囚人のジレンマ」状態になり，協力関係が築けなくなり，極端かもしれませんが，戦争に繋がる可能性もある．一方で情報化が行き過ぎると，「思考盗聴」とか「管理社会」に繋がってしまう．

(3)「私」もまた変化していく

脳からさまざまな情報が身体を介さずに発信されるときに，「私」というものについての考え方も変わっていくのではないかと思います．「私1.0」と私が名付けているのは，近代的な「私」，「自我」の考え方です．つまり個人には他者にアクセスできない「私」だけの聖域があって，「私」のことは「私」がもっともよく理解しており，他の物理的な状態と関係なく「私」の中で自由意志というものが起こり，それゆえ自分の行為に対しては責任を持たなければならない．これは近代社会の前提で，例えば犯罪だと，意図的な行為に関しては，刑法で重く罰せられるわけです．

一方で，「私2.0」と名付けたものが，現代の神経科学・認知科学が示唆する「私」観です．最近，脳科学や心理学などの分野では，再現性の問題などがいろいろとあって，この考え方については一部の基礎がかなり危うくなっているのですが，脳内に複数の意思決定のプロセスがあるのだとよく言われています．ダニエル・カーネマンの本にあるように，"First and Slow"「早いプロセスと遅いプロセス」というような言い方をすることもあります．ヒトの脳や心には潜在的にいろんなプロセスが走っているという考え方です．つまり，「私」も自分のことをそんなに理解できていない．自由意志というものもなくて，むしろ出力を通して「私」を再構築して理解している側面も大きいのではないかと言われています．

そして，次の「私3.0」が，脳情報通信技術が生み出すかもしれない「私」観です．脳の内部状態としては2.0と一緒なのですが，外界へのチャンネルが身体以外にも開いてしまうわけです．すると，脳の複数の部位から脳の情報を解読して外部に接続することができる．これが可能になれ

ば，今まで身体というボトルネックがあるがゆえに統一されていると考えられてきた「私」という存在が消失してしまう，というようなことになるかもしれません．

8　異なる Umwelt を共有できるか

　私はこういった技術をアートへ応用する活動もしています．ピエール・ユイグという，現代を代表するコンセプチュアル・アーティストと一緒に活動しています．

　2018 年にロンドンのサーペンタイン・ギャラリーで開催した展覧会では，われわれが作成した脳内イメージの動画が巨大な LED ディスプレーに映し出されました．ここに現代アート的ひねりが加わっています．その会場にハエが何千匹も放されていたのです．つまり，「AI を使って脳から解読した人の心の状態を，ハエが見ている」というアートです．

　この作品には「UUmwelt」というタイトルが付いています．「U」が 1 個多い．これはつまり，「Un-Umwelt」という意味です．「U」が 1 個の Umwelt とは何かというと，それぞれの生物が違う感覚器官を持っていて，違う世界の見え方があるというような考え方です．で，「UUmwelt」はそれを否定している．ボトルのたとえでいうと，ハエとヒトのボトルが繋がって中身が通じ合っているような状態を示しています．というより，「心の内と外」という考え方自体に疑問を投げかけているものかもしれません．

　イギリスのロックグループのアルバムジャケットに，われわれの脳内イメージ画像を使ってもらったりもしています．"SQUID" というアーティストなのですが，今注目されていますので，よかったら聴いてみてください．Rhizomatiks の真鍋大度さんとも活動をしていて，イメージと音を脳を介して行き来するような作品を構想しています．

　脳は，それ独自の仕方で世界を表現しています．その脳内表現を外在化し，他者と共有することで，今までの身体を介する方法ではできなかった芸術表現ができるのではないかと考えています

Q&A　講義後の質疑応答

鈴木：グレーター東大塾の副塾長を務めている鈴木です．研究に関する大変刺激的なお話をありがとうございました．

　私は科学史・科学哲学研究室に所属していますが，もう15年ほど前になりますが，脳神経倫理学のプロジェクトをしていたとき，やはりこのデコーディングの問題もいろいろ調べたりしていまして，実は神谷先生にも駒場で講演していただいたことがあるんです．今日はそのときに聞かせていただいた研究のお話から，さらにデコーディング技術が進んでいるということを知ることができ，非常に感銘を受けました．特に後半の，脳コード変換器といったことにまで話が進んでいるということには，なかなかびっくりしました．

　2つほどコメントと，質問をさせていただきたいと思います．

　神谷先生が研究をされている主なテーマは視覚のデコーディングということですが，さらにその先に行って，脳から脳への情報の受け渡しというところまで，ある程度理論的な見通しがついているというのは驚くべき話でした．ただ，他方で視覚というものは，初期の過程では，網膜に映ったものを空間的なパターンを保ったまま，情報を表しているので，デコーディングしやすいところがあるのかと思います．デコーディングというところで言うと，より抽象的な情報というか，人が見ているものよりも考えていることを読み取るというようなことが，気になることだと思います．そういった，より抽象的な内容のデコーディング，あるいは視覚以外のデコーディングに関して，どういった見通しがあるのかということを，1つ伺いたいと思います．

　2つ目はコメントになりますが，後半の「人間の心に不透明な部分がある」というお話は，最近では哲学者もさすがにかなり認めているところです．他方で，やはりこのデコーディングということを考えると，その不透明な心の部分を第三者が読み取って，「あなたはこういうことを考えているんだ」という情報を提示したときに，われわれはそれをどう受け止めればいいのかということが，なかなか難しい問題になってくるのだろうと思います．

実際に，インプリシットバイアスの研究が最近よくなされているのですが，それは例えば通常の行動とか言動の上では人種的な偏見がない人であっても，かなり特殊な実験的な状況に置かれると人種的な偏見があるような反応を示す，といった研究で，ここ10年，20年ぐらいの間に盛んになされており，アメリカなどでは結構議論になっています．

そのように「実はあなたには隠れた偏見があるんだ」ということがデコーディングなどを使うことで明らかになる，あるいは「あなたは自分では気付いてはいないんだけれども，こういうことをしたいと思っているんだ」というようなことが読み取れるようになると，そういった情報に対してどう対応したらいいのかということが問題になってくるのかなと思います．そのことについては私も関心のあるところですので，今度話をさせていただくのですが，その時にも少し考えられたらないいと思っています．

A（神谷）：ありがとうございます．後半のお話ですが，まさに夢の情報についても，本人が覚えていない夢を読み解ける可能性はあるのですが，現状としてはやはり精度がそれほど高くないので，自信を持って「脳がこういう状態なのであなたはこういう夢を見てたはずです」とまでは言えません．しかし，今後ある程度精度が上がり，さまざまな証拠が積み上がってきて，「脳が明らかにこういうのを見ている状態に近い」と言えるようになった場合に，それをどう使うかというのは非常に難しいところがあると思います．

それからインプリシットバイアスや，「IAT」という方法ですが，ああいったものはそもそも再現性や信頼性が低いという話もあったり，それなのにアメリカでは盛んに人事評価などに用いられたりしていることがあって，一部で問題になっています．やはり，かなり証拠を積まないと，なかなか「あなたの心は実際にはこうですよ」ということは言えないかなとは思います．

前半の視覚以外の話についてですが，例えば言語やスピーチの内容を脳から解読するということは，末梢レベルではありますが，今，研究が進んでいます．文章を読んでいるときの脳活動から文章を再現するという研究も進展はしています．GPT–3やTransformerといった最新のAIを使うと，

やはり中間層で脳と似たような表現が見つかることがあります.

そういうことを通して,脳の理解も進んでいくと期待しています.人が考える言語学的な仕組みがそのまま脳の中にあるわけではなく,言葉や音声がAIのニューラルネットワークの中で変換される際の中間的なグニャッとした表現が脳とうまく対応付けられたりするのではないかと考えています.AIを使って試行錯誤をしているうちに,あるAIの中間層の表現が,たまたま脳に似ているということも起こり得る.ちょっと運頼み的なところもあるんですが,人工的なシステムが,脳の表現とピタッと合って,そこから爆発的に何かが進む,という可能性はあると思います.

Q:大変興味深いお話をどうもありがとうございました.

神経内科医をしているのですが,BMIについて,すこし疑問に思ったことがありました.両側の脳幹の脳梗塞で閉じ込めになったり,またはALSが進んでいって眼球運動のみ保たれているという状態になっている方にお会いする機会があるのですが,結局,開閉眼で "Yes" "No" をしてもらってわかっているかどうかを判断しようとしてもあまりはっきりしなかったり,視線入力のデバイスをALSの方に用いようとしても,もともと機械に慣れていない方だとちょっと拒否的になったり,誤作動でストレスが溜まったりして,もどかしさを感じていました.

今日は「身体はボトルネック」という言葉を,非常に実感をもってお聞きしたのですが,ALSの方のBMIというところで,元気で体が動くころに,感覚運動野であったり活動パターンなりを見て記録しておき,デコーディングのような形でデバイスの運動に活かしたりする,ということは今後どのくらい可能になっていくのか,ということをお聞きしたいと思います.

今,患者さんが元々の声を音声デバイスに収録するための入院をされていたりするのですが,そういうときに,ちょっと一緒にできたら素敵かな,と思ったのと,体がだんだん動きづらくなったり,代替する運動に置き換えていっている内に,「手に第6の指を付けて」みたいな話をちょっと聞いたことがあるのですが,「体の表象」というか,そのパターンというものは,1人の中でも変わっていってしまうものなのか,その辺りをちょっ

とお聞きしたいと思います.

A（神谷）：後半のお話ですが,「体の表象が変わるか」ということで, 3本目の腕を動かすという BMI も研究されているのですが, 動物実験でやろうとすると, なかなか上手くいかないということが言われています. やはり「既存の表象を使い回す」ことのほうが容易で, 第3の手の動きを新しい脳活動パターンと結びつけるのは, なかなか難しいようです.

　今日は「脳は身体より自由度が高い」という側面を強調しましたが, 実際には, やはり身体にかなり制約されている面があります.

　それから前半のご質問は, ALS の方に対して, BMI のために事前にパターンを記録するというようなことが可能かということでしたが, それができたら研究としては面白いと思うのですが, 実際のケースはあまり聞かないですね.

　自分の脳のマッピングしていた研究者が交通事故に遭って腕を失くし, その後, 脳の指の表象に対して磁気刺激をしたら, 失った指が感じられた, という話はあります. それと似たような感じで, あらかじめ健常な状態の脳をマッピングしておくというのは, 1つのやり方だとは思います.

　現状できる方法としては, 先ほどお話ししたように, 完全にフィードバックで学習していくか, 患者さんにイメージしてもらう, ということですかね. 最近だと, 文字を伝達するのに, ことばを視覚的・聴覚的にイメージするのではなく,「手書きで文字を書いているイメージをしてください」というふうにすることで, 実際に患者さんの脳から文字の解読ができたという研究もあります.

III　技術と倫理

第8講

計算論的精神医学の可能性

川人光男

ATR 脳情報通信総合研究所所長
（株）XNef 代表取締役社長 CEO
AMED 戦略的国際脳科学研究推進プログラム「脳科学と AI 技術に基づく精神神経疾患の診断と治療技術開発とその応用」代表
理化学研究所革新知能統合研究センター特別顧問
情報通信研究機構（NICT）脳情報通信融合研究センター（CiNet）副研究センター長

川人光男（かわと みつお）
1976 年東京大学理学部物理学科卒業．1981 年大阪大学大学院博士課程修了，同年助手．1987 年同講師．1988 年（株）ATR に移る．2003 年より ATR 脳情報研究所所長，2004 年 ATR フェロー，2010 年より ATR 脳情報通信総合研究所所長．専門は計算論的神経科学．
2016 年より理化学研究所革新知能統合研究センター特任顧問，2018 年より特別顧問．2018〜2024 年 AMED「戦略的国際脳科学研究推進プログラム 3-①脳科学と AI 技術に基づく精神神経疾患の診断と治療技術開発とその応用」研究開発代表者などを兼任，10 年以上にわたり国プロで脳研究の精神疾患診断・治療への応用研究開発に携わってきた．
科学技術庁長官賞，塚原賞，時実賞，朝日賞，APNNA 賞，Gabor 賞，大川賞，立石賞特別賞，C&C 賞，令和 4 年日本学士院賞などを受賞．2013 年紫綬褒章受章．
2017〜2023 年日本学術会議会員．著書に「脳の仕組み」，「脳の計算理論」，「脳の情報を読み解く」等．

1 「少数のサンプルから学習をするための仕組み」としての認知機能

(1) 人にとっては簡単なタスクがこなせないロボット

今回は「計算論的精神医学の可能性」ということで，「計算論的神経科学から出発し，精神医学，発達障害や精神科の疾患にどう迫ることができるか」というお話をしたいと思います．

アメリカのファンディングエージェンシー DARPA の Robotics Challenge の最終競技会のビデオをお見せします（著作権がないので写真は載せられませんがネット検索すれば容易に見つかります）．「福島原発のようなディザスタにおいて，人の代わりに調査や修理や救助などをヒト型のロボットにさせられないか」ということで，DARPA が世界中の大学や研究機関に研究費を出して，数年間の研究開発期間の後に，8つのタスクをこなすヒト型のロボットとその制御方式を各研究機関が発表し，2015 年に最終の競技会がありました．人であれば，恐らく4歳，5歳の子どもでもできるような8つのタスクです．たとえば，「バルブを摑んで回す」というタスクをこなすはずが，バルブを摑めずに自分を回してしまいました．日本代表は不思議な鯖折り状態になってしまいました．

こうした比較的簡単と思われるタスクを行えず，世界中から選りすぐったこれだけ多くのロボットが次々に倒れました．すべてのタスクに成功したロボットも 1／3 程度ありましたが，人間のだいたい 10 倍くらいの時間がかかっています．たとえば，碁に関して言えば，人のチャンピオンを遥かに超えるくらいに今の AI は進歩していますが，こうしたロボットの感覚運動制御ではどうしてこれほど惨めな結果になるのでしょうか．

(2) ロボットは学習できないのか

一言でいうと，学習用の訓練データを非常にたくさん持っていないと，現在 AI の中心のディープニューラルネットワークは使えません．ところが，ロボットは一回こけると故障してしまいますから，数千万回こけさせることはできないわけです．それでは「ロボットは学習できないのか」というと，そういうわけでもありません．

20 年も前になりますが，現在は OIST（沖縄科学技術大学院大学）教授の

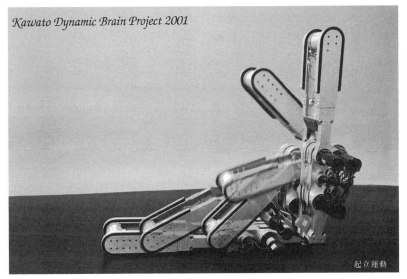

写真1

　銅谷賢治さんと，現在ATRの室長と京都大学教授を兼任している森本淳さんが行った「強化学習」の研究結果があります．「頭を高く上げると，報酬がもらえる／こけると，罰がくる」という報酬と罰だけからロボットは学習しました．実際には100回くらいしか動いていませんが，このように頭の高さを一番高いところまで上げて自分で立てるようになりました（写真1）．

　しかし，ここでは人間がいろいろな仕組みを最初から入れてしまっています．いろいろな仕組みを人間ではなくてロボットが全て学習するのは未だに非常に難しいです．先ほども申し上げたように，アルファ碁などは人間のチャンピオンを遥かに凌駕するような能力を出します．ですが，Googleとカリフォルニア大学バークレー校の共同研究では，たとえばロボットに物を掴ませようとする場合，14台のマニピュレータを数カ月間動かし続けて訓練用のデータを取って，やっと簡単な物体の摘み上げをできるという状態です．なかなか人の学習能力，特に視覚運動能力に近づくようなロボットは出てきません．これが現在のAIの大きな限界になっています．現在のAIは，画像やテキストといった，ネット上で比較的たくさん訓練用データが手に入るような問題に関しては強力ですが，ロボット

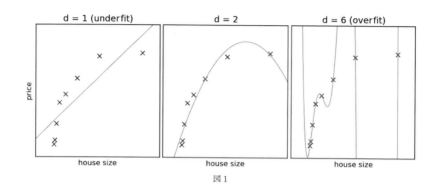

図1

制御のような現実の問題に関してはなかなか上手くいきません．

(3) 汎化誤差を小さくするために必要な訓練データは膨大

　非常に簡単に申し上げると，現在のAIはカーブフィッティングです．図1に二次元でデータ点が書かれていますが，$y=ax^2+bx+c$という二次多項式にノイズを乗せた訓練データがあったとします．線形の一次多項式ではバイアスが出てきて，上手くフィットできません．二次の多項式を使ってあげれば，このようにフィットできますが，六次の多項式を使うと，全てのデータ点を通りますが，カーブが大暴れしてしまいます．

　機械学習やAIの世界では，汎化誤差という見たことのないテストデータに対してどれだけの誤差が出るかという量がとても大切です．モデルをどんどん複雑にする，つまりパラメータの数を増やしていくと，学習データに対する誤差はいくらでも小さくなりますが，ここから（図2の縦線）はoverfitの状態になって，見たことのないテストデータに関してはかえって誤差（汎化誤差）が大きくなります（図2）．

　汎化誤差eは，機械学習のアルゴリズムが持っている自由度dを訓練データの数nで割ったものになります（汎化誤差$e=d/(2n)$）．たとえばディープニューラルネットワークや人の脳であれば，dはシナプスの数だと思われます．ということは，ディープニューラルネットワークでは，このdはだいたい数千万個の人工シナプスがありますから，nは数千万あるいは数億必要になるわけです．dが数千万あるのに対してnが100しかなければ，それは汎化誤差が非常に大きくなって，役に立たないAIになりま

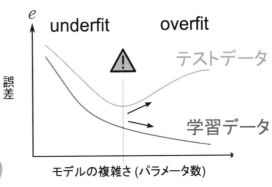

図2

す.ですから,学習データの数が膨大に必要,データ貪欲ということが,現在主流のAIの最大の特徴でもあり,最大の欠点でもあります.私たち人間の場合,数千万の訓練データで学習をするということは,ほとんどありえない状況ですので,この点で人間の学習とは本質的に違います.

(4) 少数サンプルからの学習はどのようにして可能になるのか

というわけで,汎化誤差 $e=d/(2n)$ は,ある数学的な仮定のもとに得られているものですが,「脳,さらに言えば未来のAIは,どのように少数サンプルから学習を可能にできるのだろうか」ということで,いろいろな立場の人がいろいろな議論をしています.

ATRの中でも,機械学習が専門で数理的な背景の研究者たちは「スパース事前分布」を仮定して,実際にはたくさんある自由度の中から本当に必要なものだけを選んでくる,「スパース推定」という方法があるのですが,そのアルゴリズムを開発しました.あるいは他の方法として,先ほどの起き上がりロボットの例にあったような階層強化学習という仕組みの中で自由度 d を実質的に下げる方法もあります.脳の中では複数のニューロンがほとんど同じ時刻に同期して発火するというシンクロナイゼーションという現象がありますが,これは実質的に d を下げているのだろうと考えられています.

認知科学・心理学で「メタ認知」や「意識」は重要な研究課題です.科学的にもかなり面白いと思われる人間の認知機能が,実は「少数のサンプ

ルから学習をするための仕組み」ではないだろうか，と私たちを含めいろ
いろな方たちが言い出しています．今回はこの点を意識しながら計算論的
精神医学の話をしていこうと思います．

2　計算論的神経科学における小脳理論

(1) 計算論的神経科学の定義

「計算論的神経科学」については，いろいろな定義があります．神経科
学をやる上でコンピュータを使うと，それは「計算論的神経科学」「コン
ピテーショナルニューロサイエンス」と言います．ですから，「コンピテ
ーショナルな部分」「コンピュータ」と言えば，「計算論的神経科学」にな
ってしまいます．ですが，これは私から見て一番つまらない定義です．

長い説明ですが，「脳の機能を，その機能を脳と同じ方法で実現できる
計算機のプログラムあるいは人工的な機械を作れる程度に，深く本質的に
理解する」と私は定義しています．

この定義から「脳と同じ方法で」という部分を取り去って，「脳の機能
を計算機のプログラムあるいは人工的な機械で実現する」という部分だけ
を見ますと，実は人工知能やロボティクスの研究になります．「計算論的
神経科学」というのは脳の仕組みを明らかにするわけですから，同じ原理
で問題を解かないといけないということになります．

しかし，こうした面倒くさいことを全部消してしまって，「脳の機能を
理解する」という部分だけを見ますと，神経科学あるいは脳科学の定義で
す．ですが，計算機構を客観的に調べてそれを証明するということは大変
難しいので，どうしても物質や回路や場所など，生物科学的な研究でやり
やすい方面に研究の主流がいってしまいます．そのため，私たちは「難し
い問題を正面から取り扱いましょう」ということで，「脳の機能を，その
機能を脳と同じ方法で実現できる計算機のプログラムあるいは人工的な機
械を作れる程度に，深く本質的に理解する」という大それた目標をおいて
いるわけです．

(2) 小脳の学習に必要なサンプル

酒井邦嘉先生の大先生と言いますか，宮下保司先生のさらに先生だった

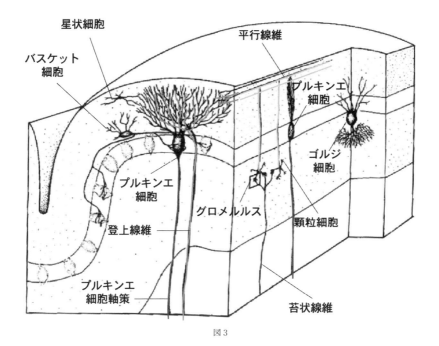

図3

　伊藤正男先生の小脳の研究に私は大きな影響を受けています．私が大学院生になる直前の1970年頃にデビッド・マー，伊藤正男先生，それからジェームズ・アルバスが，小脳の回路に関して学習理論を提案されました（図3）．一言で言うと，「小脳の中のプルキンエ細胞に，登上線維と平行線維という二つの入力が同時に届いたときに，平行線維からプルキンエ細胞へのシナプスの伝達効率が変化して，それが小脳での学習の基礎過程になっている」というお考えでした．

　私が研究を始める上で，この理論に大変影響を受けましたが，「このシナプスがどのくらい膨大であるか」ということを頭に入れていただくと，先ほどのディープニューラルネットワーク，AIでは大変な量の学習データが必要になるということの意味がわかると思います．小脳の学習で最も大事だと思われる，平行線維からプルキンエ細胞へのシナプスについては，プルキンエ細胞がそもそも1,500万個あり，シナプスの数は10兆個あるわけです．先ほど申し上げた，シナプスが10兆個あれば1,000兆個の学習サンプルが必要ということから計算してみましょう．100日間学習を続

可塑的なシナプスの数と、
必要になる学習サンプル数

	ニューロン数	シナプス数
平行線維ープルキンエ細胞シナプス	15 million	10,000 billion
苔状線維ー顆粒細胞シナプス	50 billion	200 billion
苔状線維ーゴルジ細胞シナプス	5 million	5 billion
プルキンエ細胞ー小脳深部核細胞シナプス	500 thousands	5 billion

大きな数の可塑的なシナプスは、より容量の大きな学習能力を意味するが、それだけ多くの学習サンプル数が必要になる

100days x 24hrs x 3,600secs x 1KHz = 10 billion 学習サンプル

図4

けるとします．1日24時間学習を続けます．1時間の間に休まずに3600秒学習します．しかも1秒間に1KHz，千個の割合で学習サンプルを取ります．それでも，取れる学習のサンプル数は100億に過ぎません．10兆個のシナプスがあると，私たちにはシナプス数に見合ったサンプル数がとても用意できないということが小脳の例からもわかるわけです（図4）．

---

(3) 小脳の「フォワードモデル（順モデル）」と「インバースモデル（逆モデル）」

　私は，伊藤正男先生の理論に大きな影響を受けて，小脳の中に「フォワードモデル（順モデル）」と呼んでいる内部モデルと「インバースモデル（逆モデル）」というモデルの2種類あると考えました（図5）．「順」と「逆」と言いますのは，運動制御では手足を動かさないといけませんが，そういった手足と同じ入力出力の方向性を持っているものを「順モデル」と呼び，それと逆の入出力の方向性を持っているものを「逆モデル」と呼びます．これはかなり概念的，計算論的な考え方です．

A フィードバック制御

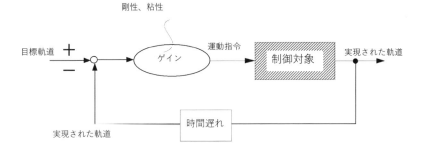

B 逆モデルによる前向き制御

図5

　「このようなモデルが本当に小脳の中にあるかどうか」について，私は非常に幸運なことに，河野憲二さん，それから竹村文さん，山本憲司さん，小林康さんといった方たちと共同研究をすることができました．彼らは猿の小脳のプルキンエ細胞から実際にニューロンの活動（スパイク）を記録しました．出てきたスパイクの時間的なパターンを見ますと，先ほど申し上げた順モデルあるいは逆モデルといった考え方でよく説明できます（図6）．その他，いろいろ重要なことがわかってきましたが，これは神経科学の小脳の内部モデル理論に関する細かいことなので，これ以上は申し上げません．ただ，実際に猿の小脳から記録を取ってこういった理論を検証することができる，そのデータによって理論がかなり支持されるということは申し上げておきます．

(4) 小脳理論のこれまでとこれから

　小脳の理論的な研究は，1970年頃に伊藤先生らの学習理論で始められたわけですが，小脳が関わっている運動にはいろいろなものがあり，その中でも眼球運動がよく調べられています．眼球運動については，「伊藤正

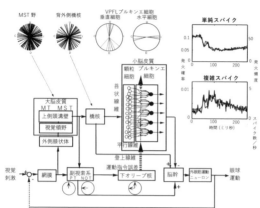

Yamamoto K, Kobayashi Y, Takemura A, Kawano K, Kawato M: Computational studies on acquisition and adaptation of ocular following responses based on cerebellar synaptic plasticity. *Journal of Neurophysiology*, **87**, 1554-1571 (2002).

図6

男先生の考え方と内部モデルが正しい」と世界的に認められていると思います.

　しかしながら，たとえば手足の運動や全身運動，歩行運動，それから小脳は運動だけではなくて認知機能にも関わっているということがわかってきていますが，これらに関してはまだまだ理論の発展が必要です．と言いますのは，最近のカルシウムイメージング，あるいはオプトジェネティクス，ケモジェネティクスといった新しい神経科学の手法で小脳研究が大変進んでいますが，その中で，「小脳の中に報酬の信号がある」「報酬を予測する信号がある」「小脳のモジュール同士が誤差信号を直列で計算している」など，いろいろな新しい発見があったのです．50年前の伊藤正男先生の理論は偉大でしたが，最近はその理論をもう少し発展させる必要があると感じます．

　堤新一郎先生，喜多村和郎先生らから，マウスが音の高低を聞き分けて，なめる（液体報酬を飲む／飲まない）という Go/No-Go 課題を学習しているときのデータを提供していただき，そのデータを調べました．そうしますと，報酬に関わる信号が内側部の Ald-C negative ゾーン（Ald-C というのはある酵素），一方，なめるための同期運動指令は Ald-C positive ゾーンに分布し，課題にとって最も大事な認知誤差信号は外側部に分布することがわかりました．最後の3つめの成分が，私たちの小脳学習理論が予測す

る性質にぴったり合っていました．高次認知に関する誤差信号が登上線維入力で表現されているのです．3つめの成分については，同期発火と反応が認知学習とともに減少していくということがわかりました．これは私たちの小脳理論で予測したとおりです．小脳についてこれからも理論と実験はどんどん進歩していくと期待しています．

3 デコーディッドニューロフィードバック

(1) ブレイン・マシン・インターフェースとは

さてここで少しギアを変えて，「ブレイン・マシン・インターフェース」のお話をしたいと思います．最近では「ブレインテック」と言いまして，TESLA の CEO，イーロン・マスクが「ブレイン・マシン・インターフェース」の分野に巨額の投資をしました．そのため，神経科学の「ブレイン・マシン・インターフェース」という用語よりも，イーロン・マスクのニューラリンクが宣伝している「ブレインテック」という表現を一般の方はご存知なのではないでしょうか．

神経科学では既に何十年もの歴史のある「ブレイン・マシン・インターフェース」を一言で定義しますと，「脳が持っている感覚・中枢・運動の機能を電気的な人工回路で置き換え，繕って補う，あるいは壊れたものを再建する」，あるいは健常者の場合「スーパーマンの能力を与える（増進する）」といったものです（図7）．

(2) ブレイン・マシン・インターフェースの事例

このような言い方をしますと，ブレイン・マシン・インターフェース（BMI）はサイエンスフィクションに出てくる夢のような話と思われるかもしれません．ですが，ブレイン・マシン・インターフェースの例として，人工内耳があります（写真2）．内耳には有毛細胞という音を電気信号に置き換える感覚器官があります．しかし，ヘレン・ケラーのようにこの感覚器官が生まれつきない方，あるいは高熱を出してこの感覚器官を失ってしまった方の場合は，音から電気に変換する機構が神経系にないので，いくら補聴器をつけてもどうやっても，耳が聞こえません．そういった方のためにマイクロフォンで音を採ってきて，その音を数十の周波数に分けて，

脳の感覚・中枢・運動機能を電気的人工回路で補綴・再建・増進

図7

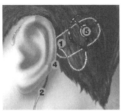

人工内耳

人工感覚型BMI
- 人工内耳　　コクレア社
- 人工視覚　　ドーベル研究所
- 人工網膜 Argus II
- 人工前庭器官

写真2

それに基づいてあるアルゴリズムを使い，残されている聴神経を刺激します．世界で何十万人という方が聴覚を取り戻しています．人工内耳は感覚型 BMI の一つです．ほかには人工網膜や人工視覚などがあります．人工網膜は実用化されましたが，なかなか広まっていません．

　ブレイン・マシン・インターフェースは日本でも盛んに研究されてきました．私が代表者をつとめた脳科学研究戦略推進プログラムの BMI 課題 A では，慶應義塾大学の先生方が，脳波を使った脳卒中後のリハビリテーション BMI を開発されました．手首のリハビリテーションは非常に上手くいきました．ATR では全身の姿勢制御，歩行のリハビリテーションをするために，ここでお見せしているようないろいろなロボットを開発しました（写真3）．特に，上手く歩けない人のために体全体を支える外骨格ロボットという体に沿わせて付ける人工筋肉（空気圧で張力を発生するような人工の筋肉）ロボットを開発して，「ブレイン・マシン・インターフェース」リハビリテーションの研究開発を行ってきました．

リハビリテーション用外骨格ロボット

Behaviors of the exoskeleton robot

Interface to control the exoskeleton robot

写真3

(3) デコーディッドニューロフィードバックとは

　こうした「ブレイン・マシン・インターフェース」の研究の中で，一つ非常に面白かったことは，脳から情報を読み取って，それをロボットなりコンピュータなりで脳にもう一度戻してあげると，脳そのものが可塑的な変化を起こして学習するということです．「ブレイン・マシン・インターフェース」には，そのような「ニューロフィードバック」という非常に重要な要素技術があります．「ニューロフィードバック」だけを純粋に取り出すと，神経科学の新たな道具になるかもしれないし，精神疾患や発達障害の治療にも使えるのではないかと期待できるわけです．その考えに基づいて，私たちが開発した手法が「デコーディッドニューロフィードバック」という方法です．

　「デコーディング」とは，最初に話したようなAI・機械学習の方法を使って，脳の中にある活動パターン，神経活動やfMRIのボクセル活動があったときに，このパターンが何を表しているのかを推定することです．たとえば，第一次視覚野内の数千個のボクセル（3 mm×3 mm×3 mmの立方体）の活動パターンは神経活動を反映しています．それはfMRIという計測装置で測ることができます．活動パターンに機械学習のアルゴリズムを適用すると，パターンがたとえば赤を表しているのか，緑を表しているのか，あるいは縞模様の方位は10度なのか70度なのか130度なのか，な

デコーディッドニューロフィードバック法：
コンピュータ機械学習とヒト強化学習を組み合わせて、脳内に特定の情報パターンを生成する

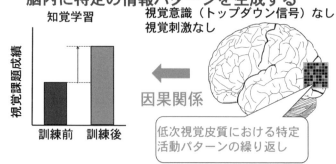

Shibata K, Watanabe T, Sasaki Y, Kawato M: Perceptual learning incepted by decoded fMRI neurofeedback without stimulus presentation. *Science*, **334** 1413-1415 (2011)

図 8

どなど，視覚刺激に関する情報を読み取ることができます．脳活動から脳の情報を解読する，逆符号化するという意味で「デコーディング」と呼んでいます．ATR の室長で現在は京都大学教授を兼任している神谷之康さんは，2005 年頃にこういう手法を初めて fMRI の「デコーディング」に使いました．それ以降，マルチボクセルパターンアナリシスという呼び方もありますが，ATR グループは神谷さんのオリジナルな功績を高く評価し，「デコーディング」と呼んでいます．

ブレイン・マシン・インターフェースの新しい手法「デコーディッドニューロフィードバック」とは，「デコーディング」と「ニューロフィードバック」を組み合わせた方法です．解読した情報を脳にもう1回戻してあげると，本人も気づかないうちに，実は知覚学習が起きているとことを発見しました．これは結局コンピュータの機械学習と人の強化学習を組み合わせて，脳内に特定の情報パターンを生成する方法であると言えます（図8）．この点についてはこの後もう少し詳しくご説明します．

(4) デコーディッドニューロフィードバックによる脳情報の誘導

この「デコーディッドニューロフィードバック」の最初の研究では，第一次視覚野と第二次視覚野で特定の方位を持った縞模様を表している脳活

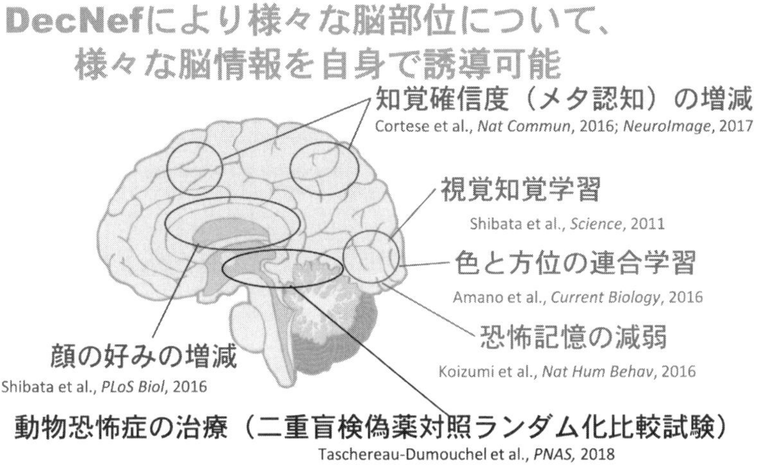

DecNefにより様々な脳部位について、様々な脳情報を自身で誘導可能

知覚確信度（メタ認知）の増減
Cortese et al., *Nat Commun*, 2016; *NeuroImage*, 2017

視覚知覚学習
Shibata et al., *Science*, 2011

色と方位の連合学習
Amano et al., *Current Biology*, 2016

恐怖記憶の減弱
Koizumi et al., *Nat Hum Behav*, 2016

顔の好みの増減
Shibata et al., *PLoS Biol*, 2016

動物恐怖症の治療（二重盲検偽薬対照ランダム化比較試験）
Taschereau-Dumouchel et al., *PNAS*, 2018

Watanabe T, Sasaki Y, Shibata K, Kawato M: Advances in fMRI real-time neurofeedback, *Trends in Cognitive Sciences*, **21(12)**, 997-1010 (2017)

図 9

動を誘導すると，行動として視覚の知覚学習が起きました．具体的には，特定の方位を持った縞模様の弁別精度が上がりました．その後，同じデコーディッドニューロフィードバックの手法を用いて，第一次，第二次視覚野で「色と方位を連合学習できる」あるいは「恐怖反応を減弱できる」，前頭前野と parietal cortex では，「知覚能力が変化していないのにメタ認知を増減できる」，帯状皮質では「顔の好みの増減ができる」といった行動変化を起こしました（図9）.

　精神科の治療応用を目指して，意識下で恐怖反応を抑えることができるという長所を活かして，動物恐怖症，つまりコウモリとかゴキブリとかネズミが大嫌いという方たちの恐怖反応を減らすことに成功しました．とくに，二重盲検偽薬対照ランダム化比較試験という信頼性の高い実験に成功しました．最近ではUCLAで，事前登録した臨床試験が患者さんについて成功しています．まとめの図（図9）で表しているように，脳の複数の部位で，かつ様々な情報も誘導できて，誘導した情報に対応する行動変容を起こせました.

(5) デコーディッドニューロフィードバックの実験

　実際にどのような手続でニューロフィードバックをするかと言うと，比

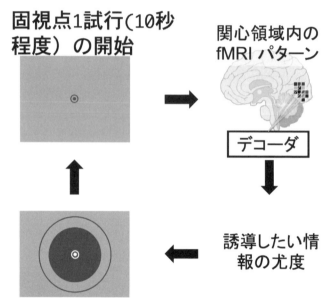

図10

較的簡単です（図10）．被験者にはfMRIの中に入っていただいて，固視点を眺めてもらいます．そのあいだに，短いときは4秒，長いときは1分近くデータを取ります．そのデータを関心領域のボクセルパターンとして，そこに機械学習のデコーダを使います．そうすると，誘導したい情報の尤度が計算できます．その尤度に合わせて緑の円盤を大きくしたり小さくしたりします．実はこの緑の円盤の大きさが，被験者に差し上げる金銭報酬の額を示します．つまり金銭報酬は誘導したい情報の尤度に比例しています．1回の試行はだいたい1分近くかかります．金銭報酬を示す円盤は試行の最後に提示します．このような試行を1時間半ほどのセッションで数十回繰り返します．

　大切な要素は脳情報を解読するデコーディングです．それから被験者は，

実は「自分の脳の中でどんな情報が誘導されているか」ということは意識にのぼらず，かつ「どうしたら目標情報の尤度を上げられるのか」という戦略に関しても，実験者から有用な教示を与えられません．そのため被験者は自身の脳活動を制御するのに，手探りで実験します．デコーディッドニューロフィードバックは心理学の枠組みでは，オペラント条件付けにほぼ対応していますが，行動オペラントではなく，神経パターンがオペラントになっています．

　したがって，このような条件付けを「ニューラル・オペラント・コンディショニング」と言います．これが「ブレイン・マシン・インターフェース」や「ニューロフィードバック」の基礎になっています．この手法によって，様々な情報を複数の異なる脳の部位で誘導できます．顔の好みや連合学習のデコーディッドニューロフィードバックについては，ヒトだけでなく，マカクサルでも成功しました．恐怖反応を抑えることもできますし，動物恐怖症の患者さんの治療もできました．被験者が自分自身で行った知覚判断に関する自信を上げたり下げたりすることもできます．つまりメタ認知も操作できます．それから，この後お話ししますけれども，強化学習とメタ認知の関係を調べることに利用しました．さらに，痛みの制御にデコーディッドニューロフィードバックが使えます．

---

(6) デコーディッドニューロフィードバックの実験からわかること

　まとめると，被験者は自分の脳の中に自分で情報を誘導しています．オペラント条件付けに則って誘導しています．「赤／緑」，「10度／70度」，「好き／嫌い」といった情報を自分の脳の中に誘導して，その情報によって自分の行動が変容しています．知覚学習が起きることもあるし，ある人の顔を今までは好きでも嫌いでもなかったのに，好きになったり嫌いになったり，あるいは自分の判断についてより自信を持つメタ認知の変容も起きます．にもかかわらず，自分自身ではニューロフィードバックの最中に誘導した情報を意識することができません．

　ここで，数学的には少し手の込んだ方法ですが，デコーディッドニューロフィードバックの最中に標的となった脳部位から他の脳部位に情報が流れ出していないかどうかを調べてみます．たとえば第一次・第二次視覚野

で視覚刺激方位の情報を誘導するとします.「その誘導した脳の場所の情報を, そのすぐ隣の第三次視覚野や第四次視覚野, あるいは inferior temporal cortex など脳の他のいろいろな場所が, どれくらい推定できるか」ということを調べました. もし仮に, 他の脳部位から, 第一次, 第二次視覚野内に誘導された情報が推定できるならば, その情報が他の脳部位に流れ出している, あるいは漏れ出しているということがわかります. 解析の結果,「デコーディッドニューロフィードバック」で誘導された情報は他領域に漏れていないことがわかりました. この結果から, 恐らく「PFC(prefrontal cortex) と対象領域の間で情報伝送が起きて, しかも PFC が対象領域を積極的に選ぶ」ことが, 私たちが自分の脳の中に表現されている情報を意識できるための必要十分条件ではないだろうかと考えるようになってきました. これに関しては, 理論的な試みを後ほどもう少し詳しく申し上げます.

4 強化学習

(1) 問題の再設定

さて, そうしたメタ認知や意識のモデルに辿り着く上できっかけとなった実験を 2020 年に論文にしました. その背景については, また最初に説明した問題に戻ります. つまり「現在の AI は数千万という学習サンプルが必要なのに, 人間あるいは動物は非常に少ない試行回数(100 回とか 200 回)で大規模な問題を解けるように見える」という謎です.

特に, 運動学習について考えますと, 私たちの体は, 数え切れない筋肉繊維や感覚運動制御にたずさわるニューロンがあり, とても大規模な制御対象です. 赤ん坊を観察していますと, 今までできなかった行動が 10 回 20 回の失敗ですぐにできるようになってしまいます. どうも AI とは全然違うようです.

このようなカジュアルな議論をしていると,「いや, それは脳や脊髄の回路の中に遺伝的にいろいろな回路が組み込まれていて, それを使っているから学習が早いように見えるけれど, 本当の AI の学習とは違うので, それは不公平な比較だ」という批判が当然出てくるわけです. たとえば, 生まれたばかりの馬の赤ちゃんは, いきなり立って歩けます. これは明ら

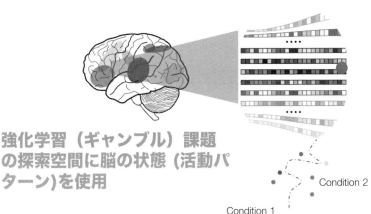

強化学習（ギャンブル）課題の探索空間に脳の状態（活動パターン）を使用

Cortese A, Lau H, and Kawato M: Unconscious reinforcement learning of hidden brain states supported by confidence, *Nature Communications*, **11**: 4429 (2020)

図11

かに学習ではなく，回路が最初から用意されています．

ですから，遺伝情報が利用できないような問題，しかも非常に大規模な問題で，「本当に人の脳は少数回で学習できる」ということをまずは示さなければいけません．「言うは易く行うは難し」で，私たちが行っているほとんどの学習は，視覚にしても運動にしてもだいたい遺伝的に意味のある課題ばかりをやっています．ですから，かなり特殊な問題を作らないと「人の脳は，遺伝情報にたよらなくても少数回で学習できる」ということは言えないわけです．

(2) 強化学習の実験

そこで，脳の状態をデコーディングし，その結果に応じて2つの強化学習の状態を作り出し，それに対し「1つの状態は行動Aが最適／もう1つの状態は行動Bが最適」という，非常に人工的な強化学習の問題を用意しました．これは遺伝情報の入りようがない，かつ，脳全体のボクセルを使うので，非常に自由度が高い問題です．それを人は本当に短い回数で学習できるのか，という問題設定をしました．

つまり，強化学習（ギャンブル）課題の探索空間に脳の状態（活動パターン）を使用するという，自然にはありえない不思議な状況を設定しました（図11）．脳の状態を任意の機械学習のDecision Boundary（判別面）で2

つに分けます．脳には様々な情報が表現されていますが，脳の中のある状態が，Decision Boundary の左なのかあるいは右なのかをデコーディングします．

脳活動パターンを解読して，2つの状態を作り出し，それをRとLとしておきます．「Rの場合には行動Aを選択すると報酬がもらえる確率が高く，Lの場合には行動Bを選択すると報酬をもらえる確率が高い」という規則を，被験者に知らせず，私たちが勝手に決めておきます．被験者はfMRIの中に入っているので，自分の脳の活動を見られるわけでもありません．ですから，そもそも「脳の状態に依存して最適行動が決まっている」ということも全然知らされていません．彼らはただAかBか行動の選択をして，報酬をもらったりもらわなかったりして試行錯誤で学習をしていくため，全くの手がかりなしでの強化学習です．普通は解けそうにありません．ですが，驚くことに，人は3日間くらいの学習で数百試行のうちにこれが解けるようになります．

まず，脳の状態を2つに分けるためのデコーダを作っておきます．これは機械学習のアルゴリズムです．学習は3日間に渡り行われます．3日目にはご自身の脳の状態をランダムドットの動きとして見せるので，こうなると非常に簡単な視覚と行動をマッチさせる課題になります．ですが，1日目，2日目には，実はランダムドットパターンを見せますが，これは脳の状態は反映していません．結局，被験者は自分で自分の脳の状態を発見することが要求される課題になります．

ニューロフィードバック実験の数日前に，ランダムドットの左右の動きを識別するデコーダを作りました（図12）．第一次視覚野で作れるのは先行研究からして当然ですが，前頭前野でも作ることができます．これは結構驚きを伴う発見でもあります．かつ，このようなデコーダを作るときに，ランダムドットを見せて，その動きが右か左かを被験者に判断してもらい，その後に，自分の運動方向の判断にどれくらい自信があるかを答えてもらいます．この判断についての自信は，メタ認知の一つです．

高いコヒーレンスを持ってランダムドットが一斉に同じ方向に動くのであれば，高い自信で答えることができます（図13）．ですが，これが全体のわずか5％か6％のドットしかコヒーレントに動かないという，左右

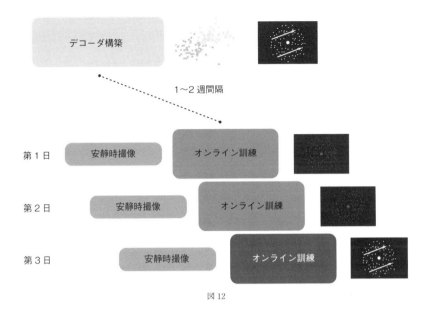

図12

識別が難しい問題になると,知覚は曖昧で,右に動いているのか左に動いているのかがよくわからなくなります.私たちは意地悪にも,ある場合には全くランダムな刺激も出します.他の場合には非常にはっきりわかる刺激も出すことで,知覚判断とメタ認知の自信の判定がどれくらいきちんと対応しているか調べます.これは,被験者一人一人のメタ認知の能力を測ることになります.つまり自分が正しい判断をしているのか,間違っている可能性があるのかをちゃんと認知できる人なのか,デタラメに言っている人なのかを,メタDプライムという指標で判定できます(図13).

3日間の実験の中では,被験者の脳活動からRの状態なのかLの状態なのかを見極めて,時間とともに変化していますが,そのときに「Lの状態だったらBという行動をとるのが最適,Rの状態だったらAという行動をとるのが最適」というようにして報酬がもらえます.その報酬をもらいつつ最適なアクションを学習していきます.1回の試行が結構ややこしく,試行と試行の間のいわゆるインタートライアルインターバルがあります.休んでいる時間のように思われますが,スクリーンには何も出さず真っ暗にし,そのときに実は被験者の脳活動を計測して,Lの状態なのかRの状態なのかをデコードします.1日目,2日目では,その状態と無関係

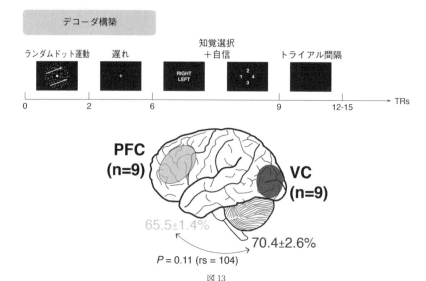

図13

にランダムドットパターンを見せます．3日目になると，脳の状態に合わせて，視覚パターンが脳が右なら右，左なら左の動きをします．被験者はランダムドットパターンが右の動きか左の動きかを答えます．かつ，その答えに関する自信を1, 2, 3, 4（一番自信がない場合は1，絶対の確信がある場合は4）で答えます．さらにその後に，行動AかBかを選び，当たると30円の報酬がこの1試行の間にもらえます．

1試行は20数秒で終わりますから，1日のうちに100試行近く繰り返す強化学習になっています．1日目，2日目というのは，全くランダムな視覚パターンを出していますから，右と言おうが左と言おうが五分五分で正解はありません．しかし，それでも被験者は確信度をいろいろと変えて答えます．これが実は，強化学習の進み具合と深い関係があるのです．

(3) 強化学習の実験結果

こういった学習をさせ，何も手がかりがないのに，1日目，2日目にそもそも最適な行動が少しでも取れているのかというと，統計的に有意に最適な行動をしています（図14）．1日目に比べて2日目は学習が進んでいます．最適行動はチャンスレベルの50%より高くなっています．3日目は視覚情報を提供していますから，これは当然のことながら，高いレベル

被験者は報酬につながる最適な行動を選択できるよう学習

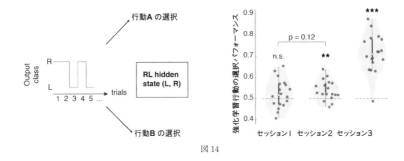

図 14

で統計的に有意に最適な行動が取れるようになります．

先ほど申し上げたように，メタ認知能力を 2 週間くらい前に測ってありました．メタ認知能力が高い人ほどセッション 1, 2 で強化学習の成績が良い，つまり，自分の知覚判断をより客観的に定量的に正しく認知できる人，メタ認知能力が高い人ほど，強化学習の能力も高いということが分かります（図 15）．

さらに，1 日目，2 日目，3 日目の中で，知覚判断に関してどれくらい確信度があるかということを答えてもらっていたわけですが，1 日目，2 日目で全くランダムな視覚刺激パターンを出されているときでも，確信度（コンフィデンス）が高いときほど実は強化学習の行動の成績が高くなります（図 16）．不思議な話ですが，メタ認知と強化学習が結びついていました．

(4) メタ認知（確信度）と強化学習との情報結合

従来，様々な強化学習アルゴリズムが開発されてきました．たとえば，アルファ碁という人間のチャンピオンを負かす AI の碁のプログラムがありますが，これは基本的に Q 学習と呼ばれる強化学習アルゴリズムに基づいています．

行動と状態を組み合わせたものに対して報酬予測をして，その Q 学習に基づいて報酬予測誤差を計算して，それが脳のどこで表現されているのかを調べると，1 日目には（細かいドットでお見せしている部分）脳全体に

メタ認知能力は被験者の強化学習能力を予測している

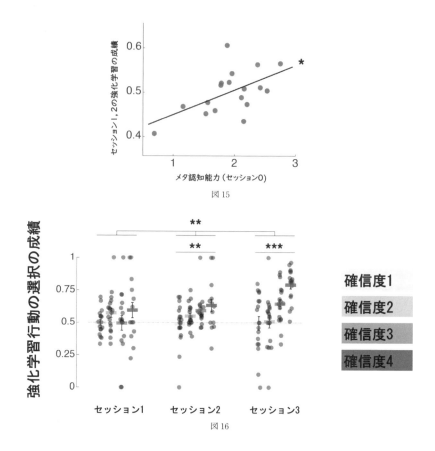

図 15

図 16

広がっていて，何が強化学習の状態なのかを脳全体で広く探索していることがわかります（写真4）．ところが2日目になると（斜線でお見せしている部分）一気に狭まってきて，基本的に「大脳基底核」と「前頭葉」になります．3日目になると，「大脳基底核」だけに制限されてきます（格子縞でお見せしている部分）．このような形で，強化学習の状態の探索が非常に広い範囲から一気に狭まるということが，この3日間で起きています．

「背外側前頭前野」という脳の前頭前野の上の外側の部分があって，ある先生に呼ばせれば「脳の社長さん」のような，ワーキングメモリーや言語などいろいろな高次認知機能に関わっている場所であることが知られて

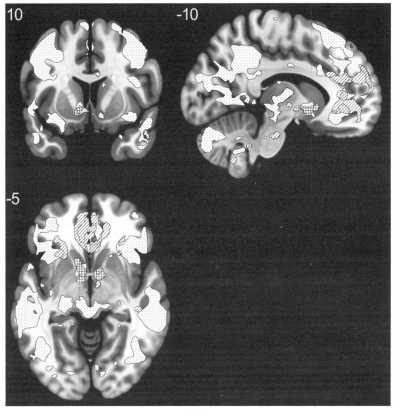

写真4

います.「大脳基底核」という場所は,強化学習の座であって,報酬予測が表現されている場所であると考えられています.

この課題の中で「背外側前頭前野」から私たちは被験者の確信度(メタ認知のコンフィデンス・自分の判断がどれくらい正しいと思っているかという確信度)をデコードすることができます.それから,「大脳基底核」からは強化学習で一番大事だと思われている報酬予測誤差をデコーディングすることができます.被験者がこの課題をやっている1試行1試行の中でそれを推定することができます.そうすると,この「背外側前頭前野」の確信度と「大脳基底核」の強化学習の報酬予測誤差の二つの間で,学習が進むにつれてどんどん情報の繋がりが強くなっていました(図17).

少し難しい解析をしなければなりませんが,実は,認知の確信度が高い

背外側前頭前野と大脳基底核の情報結合増加

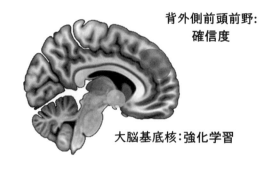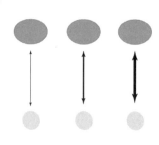

図17

ときには報酬予測誤差が小さくなっていて，確信度が低いときは報酬予測誤差が大きくなります．これは先ほど申し上げたこととよく対応していて，メタ認知の能力が高い人ほど強化学習が進むとか，確信度が高いときほどよりよい選択ができるというのと関連して，確信度が高いときほど報酬予測誤差は小さくなり，確信度（図18 CONF）が低いときほど報酬予測誤差（図18 IPREI）が大きくなります．

つまり，「強化学習の進み方」と「どれくらい自信があるかということ」が関連しています．1日目には図18中のパネルの対角線とその直行する方向の2つの分布はほとんど重なっていて，何も特別な関係はありません．2日目には2つの分布が離れ，3日目には完全に離れて，前頭前野と基底核で試行ごとのメタ認知と強化学習の情報が強く関連しています（図18）．前頭前野では自信を多ボクセルパターンから解読し，基底核では報酬予測誤差を多ボクセルパターンから解読し，「自信が高いほど報酬予測誤差が小さい（学習が進んでいる）」という両者の関係が明らかになりました．その関係が3日間で，どんどん強くなっていく，メタ認知と強化学習がより強く関連することが学習とともに起きます．

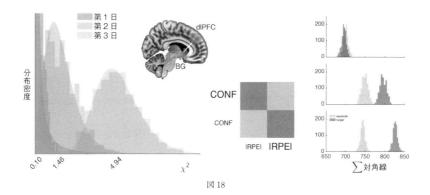
図18

5 メタ認知 AI

(1) メタ認知 AI の提案

 そういうわけで，この研究に基づいてメタ認知 AI という枠組みを考えるようになりました．結局「少数サンプルからの学習」という，最初に申し上げた問題に戻ります．遺伝情報に頼れない状況で，ヒトは 10 の 10 乗オーダーの規模の問題を数百試行のうちに試行錯誤で解けてしまいます．これは重要でソリッドな結果です．階層的な強化学習が進行していることが fMRI の解析からわかります．探索空間の絞り込みが起きています．意識と深い関係にあるメタ認知（自信）が前頭前野で表現され，大脳基底核の報酬予測誤差と情報的に同期することが素早い学習に重要です．そこで，「少数サンプルの学習に，意識，抽象化が本質的な役割を果たしているのではないか」ということで，メタ認知機能を持つ AI の提案をしようと思います．

 実は，現在のディープラーニングの立役者は 3 人いると言われております．その 1 人はヨシュア・ベンジオというモントリオール大学の先生ですが，3 年くらい前に「コンシャスネスが AI の肝になるでしょう」と言っています．「コンシャスネスというものは結局，次元を縮約していてかつ言語ともつながるし，そこの部分で現在の AI が持っているデータ貪欲ということを解消する大きな手がかりになる」というショートペーパーを書いていますが，その考えは私たちの考えに近いと思います．

一次視覚野と高次視覚野とで構成される階層構造の基本計算モデル

一次視覚野では、高次視覚野の表現と2次元画像データとの中間的な表現が処理される。これに対応して画像生成過程は、高いレベルでの記述から低いレベルでの記述へのR_2と、低いレベルでの記述から2次元画像データへのR_1との直列計算で表せる。

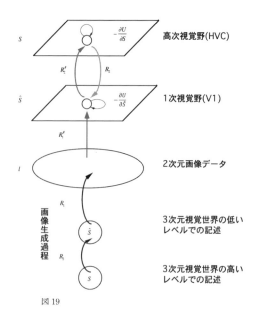

図 19

(2) メタ認知 AI を構成するための順モデル／逆モデル

「具体的にどうやってメタ認知能力を持つ AI を構成するのか」ということになりますが，ここで最初にお話しした，小脳の順モデル／逆モデルの考え方が活きてきます．順モデル／逆モデルは小脳だけではなくて，大脳皮質しかも視覚（ビジョン）の領域でも有用です．これは私のかなり昔（30 年近く前）の研究で，乾敏郎さんと提案しましたが，大脳皮質の層構造の中に高次の視覚世界の表現と低次の視覚世界の表現の間にマッピングがあって，高次から低次に行く方が順光学モデル（フォワードオプティクスモデルと呼ぶ），逆に低次から高次に上がっていくフィードフォワードの神経結合が提供しているものが逆光学（インバースオプティクスモデル）を提供していると考えました（図 19）．

今風に言うと，インバースオプティクスとかフォワードオプティクスというのは視覚に特化した話ですので，全ての感覚情報処理ドメインに広げて，かつ，より一般的な統計的な言い方をすると，フォワードモデルの方は，ジェネラティブモデル（生成モデル）です．隠れ変数や潜在変数などからセンサー情報を生成するようなジェネラティブモデルに対応していま

す．逆モデルの方はインファレンス（推論）モデルという人が多いでしょうか．インバースモデルと呼んでもよいですが，生成モデルの逆モデルです．私たちの順逆モデルでは，視覚野の層構造の中にフィードフォワードの結合とフィードバックの結合が詳細な神経回路でモデル化されています．順逆モデルは，視覚の問題を解くための計算をフォワードオプティクスとインバースオプティクスを上手く組み合わせて短時間で計算する仕組みです．

(3) Predictive Coding モデルの提案

　順逆モデルでは，順モデルと逆モデルの間の乖離，誤差をもう一度逆モデルを通して上位中枢に上げていきます．この計算は，後に Predictive Coding と呼ばれるようになりまして，Rajesh Rao とか，あるいは最近ですと，自由エネルギー最小化と言っている先生たちなどが Predictive Coding と盛んに言います．このようなアルゴリズムを最初に考えたのは恐らく私と乾さんですが，よくある話で皆さん誰が最初に言ったかはもう忘れてしまっていると言いますか，新しい文献しか知らないし，引用しないという状況になっています．

　このような順モデル／逆モデルは感覚に関わる大脳皮質だけではなく，運動に関わる大脳皮質でも同様に考えることができます．もともと小脳内部モデルは運動制御で考えたわけで，運動性のフォワードモデル，運動性の逆モデルは，非常に歴史が古いです．最初に伊藤正男先生の理論と絡めてお話ししましたように，伊藤先生も 1970 年の論文で，「内部モデル」という言葉は使っていらっしゃいませんが，既に「モデルリファレンス制御」という形でモデルという言葉は使われています．順と逆の内部モデルを階層的に，かつモジュラーに並べて，かつ，各階層で順モデルと逆モデルの予測と制御信号がどれくらい整合しているかという一致度を見ます．この一致度から認知誤差信号を計算することができます（図20）．一致度が高い場合は，認知誤差は小さくなります．

　認知誤差信号を沢山の階層とモジュールから集めそれをソフトマックス関数に入れて，尤度を計算して，その尤度のエントロピーを計算することで意識を理解できるかもしれないというのが私たちの最近のモデルです．

メタ認知機能を持つ次世代AIのアーキテクチャ

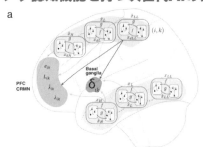

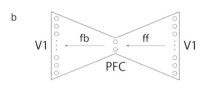

$$e_{ik}^2 = \| x_{ik}^d - \hat{x}_{ik} \| + w\delta_{ik}^2 \tag{13}$$

$$e_{ik}^2 = \| x_{ik} - \hat{x}_{ik} \|^2 + w\delta_{ik}^2 \tag{14}$$

$$L_{ik} = \frac{\exp(-e_{ik}^2/\sigma^2)}{\sum_{lm} \exp(-e_{lm}^2/\sigma^2)} \tag{15}$$

$$\sum_{ik} L_{ik} = 1 \tag{16}$$

$$\lambda_{ik} = \hat{\lambda}_{ik} \cdot L_{ik}, k \gg 1 \tag{17}$$

$$\hat{\lambda}_{ik} = h(x_{il}^d, \hat{x}_{il}), l \gg 1, k \gg 1 \tag{18}$$

$$S = -\sum \lambda_{ik} \ln(\lambda_{ik}) \tag{19}$$

Kawato M & Cortese A: From internal models toward metacognitive AI, *Biological Cybernetics*, **115**: 415-430 (2021)

図 20

　要するに，脳の中に感覚や運動などいろいろな Modality を持っているモジュールがありますが，その中で「今の運動制御」「今のタスク」「今の外界」といった条件に最もぴったり適合している順モデルと逆モデルの対に関しては，予測の誤差が小さいはずです．つまり，一致度が高く，認知誤差は小さいです．その階層とモジュールをピックアップするということが，ある外界の状態に自分の行動を適合させて最適な行動戦略を取る，あるいはそこで学習するために大切になります．

　超多自由度の問題を解こうと思えば，脳が持っている超多自由度の状態空間の中から低自由度・低次元のダイナミクスを発見しなければいけませんが，その発見のために順モデルと逆モデルの予測の首尾一貫性という基準を使います．これで，低次元の多様体に辿り着けるという理論です．理論を提案したばかりですが，シミュレーションも共同研究者が始めてくれていますので，「本当に AI としてどれくらいの能力を持っているか」ということは段々わかっていくと思います．

　ただし，この理論も過去の研究から切り離されて出てきたものではありません．このようなモジュラー学習は，それこそ Mixture of Experts と言って，ジェイコブス，ジョーダン，ヒントン．なかでもジェフリー・ヒン

トンは，ディープラーニングの大立者（3人のうちで一番貢献している人）ですが，ヒントンが30年以上前から提案したものです．我々はそれを使って MOSAIC モデルとか，あるいは，MOSAIC Reinforcement Learning とかいろいろなことをやってきてロボットの制御に使ってきました．したがって新しい理論は，実用的な計算能力が期待できます．

(4) Cognitive Reality Monitoring Network モデルとその予測

　以上の理論をまとめて，メタ認知 AI という学習アルゴリズムを提案しました（図20）．階層モジュール構造で，生成モデルと逆（解析）モデルが対になって，2つのモデルの間の不一致の誤差を全ての階層とモジュールで計算します．それに報酬予測誤差も一緒にしますが，Cognitive Reality Monitoring という形で，「どのモジュール，どの階層が今最もぴったりあっているのかということで，その特定のモジュール・階層が選ばれるというのが意識の定義」で，「どれもきちんと選ばれないという状態では意識は生じていない」と私たちは主張しています．

　Cognitive Reality Monitoring Network（CRMN）というメタ認知・意識付きの AI のモデルを提案しましたが，これは切り替え装置付きの階層モジュール強化学習と言えます．生成モデルと解析モデルが対になっていまして，順逆モデル対のミスマッチが全ての計算の基本になっています．これは感覚皮質であろうが運動皮質であろうが，同様に生成モデルと解析モデルが用意されています．順逆間の計算のミスマッチと報酬予測信号から認知誤差信号を計算します．責任信号は，認知と行動，学習の3つを同時にゲーティングします．これは先ほども申し上げたように Mixture of Experts や MOSAIC RL といった既存のモデルと連続性があります．あるモジュールの責任信号が大きいということは，prefrontal cortex はそれをメタ認知しているということになります．責任信号が全体に一様に小さいとどれも意識していないという状態で，責任信号のエントロピーの大小で意識が決まると考えています．

　先ほど，デコーディッドニューロフィードバックの実験では，意識は生じないと申し上げました．これはこの CRMN モデルからよく理解できます．たとえば，VI, V2（第一次視覚野や第二次視覚野）で特定方位の脳状

態が誘導されていても，上位階層にはその情報は伝わっていないので，トップダウンで来る順モデルの出力は下位の状態を全く予測できません．ですから，下から上に上がっていく情報と上から下にくるフィードバック情報が全く一致しない（ミスマッチが大きくなる）ので意識に上りません．それ以外に，「バックワードマスキングする」「2つの目に入る視覚情報を矛盾させる」あるいは「自発脳活動は意識に上らない」といった，視覚の意識に関わるいろいろな実験の多くはこのモデルで説明できそうです．

　一方，先ほども申し上げたアウレリオ・コルテーゼ室長のデコーディッドニューロフィードバックに基づく強化学習実験で，メタ認知と報酬予測誤差，学習，意識の関連を説明するということもできます．自発脳活動はミスマッチが大きくなるので意識に上りません．それから，作業記憶や心的想像で意識が生じるかどうかは最近のホットトピックスらしいです．私は作業記憶や心的想像では全然意識が生じないので，それはアファンタジアという病気に分類されてしまうということで少しムッとしていますが，それもこういうモデルの中で順逆モデル対間の信号生成に依存して意識が生じるか生じないかみたいなことは説明できます．

　ここからは最近少し思いついただけで，深く考えていませんが，ここまで強化学習にはDMN（Default Mode Network）は全然出てきませんでした．しかし，アルゴリズム的にはoff-line強化学習（RL）にDMNが関係しているかもしれません．ネズミでも実際にT字の迷路を右に曲がって報酬をもらうという，きちんと行動をして報酬をもらったりもらわなかったりしてそれで学習するというon-lineの行動を伴う強化学習があります．それ以外に，じーっとしていて今起きたことに基づいて，あそこでもし左に曲がったら餌をもらえたかもしれないという，off-lineのoff-policyの想像をして，それに基づいて学習しているらしいという研究が最近はいくつか出てきています．そういうことを脳の中でやっているとすれば，DMNはつまり外界の情報と一番切り離されている脳部位なので，そこで，脳の中でぐるぐる学習試行を回しているようなことが起きているのではないでしょうか．そうすると，task positive networkはon-policyの回路，DMNはoff-policyの回路と整理できます．腹内側前頭前野と背外側前頭前野がそれぞれoff-policy，on-policyのCRMNになっているかもしれません．

6　計算論的精神医学の可能性

(1) 精神疾患をめぐる現状

　さて，ここから新型コロナウイルス感染症を含めたメンタルヘルスの問題と，メンタルヘルスに計算論的精神医学がどう貢献できるかをお話ししていきたいと思います．私たちはKDDIさんと共同研究していますが，今注目されています「インターネットゲーム障害」や「問題的インターネット使用」などの問題を調べようということで，コロナ前の2019年12月に4,348人の方々を対象にして，いろいろな精神症状を調べました．「インターネットゲーム障害」，「問題的インターネット使用」とは，ゲーム・インターネットの過剰使用により生活に著しい問題を起こす障害です．心的外傷後ストレス障害＝PTSDという最近世間的に話題となった，強いストレスを感じる出来事がきっかけとなり，フラッシュバックなどの症状を示す精神疾患も含めて調査しました．コロナ禍でさらに3回ほど同じ人たちを対象に，精神症状を調べました．

　その結果，まずパンデミックの前後で「インターネットゲーム障害」及び「問題的インターネット使用」の有病率が変化しています（図21）．ゲーム障害は1.6倍に，ネット依存は1.5倍に増えていました．さらに，実際に新型コロナウイルス感染症に掛かった方も調査対象に入っていて，そういう方たちはだいたいリスクファクターが数倍に増えています．それから，図22で示しているのは10万人ごとの日本人の新規感染者数で，第1波，第2波，第3波，第4波の4時点で我々は調べています．もうじき論文がTranslation Psychiatry（2021）に出て解禁になりますが，以下のことがわかりました．実は心配されていた不安・うつ気分というものは，最初にピークをとりましたけどその後は落ち着いていて，アルコール依存は意外に全然増えていません．しかし，社会からの隔絶と呼ばれるような社交不安といった部分が非常に増えています．この不安は収入低下の問題と非常に絡んでいるので，話題になった特別定額給付金10万円を国が出すみたいな施策である程度対応できます．しかし，社会からの隔絶の部分は，対人関係とかコミュニケーションの量が関係していました．

　コロナに伴うもう一つの大きな問題は，自殺者が非常に増えていること

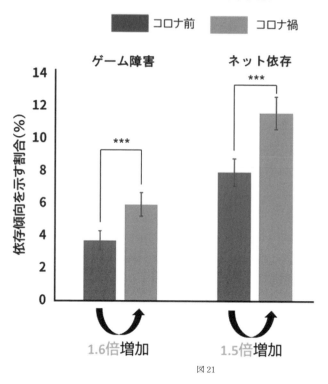

図21

です.図23は2015年から2020年の秋くらいまでの10万人当たりの自殺率を示しています.丸が実際のひと月ごとのデータですが,見てわかるように典型的な季節性変動があって,かつこの10年くらいは全体的には自殺者が減っていました.しかし,コロナの後4月くらいから増え出して,そのまま現在も増えた状態です.こういう自殺者の増え方を男女年齢別に考えると,実はPTSDの有病率は若い女性(30〜39歳とか40〜49歳)に多いです.若い女性の自殺率が上がっているということで,自殺はパンデミックの影響により増加の傾向が見られ,かつ自殺の増加はPTSDの症状が強いグループでより顕著であったということがわかってきました.

コロナで,たとえばアメリカではうつ病の有病率が2017〜2018年では8.7%だったものが2020年4月には14.4%などと言われていますが,コ

研究2 インターネット依存とその他精神症状との関連

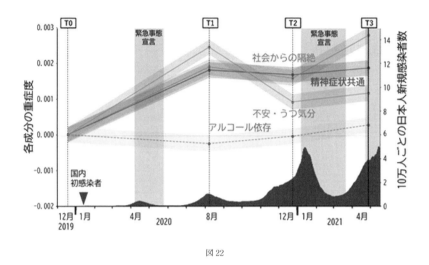

図22

A 10万人当たりの自殺率の変動

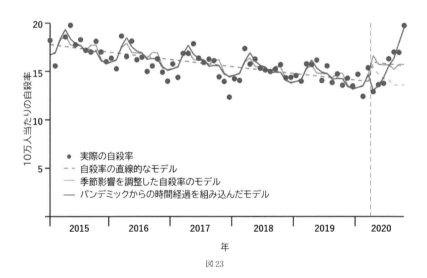

図23

ロナに限らず日本の主な精神疾患の患者数は350万人に達して，かつ増えています．

単極性うつ病は，たとえば2004年にいろいろな疾患の中で第3位です

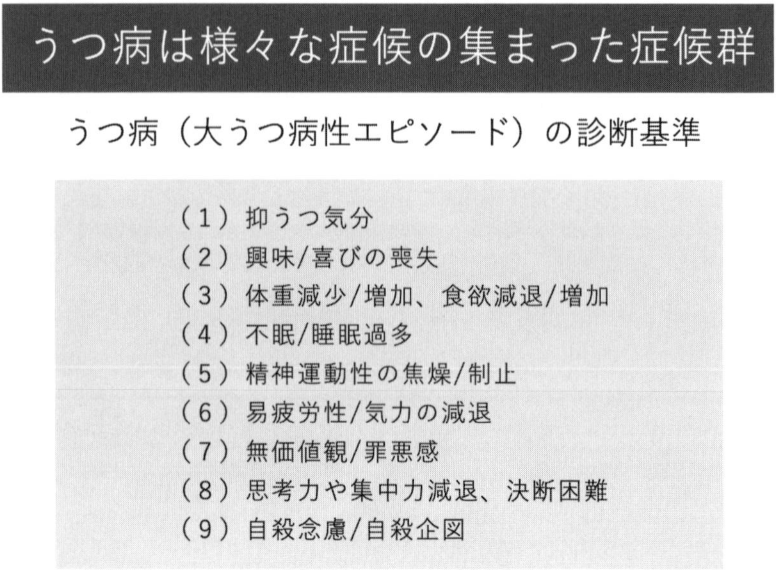

第8講 計算論的精神医学の可能性

うつ病は様々な症候の集まった症候群

うつ病（大うつ病性エピソード）の診断基準

（1）抑うつ気分
（2）興味/喜びの喪失
（3）体重減少/増加、食欲減退/増加
（4）不眠/睡眠過多
（5）精神運動性の焦燥/制止
（6）易疲労性/気力の減退
（7）無価値観/罪悪感
（8）思考力や集中力減退、決断困難
（9）自殺念慮/自殺企図

図24

が，2030年にはトップになると言われています．死亡率だけではなく，損失生存年数と障害生存年数を合わせたDALYというものを考えると，精神疾患は様々な病気の中でも社会に与えるダメージが最も大きいです．そういうこともありまして，日本では4大疾病が2013年から5大疾病になって精神疾患が入ったことはご存知のとおりです．5大疾病の一つに指定した国の目的として早期発見・早期の治療方針決定ということが謳われています．

(2) 現状の精神医学における問題

　ですが，これが，実は大変難しい問題です．なぜかと言うと，たとえば「うつ病」の場合，図24に掲げたような9つの項目をお医者さんは順番に聞いていくわけです．「抑うつ気分はありますか」「興味・喜びは喪失されていませんか」「自殺念慮したことはありませんか」「自殺企図したことはありませんか」．最初の2つのうちどちらか一つは含んで9つのうち5つ当たっていると「あなたはうつ病です」と診断されるわけですが，これはやはり驚くべきことです．他の医学の科，内科や外科で，生物学的，生

	診断一致度	
1. 認知症	0.78	とても良い
2. PTSD	0.67	とても良い
	·	
5. 双極Ⅰ型障害	0.56	良い
	·	良い
9. 統合失調症	0.46	良い
	·	
12. うつ病	**0.28**	疑問
13. 反社会性 PD	0.21	疑問
14. 全般性不安障害	0.20	疑問

DSM-5 Field Trials in the United States and Canada,
Part II: Test-Retest Reliability of Selected Categorical Diagnoses
(Regier et al., Am J Psychiatry, 2013)

図 25

理学的な検査のない診断をするということは考えられません．つまり「血糖値を測らずに糖尿病を診断できますか」「心電図を測らずに心臓病を診断できますか．胸部 X 線を撮らずに肺炎や肺がんを診断できますか」というと，それは診断できません．ですが，精神科ではこうした問診だけで症状を確認して，ほぼ一定の治療をするのでなかなか難しい問題があります．一言で言えば，他の疾患のような診断基準に含まれる生物学的なマーカー（指標）が存在しないということが精神医学における大問題です．

　そこで，私たちは精神医学で有用なマーカーを作りたいと考えています．ここで大問題となるのは，実はうつ病の診断一致度というものは十分ではないということです．精神科のお医者さんが 2 人いて，その人がいろいろな疾患の中でうつ病と同じく診断する診断一致度（カッパ係数）は 0.28 で，これはかなり疑問なレベルです（図 25）．非常に荒く言うと，「うつ病です」と答えが一致するのは 28% の確率です．さらに悪いことには，うつ病の患者さんは最初に精神科や心療内科など専門のところには行きません．90% 以上の人が内科や婦人科や脳外科など，それ以外の精神疾患を専門としていないような科にいらっしゃるので，なかなか正しく診断され

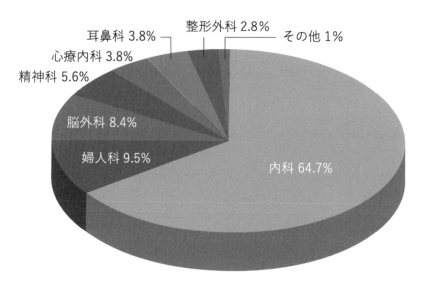

(三木 治:心身医学, 2002)
図 26

ないという問題があります(図 26).実はそこではうつ病の方がうつ病と診断される感度はチャンスレベルの 50% なのです.

　このような診断とバイオマーカの問題を解決しなければいけませんが,もう一つの問題は,うつと診断されると現在の日本ではほとんどの場合,SSRI(選択的セロトニン再取り込み阻害薬)という脳の状態に影響を与えて,うつ病の治療に有効であると考えられている抗うつ薬を出されますが,SSRI が有効な患者さんは恐らく全体の中で 3 割から 4 割ということです.結局,患者さん毎に「薬を変えなければいけない」「薬では治らなくて経頭蓋磁気刺激をした方がいい」,場合によっては「電気けいれん療法を使ったほうがいい」あるいは「認知行動療法が向いている」のはずですが,それを選ぶ客観的な診断法がないのです(図 27).他の科であればいろいろな生物学的な検査をして,「あなたはこの薬を使いましょう」「あなたはこの療法を使いましょう」というように,最初から最適な治療法に患者さんを振り分けられますが,精神科や心療内科ではそれがありません.結局,投薬をいろいろ変更して,試行錯誤的に治療法を選んでいるというのが実態です.患者さんもお気の毒ですし,お医者さんも大変で,社会は本当に大きな負担を強いられています.

「うつ病」と診断される患者にも、本来、様々なタイプがあり、投薬が効果的なタイプ、逆に投薬では治療できないタイプなどがある

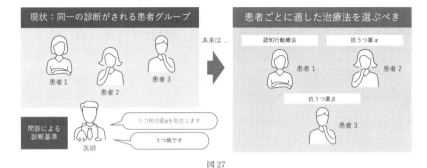

図 27

(3) 早期発見・早期の治療方針決定を可能にするビジョン

そこで，私たちが神経科学と少数サンプルから学習できるAIの手法を組み合わせて何をしたいと考えているかというと，精神疾患，特にうつ病について客観的な診断指標を提供したいということです（図27）．それによって，早期発見・早期の治療方針決定が可能になるのではないでしょうか．基本は，fMRIで脳を測るということです．安静時脳機能計測は，神経科学では確立されていて，脳の回路はある程度測れます．fMRI画像から人工知能技術で脳回路マーカを開発し，それにもとづく新規の診断技術を作っていきます．さらに，同じうつでもいろいろなサブタイプがありますが，脳回路マーカはうつの中にも異なるバイオロジカルタイプがあることを示してくれました．そうすると，「この方は磁気刺激が効くけど，この方は効かない」「この方はSSRIが効くけど，この方は効かない」といったことがわかってきていて，いわゆる最適治療（Precision MedicineやIndividualized Medicine）に繋がる可能性があります．

最近10年間にいろいろなメガファーマが精神疾患，中枢神経疾患の治療薬の開発から撤退しています．治験をするのに何千億円というお金がかかるにもかかわらず，多くのメガファーマが失敗しています．過去30年間，いわゆるメガブロックバスターと呼ばれる大成功した薬が開発されていません．この困難も脳回路マーカで解ける可能性があります．つまり，脳回路マーカを創薬支援に使う道があります．

症候にもとづく診断を超えるfMRI画像での新規な診断技術
Brainalyzer（商品・サービス名）
AIと神経科学と脳イメージング技術を駆使した「診断補助サービス」を展開

図28

（4）脳回路マーカ

　創薬失敗の大きな理由は，うつと言ってもバイオロジカルにいろいろなタイプがいて，あるサブタイプには本当は薬が効いているのに対して，効いていないサブタイプも入っているために，最終的に治験に失敗するのではないでしょうか．そうすると薬が効く患者さんを選択できれば，創薬支援技術，さらに薬の効かないサブタイプであるとわかれば，その患者さんには，ニューロフィードバックを使って脳の回路を健常な方向に動かすことができるかもしれません．このような目的のために，診断技術，創薬支援技術，個別治療技術を実用化したいと考えています．

　たとえば，うつの脳回路マーカに関しては，Brainalyzer（図28）という商品・サービス名で商標登録しています．今，精神科の疑いがある患者さんが大病院に行くと，「器質性の原因（脳梗塞，脳腫瘍，あるいは自己免疫疾患など）で精神科の症状が出ているのではない」ということを確認するために，器質性原因除外のために構造MRIを既にとっています．そこにfMRIを10分間加えていただいて，そのデータをXNefに送って，AI脳回路マーカで調べてその結果を医師に戻す．医師は，問診結果も含めていくつかあるデータを組み合わせて診断されるということを考えています．

　そういうことが可能になったのは，ヒト神経科学の進歩によるところが大きいです．大きく貢献した人の1人にマーカス・ライクルがいます．

安静にしているときの脳活動

すべての脳活動の基盤で、個人認証、流動性知性、記憶力、注意力、年齢、課題時脳活動なども推定可能

Raichle M, *Trends in Cogn Sci*. 2010; 14: 180-90

図 29

　安静時にも脳は，一生懸命いろいろな課題を解いているときの 95％ ものエネルギー消費があり，活発に活動しています．現在の技術を使いますと MRI で 5 分から 10 分で安静時の脳活動は測れて，そこから個人認証，流動性知性，記憶力，注意力，年齢，あるいは課題時脳活動も推定できます．このような安静時 fMRI 脳活動に関する新発見，新技術が，この 10 年くらいのあいだのヒト神経科学でどんどん出てきました（図 29）．これらは，どちらかと言えば，大量の画像を用いたデータドリブンの研究なわけです．

　安静時脳機能結合をどのように測るかと言うと（図 30），たとえばうつ病の疑いがある患者さんに fMRI の中に入り，ぼーっとしていただいているあいだに脳活動を測ります．脳をある客観的な手法にもとづいて，たとえば 100 とか 300 とかの小部分に分割します．これをパーセレーションと言いますが，パーセレーション手法の開発もホットトピックです．いかに安定なパーセレーションをするかということはそれほど簡単ではありません．ですが，このように脳を多数の小領域（ROI）に分けておいて，類似した変動をする領域は正の機能結合をして，逆方向の変動をしているところは負の機能結合をしているという風に決めます．たとえば，100 個のROI がありますと，100×99÷2 で約 5000 個の機能結合が 10 分間ぐらいの計測から推定できるわけです．5000 の結合を私たち人間が眺めてみても何もわかりませんが，ここで機械学習，AI の方法を使って，5000 個の

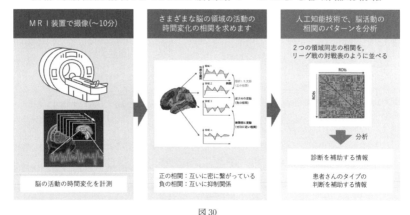

図 30

結合の値から「この方はうつです」「この方は双極性障害です」「この方は自閉症です」というクラシフィケーション（分類）をします．

(5) 脳回路マーカ構築のためのデータベース問題

ですが，ここに大問題があります．最初に申し上げたように，汎化誤差の問題がありますから，普通の方法でやると1万個結合がある場合，10%の誤差を許すのであれば10万人分のデータが必要となります．ですが，10万人分のうつ病の患者さんと健常者のデータというものは世の中にありません．

そこで，説明変数をぐっと減らすような，先ほども申し上げた少数サンプルからの学習のためのいろいろな手法を使うということが1つの解決策ですが，それと同時にたくさんデータを集めなければいけません．そこで，文部科学省とAMEDがサポートしてくれた脳科学研究戦略推進プログラムや戦略的国際脳科学研究推進プログラムなどの国プロジェクトで10以上の施設からいろいろな精神疾患・発達障害の方の画像サンプルを集めるということを私たちは頑張ってやってきました（図31）．

さらに，施設ごとにどんなMRIマシンで測るか，どんなプロトコルで測るかということで出てくる施設間差の方が，病気の差よりも大きいということがわかりました．施設間差というものは大変難しいです．ですが，それをハーモナイゼーション法（図32）と言いまして，施設間差をなくす

図 31

$Connectivity = x_m{}^T m + x_{s_{hc}}{}^T s_{hc} + x_{s_{mdd}}{}^T s_{mdd} + x_{s_{scz}}{}^T s_{scz} + x_d{}^T d + x_p{}^T p + const + e$

$m:$測定バイアス、$s_{hc}, s_{mdd}, s_{scz}:$サンプリングバイアス、$d:$疾患効果、$p:$被験者効果

$Connectivity_{harmonized} = Connectivity - x_m{}^T m$

Yamashita A, Yahata N, Itahashi T, Lisi G, Yamada T, Ichikawa N, Takamura M, Yoshihara Y, Kunimatsu A, Okada N, Yamagata H, Matsuo K, Hashimoto R, Okada G, Sakai Y, Morimoto J, Narumoto J, Shimada Y, Kasai K, Kato N, Takahashi H, Okamoto Y, Tanaka SC, Kawato M, Yamashita O, Imamizu H: Harmonization of resting-state functional MRI data across multiple imaging sites via the separation of site differences into sampling bias and measurement bias, *PLoS Biology,* **17**(4): e3000042. https://doi.org/10.1371/journal.pbio.3000042 (2019)

図 32

というような数理的・統計的な手法を開発しました．それでなんとか実用的な脳回路マーカの開発に繋がりました．

最近こういった国プロジェクトで集めたデータをATR脳総研の田中沙織室長が，Springer/Nature PGのデータベース専門雑誌である『Scientific Data』に掲載しました（図33）．統一プロトコルで撮像した多施設（14施設）で複数種類（5種類）の精神疾患，健常者の脳画像ビッグデータを

多施設・複数疾患の脳画像ビッグデータを一般公開

- **統一プロトコル**で撮像した**多施設**（14施設）で**複数種類**（5種類）の精神疾患患者および健常者の脳画像ビッグデータ（1627例）を公開
- **旅行被験者**（9名12施設143撮像）データと合わせてデータベースを構築
- データベース・コンソーシアムのwebサイトでデータを**一般公開**
- Springer/*Nature* PGのデータベース専門雑誌である*Scientific Data*に掲載

Tanaka SC, Yamashita A, Yahata N, Itahashi T, Lisi G, Yamada T, Ichikawa N, Takamura M, Yoshihara Y, Kunimatsu A, Okada N, Hashimoto R, Okada G, Sakai Y, Morimoto J, Narumoto J, Shimada Y, Mano H, Yoshida W, Seymour B, Shimizu E, Hosomi K, Saitoh Y, Kasai K, Kato N, Takahashi H, Okamoto Y, Yamashita O, Kawato M, Imamizu H : A multi-site, multi-disorder resting-state magnetic resonance image database, *Scientific Data*, **8(227)**, https://doi.org/10.1038/s41597-021-01004-8 (2021)

図33

公開しました．先ほどのハーモナイゼーション法では旅行被験者を使いますが，この旅行被験者データと合わせてデータベースを構築しています．そのデータベースは誰にでも使ってもらえます．その中身のデータですが，一番数が多いもので1627人分のデータを提供しています．

現在，国際脳ではさらに新しいデータを取っていろいろな最新の統一プロトコルやデータベースの管理方法で世界中の皆さんに届けようという努力をしています（図34）．

うつ病診断脳回路マーカーに関しては，広島大学，京都大学，昭和大学，東京大学の4施設で撮像された，健常群とうつ病群のデータに対して，先ほども申し上げたハーモナイゼーション法で施設間差を含まない調和された大規模データとして統合しておきます（図35）．これに対して，説明変数の次元を減らすスパース推定という方法で，いわゆる汎化誤差 $d/(2n)$ の d の部分を有効的に減らしました．脳を数百程度の領域に分けますので，10万個の回路がありますが，その中から20個くらいに重要な結合を絞り込みます．絞り込んだ結合の線形重み和について，健常者の分布とうつ病患者の分布がきっちり分かれて ROC（Receiver Operating Characteristics）曲線の面積で0.77くらいの精度で，患者と健常者を見分けることができます（図36）．

大事なのはこの訓練データに全く入っていない，いわゆる Independent

多施設・複数疾患の脳画像ビッグデータの発展

- AMED「国際脳」(2018-2023)では、**最新の撮像手法に基づく統一プロトコルで高品質の脳画像データベースを構築**(19施設、1841撮像 (2021年9月時点))
- 旅行被験者および患者・健常者の脳画像データを一般公開予定

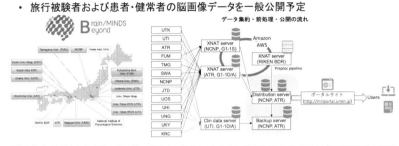

Koike S, Tanaka SC, Okada T, Aso T, Yamashita A, Yamashita O, Asano M, Maikusa N, Morita K, Okada N, Fukunaga M, Uematsu A, Togo H, Miyazaki A, Murata K, Urushibata Y, Autio J, Ose T, Yoshimoto J, Araki T, Glasser MF, Van Essen DC, Maruyama M, Sadato N, Kawato M, Kasai K, Okamoto Y, Hanakawa T, Hayashi T, Brain/MINDS Beyond Human Brain MRI Group: Brain/MINDS beyond human brain MRI project: a protocol for multi-level harmonization across brain disorders throughout the lifespan, Neuroimage: Clinical, https://doi.org/10.1016/j.nicl.2021.102600 (2021)

図 34

大うつ病脳回路マーカのAI学習に使用した学習データ 多施設ビッグデータの概要

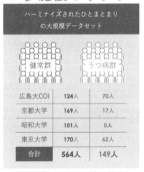

異なる4つの施設で取得したデータに対して、開発したハーモナイゼーション法を用いることで、施設間差を含まない調和された

- 健常者564人,
- うつ病患者群149人

の大規模データとして統合

https://bicr.atr.jp/dcnetpro/data/

図 35

Validation Cohort，つまり訓練データと全く違う由来のデータに対してもほとんど同じだけの分類性能を出せました（図36）．つまり本当に実用的な汎化能力を持った脳回路マーカが構築できたわけです．大うつ病脳回路マーカについて2020年にPMDAと開発前相談を終了しまして，2022年度に，医療機器プログラムとして，承認申請しました．2024年度中には承認されるのではないかと期待しています．

　一世代前のうつ病脳回路マーカ（図37）については，たとえば，左dlPFCと左pDMN間の結合は健常者では負になっていまして，これはそ

・診断を補助する脳回路情報は、一般医でも診断一致率を向上

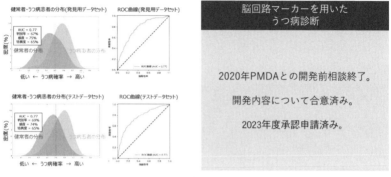

図36

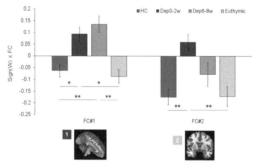

Ichikawa N, Lisi G, Yahata N, Okada G, Takamura M, Hashimoto R, Yamada T, Yamada M, Suhara T, Moriguchi S, Mimura M, Yoshihara Y, Takahashi H, Kasai K, Kato N, Yamawaki S, Seymour B, Kawato M, Morimoto J & Okamoto Y: Antidepressant modulation of the primary functional brain connections associated with melancholic major depressive disorder. *Scientific Reports*, **10(3542)** (2020)

図37

れぞれTask Positive NetworkとDefault Mode Networkですから、お互いに反相関になっているのが健常な形です．ところが，メランコリア鬱患者の場合，これが正で，2つのネットワークの活動が一緒に上がったり下がったりするような状態になります．ここにSSRIを入れますと6週間から8週間で一旦かえって悪くなってしまいます．治ると機能結合＝相関が負に戻っていますが，SSRIというのはdlPFCとpDMNの結合の健常化には役に立たないらしく，こういう部分は薬に頼っても治らないということがわかってきました．

投薬の効かない患者さん向けに、「ニューロフィードバック個別治療」の展開

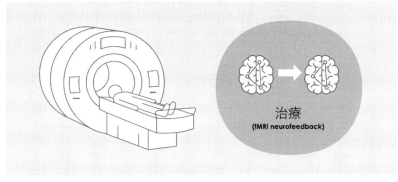

図 38

(6) デコーディッドニューロフィードバックの治療への応用

　先ほども申し上げましたように，現状のうつ病診断のグループでは，いろいろなバイオロジカルな原因の人が混ざっています．そのため，こうした人を分けて治療法を選択するということがとても大切なことですが，それについても少し手が付き始めました．ニューロフィードバックで治療するということも頑張ってやっています．

　イメージとしては，患者さんにfMRIの中に入っていただいて，リアルタイムで脳の回路の状態や脳のマルチボクセルの状態から，先ほど申し上げた脳回路マーカとかあるいはデコーディングの手法で，「現在のあなたの脳の状態が良い状態なのか悪い状態なのか」ということを点数にし，この点数を高めるようにニューロフィードバックをするという治療をします（図38）．認知行動療法に近いかもしれませんが，「脳活動を計測し，かつ，AIの手法で脳の状態の良し悪しを計算し，ご自分で脳の状態を変える」という意味で，従来の薬，経頭蓋磁気刺激，認知行動療法，電気けいれん療法などとは全く異なる，新しい治療法になるのではないかと期待しています．

　特に機能結合ニューロフィードバック治療に関しては，先ほど申し上げた「dlPFCとpDMNは健常だと負になるが，メランコリア型うつの場合

機能結合ニューロフィードバック
うつ、自閉症、統合失調症 患者共通の機能的結合のバイオマーカ必要、既製服的治療法、3日間のNF訓練で少なくとも2ヶ月の長期効果

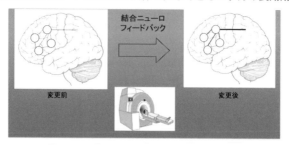

Megumi F, Yamashita A, Kawato M, Imamizu H: Functional MRI neurofeedback training on connectivity between two regions induces long-lasting changes in intrinsic functional network. *Frontiers in Human Neuroscience*, **9(160)**, doi: 10.3389/fnhum.2015.00160 (2015)

図 39

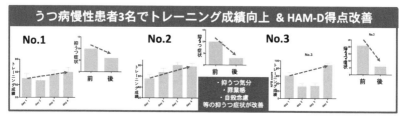

図 40

には正になってしまっている」「定型発達の人はここに結合があるが,自閉症の場合はない」といったことを,うつ,自閉症,統合失調症でいろいろやっていまして,機能結合ニューロフィードバックで3日から5日間介入すると,2〜3カ月くらいの長期効果があるということもわかってきました(図39).

図40はうつの患者さんのデータで,図41はサブクリニカル群のデータです.ニューロフィードバックでどれくらい標的機能結合が改善するかに依存して症状(BDI),この場合は,特に陰気な反芻沈思(ブラッディングスコア)の改善がされていることがわかりました.つまり,両者が有意に相関します(図42).

デコーディッドニューロフィードバック(DecNef)を使う方法は,特定の恐怖症やPTSD,疼痛の治療などに適用しています(図43).特に恐怖に関しましては,現在Sony CSLにいる小泉愛さんがATRの客員研究員

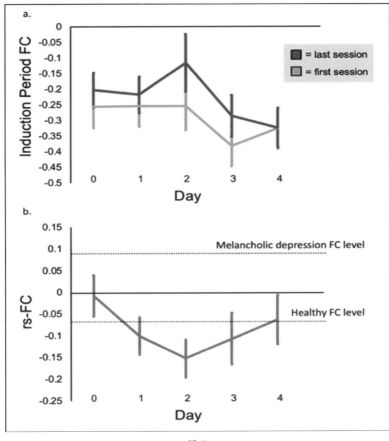

図 41

だったときに，DecNef を用いて条件付けられた恐怖反応を低減するという研究をしています．図 44 のように，赤い縦縞と緑の縦縞の両方に電気刺激を組み合わせて恐怖記憶を形成します．そうしますと，赤い縦縞を見せようが緑の縦縞を見せようが，皮膚電位反応が起きて fMRI で計測した扁桃体の反応が上がって恐怖反応が出ます．この恐怖条件付けをした後に，脳の中に DecNef で赤色の縦縞だけを繰り返し起こすということをしてあげると，赤色縦縞に対する恐怖反応が低減します．緑の方は変わらないということで，DecNef の特徴として被験者は誘導された自分の脳活動を意識しませんので，被験者には意識的な恐怖経験をさせずに恐怖反応を減らせるということがわかりました．これは苦痛を伴い治療脱落が問題となる

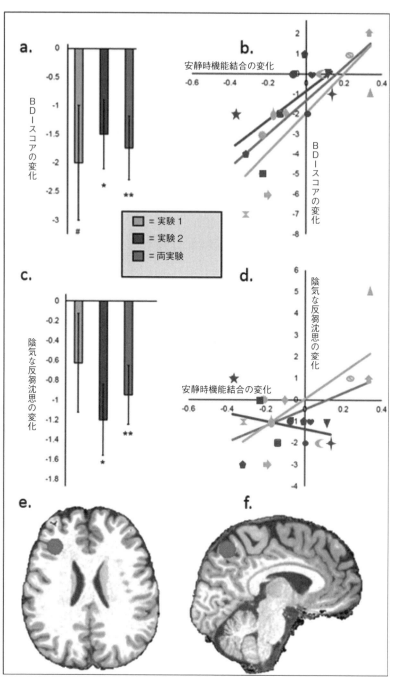

図42

DecNef 恐怖症, PTSD, 疼痛

患者毎のデコーダが必要で疾患を選ぶ、オーダーメード的治療法、デコーダの性能が高ければ8／8の成功確率、長期効果は場合による（2／3で3〜5ヶ月）

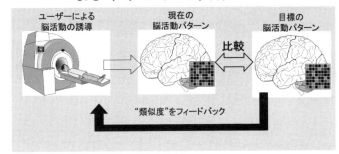

Cortese A, Tanaka SC, Amano K, Koizumi A, Lau H, Sasaki Y, Shibata K, Taschereau-Dumouchel V, Watanabe T & Kawato M: The DecNef collection, fMRI data from closed-loop decoded neurofeedback experiments, *Scientific Data*, **8(65)**, doi: https://doi.org/10.1038/s41597-021-00845-7 (2021)

図43

DecNefによる恐怖記憶の消去

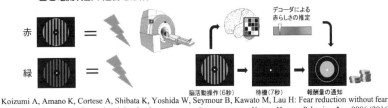

Koizumi A, Amano K, Cortese A, Shibata K, Yoshida W, Seymour B, Kawato M, Lau H: Fear reduction without fear through reinforcement of neural activity that bypasses conscious exposure, *Nature Human Behavior*, **1:** 0006 (2016)

図44

動物恐怖症DecNef:二重盲検RCT
プラセボ効果、怪しさからの完全脱却

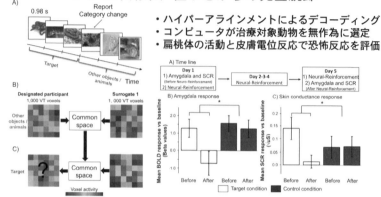

- ハイパーアラインメントによるデコーディング
- コンピュータが治療対象動物を無作為に選定
- 扁桃体の活動と皮膚電位反応で恐怖反応を評価

Taschereau-Dumouchel V, Cortese A, Chiba T, Knotts JD, Kawato M, Lau H: Towards an unconscious neural-reinforcement intervention for common fears *Proc Natl Acad Sci USA*, **115(13)**, 3470-3475 (2018)

図 45

暴露療法とは全く異なる長所です.

　DecNefによる恐怖反応低減を動物に対して恐怖を持っている，たとえば「蛇が大嫌い」「ゴキブリが大嫌い」という人に適用しました．客観性の高い，二重盲検のプラセボコントロール実験です（図45）．この研究ではデコーダを被験者特有のカスタムメードではなく，30人くらいの被験者を集めて，別の29人のデコーダから特定の1人のデコーダを作れてしまうハイパーアラインメントという方法を使います．扁桃体の活動（恐怖反応）が有意に減り，皮膚電位反応も有意に減り，ニューロフィードバックの対象については恐怖反応が減ります．しかし一方，コントロールに使ったDecNefをしていない動物に対しては，恐怖反応は変化しません.

　この方法と少し違いますが，恐怖対象についてContinuous flash suppressionという意識研究の手法でデコーダを構成する研究も行われました．優位眼にモンドリアン図形のマスク刺激を入れておいて，非優位眼に恐怖対象の視覚刺激を入れ，恐怖対象のデコーダを殆ど恐怖体験無しに作ることができます（図46）．ドメスティックバイオレンスや家庭内の虐待でPTSDになっている女性の方たちの多くは，怒った男の人の顔が恐怖対象になりますが，そのデコーダを作ります．これを用いたDecNefでPTSD

PTSDのつらくない治療法：連続フラッシュ抑制法を用いて、恐怖の対象刺激を意識下で提示

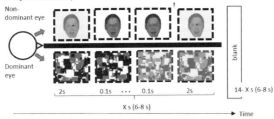

Chiba T, Kanazawa T, Koizumi A, Ide K, Taschereau-Dumouchel V, Boku S, Hishimoto A, Shirakawa M, Sora I, Lau HC, Yoneda H, and Kawato M. Current status of neurofeedback for Post-traumatic stress disorder: a systematic review and the possibility of decoded neurofeedback, *Frontiers in Human Neuroscience*, **13(233)** (2019)

図 46

ニューロフィードバック治療の６０日後でもPTSDの重症度が低下している

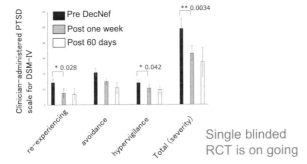

Chiba T, Kanazawa T, Koizumi A, Ide K, Taschereau-Dumouchel V, Boku S, Hishimoto A, Shirakawa M, Sora I, Lau HC, Yoneda H, and Kawato M. Current status of neurofeedback for Post-traumatic stress disorder: a systematic review and the possibility of decoded neurofeedback, *Frontiers in Human Neuroscience*, **13(233)** (2019)

図 47

のいろいろな症状が改善しています．re-experiencing という恐怖の再体験のようなものや，hypervigilance という非常に感度が上がってしまっているという二つの症状も含めて，全体の PTSD の症状が改善されるということがわかります（図 47）．特定の恐怖症と PTSD については，事前登録した不規則割付け二重盲検比較臨床試験が成功し，また始まっています．

精神医療の未来に関する夢

現状

5年後

10年後

図 48

(7) 精神医療の未来に関する夢

　精神医療の現状は，客観的計測データを用いない診断と，ほぼ薬物に限られた治療法です．ある一定の精神疾患だと診断されると，患者さんの違いによらず，ほぼ同じ薬を出すというのが現在のやり方です．それで治らなければ薬を変えていくこと，場合によってはあまり良くないですが，複数の薬を重ねていくことになってしまいます．私たちの精神医療に関する夢として（図48），5年後には，客観的な診断とその診断に基づいて最適に選択されたうつ治療ができるといいと思います．たとえばうつ病をタイプAとタイプBに分類し，「タイプAにはこれこれが有効で，タイプBにはこれこれが有効です」というようなことになることを目指しています．さらに10年後には，うつだけでなく，複数の精神疾患（統合失調症や双極性障害や発達障害）に関して，上と同じようなことができて，かつニューロフィードバックが有効な治療法の1つになっていることを目指して研究開発をしています．

　私たちはATRでも十数年にわたり関連の基礎研究をしていますが，2017年に立ち上げたXNefというベンチャー企業でも，いろいろな人に出資していただき，AMEDにも助けていただいて，現在，AIプログラム医療機器としての承認を目指して医療開発を進めています．

まとめ

　私の話は以上です．小脳のモデルの話や視覚野のモデルの話，それから強化学習とメタ認知の話，メタ認知能力を持つ AI の話，精神疾患に計算論的神経科学で対処する話ということで，脈絡のない話をごたまぜにしているという印象を持たれた方も多いのではないかと思います．そういう意味では，かなりわかりにくい部分も多かったのではないかと思います．

　ですが，とにかく「人は非常に少ない数のサンプルしかもらえないのに，非常に大規模な問題を短い時間の間に学習できてしまう」という不思議があり，その不思議は神経科学としてもわかっていませんし，AI としても実用化できていません．そういうことを理解するために，順モデル／逆モデル，計算論的神経科学，メタ認知，意識，階層モジュール強化学習といったものが役に立っています．これは脳科学を精神医学に役立てようと思うと全く同じように出てくる問題です．要するに，費用的にも時間的にも患者さんの脳回路のデータを 1,000 万人分とか 100 万人分とか取ることができません．ですから，たかだか数千人のデータで全く計測したことのないサイトで正しく使えるような脳回路マーカーを作らなければいけませんが，まさに機械学習，AI の汎化の問題と対処しないと役に立つものはできません．

　ということで，一応私の頭の中では繋がっていますが，やはり結構バラバラの話に聞こえるかもしれませんし，わかりにくかったかもしれないので，ご迷惑をおかけしたと思います．最後に謝りたいと思います．ごめんなさい．

Q&A　講義後の質疑応答

Q（河井）　前々回，実は慶應義塾大学の前野先生が講師でお話ししてくださいましたが，「小脳に意識があるのか」ということが問題になりました．この問題について，川人先生にお話を伺いたいと思います．

A　意識があると考えています．結局，順モデルや逆モデルが意識の重要な処理機構であるためです．私は意識研究についてそれほど勉強したわけではありませんが，UCLA の教授で今度理化学研究所にくる Hakwan Lau が最近，HOT（Higher-Order Theories of Consciousness）をずっとプッシュしています．HOT は意識が基本的に prefrontal cortex にあると言いますが，彼は今回の私たちのモデル CRMN を結構認めてくれています．CRMN モデルは結局 Higher-Order Theory の一種とも捉えられます．なぜかというと，本当の Gating は Prefrontal にありますが，順モデル／逆モデルの一致度・不一致度みたいな話は Distribute しているわけです．半分 Higher-Order で半分 Higher-Order ではない．そういう意味では，小脳は意識にとって重要だと思います．

　それに，自分で患者さんを見たわけではありませんが，お子さんで小脳を大量に取らざるをえない病気があるらしく，そのとき数日間，体も動くし感覚もあるけれども，いわゆる意識がないという状態が続くということを，Terry Sanger というお子さんを専門に見ているニューロロジストに教えてもらいました．それは結構神経内科では知られているらしく，医学的な知見もあります．ですので，Christof Koch をはじめ，「小脳に意識がない」と言っている偉い人がいっぱいいますが，私はそうではないと思います．

Q（酒井）　伊藤正男先生の場合，「大脳が意識的に学習して，小脳に機械的に記憶を入れて」という感じでスイッチするようなことだったと思います．そこことの関連はいかがでしょうか．
A　たしかにスイッチするので，大脳皮質にあったものが小脳に移るということは間違いないと思います．しかし，小脳に順モデルや逆モデルがあるとすれば，一致度・不一致度も意識の計算の中で重要な要素なので，そこが全部消えてしまえば通常の意味での意識が成立しない，先程の患者さんとの話とも適合しているかなと思います．

Q　「何をもって意識と言うのか」という定義によるという気もしますが，このアルゴリズムの意識の生成のほぼ全てを説明できるとお考えなのでしょうか．

あと，AIに意識が生成したとして，我々もAIの意識を直感的に認識できるのでしょうか．別の話になりますけども，AIが意識を持つことはどのような意味があるのでしょうか．

A 「意識」という言葉を使うときに，私たちはいろいろなことを考えます．たとえば，それは一般の方と研究者とのあいだで違っていたりすると思います．伊藤正男先生がいつも仰っておられたことですけれども，意識には3つのレベルがあります．まず「意識のある／ない」という「昏睡状態かどうか」という一番下のレベルの意識です．それから，いわゆる「ビジュアルアウェアネス」などと呼ばれますが，赤いリンゴを見て「赤いな」と思うアウェアという状態の意識です．それと「自己意識」です．メタ認知にも近いものがありますけれども，「自分自身は今，こう考えて，こうやっている」という，自分自身を意識できる自己意識の3つがあります．現在の認知神経科学の研究の中心にある関心はだいたい真ん中のレベルです．「ビジュアルアウェアネスをどれだけ説明できるか」というレベルで研究が進んでいますが，そこで知られている視覚意識に関する様々な現象の多くはこのモデルで説明できるのではないかと思っています．

　ただ，最後の「AIが意識を持ったときに」というご質問は，「自己意識」のことを考えられた質問だと思うので，そこはまだまだ私たちがやっているようなアルゴリズムでは手が届かない世界かなと思います．「昏睡状態かどうか」という意識もバイオロジカルに違うものですから，それも我々は手が出ないのかなと思っています．

Q デコーディッドニューロフィードバック法の実験に関しての質問です．この実験は被験者の方に細かい情報は教えないで，「とりあえずこの円を大きくしてくださいね」と言って何かしらをやらせて，被験者の方が知らないうちに，被験者の方の恐怖症とか恐怖記憶とか顔の好みが変わっているということを確かめている実験と理解しました．その影響というのはどれくらい続くものでしょうか，というのが質問になります．

　質問の意図としては，個人的に大変怖いと思っています．要は，実験をしている人が意図していることを相手に伝えずに，実験者の意図どおりに相手の思考を変えることができるような実験になるということだと思います．人の顔の

好みが変わるということは，その人が初対面で会う人の印象が変わっていくことになると思うので，その人のその後の人生に影響を与えてしまうように感じます．そのため，こういう実験の影響を一晩で忘れる程度だったら別に良いのかなと思いますが，影響の程度がわからないので，もしかして長く続くものだったときに，私としてはこれを「人に対して行っていい実験なのか」と大いに疑問に感じるため，一つ質問をさせていただきたいです．

A　大変重要かつクリティカルな問題です．ニューロフィードバックはマインドコントロールやブレインコントロールになり，悪用されると軍事利用や犯罪に使われ大変なことになります．長期効果があるかないかというと，長期効果はあります．自分たちのグループでの長期効果を狙って調べた研究の3分の2くらいでは，2日間から5日間ニューロフィードバックをかけると，その効果が2カ月から5カ月ありますから，元に戻るから大丈夫だと言える類の弱いアクションではありません．

　そういうことを「倫理的にやっていいかどうか」という問題がありますが，実は視覚の知覚学習などでは，たとえば縦縞でほんの少しだけ中心がずれているものを認識できるかどうかというものを繰り返し見せていると知覚能力が上がります．5年間くらい能力の向上が続くという結果があります．研究目的で学習を伴うような実験というのは，基本的に脳は書き換えています．

　ニューロフィードバックと言うと，脳からデコーディングしてfMRIを使ってという大層な実験だから怖いとお感じになるのは間違いのないことです．けれども，どんな学習実験，心理実験でも必ず脳に影響を与えるというのは一緒です．そういうものに比べて特別危険であるかどうかというそういう議論をするべきものかなと思います．

　そういう危険を説明した上で倫理委員会を通したり，あるいは私たち国のプロジェクトの中でニューロフィードバックをやっていますが，倫理の専門家のグループがいて，いつも私たちの倫理書類を見たりチェックをしたりして世の中に危険性も伝えつつ，ステークホルダーに最終的な判断を任せるということをしています．最後に私たちが逃げを打つときは，「これでうつが治るかもしれません．PTSDが治るかもしれません．そのときは長期効果があったほうが良いでしょう．だから長期効果があるような方

法を開発しています」と言っています.

　しかし，サイエンスはいつでも光り輝く明るい部分と暗闇の部分がありますから，両方意識しておかないと大変危ういということにはなるでしょう.

第9講
百年後のテクノロジーと脳

鈴木貴之
東京大学大学院総合文化研究科教授

鈴木貴之（すずき　たかゆき）
1973年生まれ．東京大学大学院総合文化研究科博士課程単位取得退学．博士（学術）．専門は心の哲学．著書に『ぼくらが原子の集まりなら，なぜ痛みや悲しみを感じるのだろう——意識のハード・プロブレムに挑む』（勁草書房，2015），『人工知能の哲学入門』（勁草書房，2024）など．編著に『実験哲学入門』（勁草書房，2020），『人工知能とどうつきあうか——哲学から考える』（勁草書房，2023）など．

はじめに

(1) 今回のテーマ

　副塾長をさせていただいております鈴木です．みなさんと同じように今期のテーマには大いに関心がありまして，これまでの講義も皆勤して聴講してきましたが，今回は講師としてお話ししたいと思います．

　今回と次回の内容は，いままでとはやや趣が変わります．脳科学・AI研究そのものというよりはむしろ，それを我々が，あるいは社会がどう受け止めるか，という話になっていきます．今回は，私がいわば前座として，問題を概観するという形でお話ししたいと思います．

(2) 自己紹介

　あらためて簡単に自己紹介をいたします．私は，酒井先生と同じく東京大学大学院総合文化研究科の所属ですが，専門は哲学です．とくに専門としているのは「心の哲学」で，心と脳の関係について哲学的・原理的に考えることがテーマとなります．とはいえ，そういった問題を考えるには，今日では，脳科学や認知科学といった人間の心に関係する科学研究についても勉強する必要があります．そういった分野についても勉強していく中で，脳科学研究が社会にどのような問題を引き起こすかということにも関心をもつようになりました．それが，このあと出てくる「脳神経倫理学」という分野です．また，現在は，深層ニューラルネットワークをはじめとするAIによって何ができるようになるのか，現在のAIにはどのような課題が残されているのかといったことを理論的に考えるというプロジェクトにも取り組んでいます．さらに，これらの課題と並んで，いわゆる科学論，とくにテクノロジーと社会の関係を考えるという授業を以前からやっております．テクノロジーと社会の関係に関しては，数年前に一般向けの本を書いており，これからお話しするいくつかの話題はそこでも取り上げています [1]．

　そうした機会を通じて，脳科学研究やAI研究の社会への影響に関して，これまで少しずつ考えてきました．今回も，そのような経緯から副塾長のお誘いをいただいたのだと思います．

(3) テクノロジーの未来について考える理由

では，なぜテクノロジーの未来について考えるのでしょうか．当然のことながら，AI をはじめとしたテクノロジーは，これまでにない大きな変化を我々の社会に引き起こすかもしれません．その中で大きな問題も引き起こすかもしれません．そして，実際に問題が生じてから対応するのでは手遅れになるかもしれません．したがって，先回りして問題について考える必要があるわけです．

しかし，私が関心をもっているのはむしろ，未来のテクノロジーや未来の社会のあり方について考えることが，現在の社会のあり方を見直すきっかけになる，あるいは，われわれがどういったことが大事だと考えているのかを考えるよい手がかりになるという点です．こういったことに関しても，後半にお話をしたいと思っております．

1　これまでの講義の振り返り

(1) 脳科学——理論・手法

今回のお話は 3 つのパートからなります．最初に，誰に頼まれたわけでもないのですが，これまでの講義の内容を簡単に振り返ってみたいと思います．

これまでの講義について振り返ると，脳科学に関する内容が AI に関する内容よりもやや多かったかと思います．その中で，まず，脳科学の基本的な理論や研究手法に関するお話がいくつかありました．

第 1 回の酒井邦嘉先生の講義では，脳科学には fMRI をはじめとして，脳の形状や働きを調べるためのさまざまな研究手法があるというお話をしていただきました．第 2 回の今水寛先生の講義では，MRI について，足し算をしているときに脳のどこが活動するか，といったことを調べるだけではなくて，最近では，脳のある部分と別の部分がどう関係しているかといった，もう少し複雑な関係も調べることができるのだ，というお話がありました．第 7 回の神谷之康先生の講義では，脳の活動から心の中身を読み取るデコーディング技術のお話もありました．心の中身とは，たとえば，何を見ているのか，何をイメージしているのか，といったことです．

さらに，前回の川人光男先生の講義では，脳の働きを理論的にどう考えるかということに関して，脳の計算モデルについてのお話がありました．

(2) 脳科学——脳機能の解明

これまでの講義には，そうしたいろいろな研究手法を使って，さまざまな脳の機能を具体的に明らかにする研究に関する話もありました．

第1回の講義では，酒井先生はご専門である言語のお話をされておりました．第5回の小早川達先生の講義は味覚がテーマで，味とにおいは不可分な関係にある，あるいは，味はさまざまな文化的な情報と密接な関係にある，といったお話がありました．

(3) 脳科学——今後の可能性

今後，脳に関してどういった研究が進んでいくかということに関しても，いろいろなお話がありました．興味深いのは，精神疾患に関する脳科学研究，精神疾患のメカニズムや治療法に関する研究について，何人かの方からお話があったことです．第3回の笠井清登先生のお話はその一つです．第6回の前野隆司先生からは，哲学者も大いに関心のある意識や自由意志と脳の関係に関するお話もありました．

(4) AI——AI 研究

他方，AI に関する講義としては，第4回に，鶴岡慶雅先生より自然言語処理や機械翻訳のお話がありました．

AI に関連する内容はそれだけではなくて，一連の講義の中に，AI はいろいろな形で登場していました．たとえば，AI を活用して脳の働きを調べる研究は，いろいろな回で紹介されていました．脳の働きは非常に複雑なので，データを人間が見ただけでは，そこで何が起きているのかはよくわかりません．そこで，AI，とくに機械学習を使って，複雑なデータから重要なパターンを読み取るということが行われています．このような方法でデコーディングを行ったり，そこからのフィードバックで PTSD を治療したりするといったことが研究されているというお話がありました．

(5) 脳科学研究と AI 研究の関係

　このように，脳科学と AI に関していろいろなお話がありました．それらに関して少しだけ補足的なコメントをしておきます．

　一つは脳科学研究と AI 研究がどういう関係にあるのかということです．もちろん，両者には密接な関係があります．

　一方には，脳科学研究から AI 研究への影響があります．汎用 AI，すなわち人間のようにいろいろなことができる知能をもつコンピュータを作ろうというときには，「人間の脳と同じようなメカニズムをコンピュータに与えれば汎用 AI ができるだろう」というのは，素直な発想です．

　そうは言っても，人間の脳というのは非常に複雑なメカニズムなので，その働きを理解することは非常に難しいです．それに対して，コンピュータは人間が作ったものなので，その働きはよくわかっています．さらに，脳とコンピュータは，どちらも何らかの情報処理をしているということは言えそうです．そうだとすれば，コンピュータの働きを見本にして人間の脳の働きを理解するとうまくいくかもしれません．AIをヒントにして脳を理解するという逆方向の影響も考えられるわけです．

　このように，両者は密接な関係にありますが，完全に重なるわけではありません．AI 研究の側から見れば，AI は，いわゆる汎用知能，言葉も話せるし，計算もできるし，身体制御能力もあるという，万能型の知能でなければならないわけではありません．たとえば，将棋を人間よりも強く指すことができるというように，特定の課題を非常にうまくできれば，AI としては十分に有用なわけです．AI 研究の究極目標は，人間と同じような知能を人工的に作るということです．しかし，人間の知能を再現することを目標としない AI 研究もたくさんあります．実際に，社会で利用されている AI の多くはそのようなものです．そういう意味では，AI 研究と脳科学研究とは，重なり合いつつも，あるいはお互いに影響を与えつつも，やや異なる関心や目標をもっているわけです．

(6) 現時点での限界・課題（脳科学）

　もう一つ頭に入れておく必要があるのは，これまでの講義でもいろいろ

な方からたびたびお話がありましたが，脳科学研究にも AI 研究にも，現時点ではいろいろな限界や課題があるということです．

　脳科学研究について言えば，空間的・時間的にどのくらい細かく脳の活動を見ることができるのかということには，当然限界があります．

　さらに重要なことは，脳の働きを見ると言っても，高次の認知活動，高度な知的な働きについては十分にわかっていないということです．たとえば，何かを考える，将来的な計画を立てる，あるいは道徳的な問題に関して善悪を判断するといったことが脳でどのようにして行われているのかは，まだ十分にはわかっていません．

　また，脳の働きを読み取るということに関してはかなりの進歩が生じていますが，脳に介入する，脳の働きを変えるということに関しては，まだまだ限界があります．介入は，精神医学に脳科学の知識を応用するというような場面で重要になります．どのようなメカニズムで精神疾患が起こるのか，どのようにしたら脳の働きを正常な働きに戻すことができるのかといったことがくわしくわかってこなければ，そして，実際に脳の働きを人為的に変化させることができるようにならなければ，精神医学への応用は本格的なものにはなりません．その辺りには，まだ多くの課題が残されています．

(7) 現時点での限界・課題（AI）

　AI に関してもさまざまな課題があります．前回も川人先生からお話がありましたが，現在の AI，とくにニューラルネットワークの深層学習には大量のデータが必要で，人間よりも学習に手間がかかるという問題があります．

　あるいは，運動制御ということに関してはまだまだ研究が始まったばかりだということは，前回もお話がありました．

　さらには，人間のようにさまざまな課題ができる汎用 AI がどうしたらできるのかということは，まだよくわかっていません．汎用 AI を作り出すことは，AI 研究の究極目標かもしれませんが，それに関しては，まだまだわからない部分が多いです．

　このように，脳科学にも AI 研究にもまだまだ発展の余地は多く残され

ています．そうは言っても，ここ 10 年ほどのあいだに，かなりいろいろなことができるようになってきています．また，今後 30 年，50 年で，さらにいろいろなことがわかって，いろいろなことができるようになることが予想されます．そこで，そのことがわれわれの社会にどういった影響をもたらしていくのかということに関して，もう少しくわしく見ていきたいと思います．

2 脳科学と AI の未来

(1) 哲学における脳科学への関心

　第 2 のパートでは，いわば観光バスによる名所ツアーのような感じで，脳科学と AI に関して将来生じる問題をざっと見て回りたいと思います．次回の講義では，信原幸弘先生が，AI に関連する話題を中心にもう少し掘り下げてお話をしてくださると思いますので，今回は，脳科学に関する話題を中心に概観しましょう．

　脳科学に関しては，一方で，理論的な問題として心身問題があり，哲学者は大昔からこの問題を論じてきました．心身問題に関しては，たとえばデカルトが心身二元論を主張したというように，歴史的に有名な学説もいろいろとあります．こういった問題は，私の専門でもあります．

　他方で，脳科学の進歩によってどのような社会的な問題が生じるか，それに対して社会はどう対応していったらよいのかということに関しても，近年議論が始まっています．脳科学自体の急速な進歩は 20 世紀の終わりから始まったわけですが，それを受ける形で，2000 年頃からこのような問題が活発に議論されるようになりました．それが「脳神経倫理学」と呼ばれる分野です．

　この時期には，たとえば，マイケル・ガザニガという有名な脳科学者が，脳科学に関連する社会的な問題を論じた一般向けの本を書いています [2]．また，脳神経倫理学に関する国際学会も 2006 年にできました．次回お話をしていただく信原先生を中心に，日本でも脳神経倫理学に関する研究プロジェクトが進められ，私もそれらに参加しておりました．その成果として何冊かの本も出版されています [3]．

	短期的問題	中期的問題	長期的問題
脳科学	・安全性 ・誇大広告や過剰な期待	・脳の解読に関する問題 ・脳への介入に関する問題 ・社会への影響 ・人間観への影響	・サイボーグ化と不老不死 ・種の分化
AI	・バイアス ・不透明性	・失業 ・人間関係の変容	・シンギュラリティ ・人間と AI の争い

表 1

（2）哲学における AI への関心

AI に関しても同様です．哲学者は，AI 研究が始まった頃から，汎用 AI は実現可能かという問題に関心をもっていました．そして，この問いに対して「できない」と主張する哲学者も多くいました．第二次 AI ブームと言われた 1980 年代くらいまでは，そういった AI をめぐる哲学的な議論がさかんに行われていました．

しかし，AI 研究自体が専門的になってしまったこともあり，最近ではそのような議論はあまり見られなくなっています．近年はむしろ，AI に関連する社会的・倫理的問題が論じられるようになってきています．こちらは脳神経倫理学より少し遅れて，ここ数年で活発化した動きになります．

（3）脳科学に関する社会的・倫理的問題（短期）

ここからは，表 1 のように，脳科学と AI 研究のそれぞれに関する社会的・倫理的問題を，短期的な問題，中期的な問題，長期的な問題の 3 つに分けて，どういった問題が論じられているのかを概観していきたいと思います．

脳科学に関する短期的な話題というところから始めましょう．このような問題の一つは，脳科学研究の安全性，とくに脳への介入に関する安全性の問題です．たとえば，脳に電極を刺したり，薬物を投与したりする場合には，当然のことながら安全性が重要な問題になります．

もう一つの問題は，脳科学研究や脳に関連する情報に関する過剰な期待や「誇大広告」の問題です．「あるものを食べると脳に良い」あるいは「こういう教育法は脳に良い」といったことに関する情報は，すでに世の中に溢れています．しかし，その中には信頼できない情報も数多くありま

す.

(4) 脳科学に関する社会的・倫理的問題（長期）

中期的な問題に関してはのちほどくわしく検討したいので，後回しにします．脳科学に関する長期的な問題としては，SF 的なものが多くなりますが，つぎのようなものがあります．

たとえば，脳の一部を神経細胞からコンピュータチップのような人工的な回路に置き換えていくことで人体をサイボーグ化していくと，われわれは最終的には不老長寿を実現できるのではないかと論じる人がいます．さらに極端な話としては，私の本質が私の記憶や私の思考パターンといった，私の脳に何らかの形で貯えられているさまざまな情報だとしたら，それを脳から抜き出してコンピュータ上に移せば，私自身を生身の体からコンピュータ上，あるいはサイバー空間上に移すことができるのではないかということを主張する人もいます．

あるいは，脳を改変した人とそうでない人で，同じ人類といっても大きくあり方が変わってきてしまうのではないか，そして，最終的には人とチンパンジーのように別の生物種になってしまうのではないかといったシナリオを思い描く人たちもいます．

(5) AI に関する社会的・倫理的問題（短期）

AI に関しても簡単に見ていきましょう．AI に関しては，短期的な問題には世間で話題になっている問題がいろいろあり，みなさんがご存じのものも多いと思います．

まず，現在の AI はビッグデータで学習したモデルを用いてさまざまな課題を行うものが多いわけですが，その際，学習データにバイアスがあると AI はそれを学習してしまい，不適切な出力が生成されてしまいます．

たとえば，いまのアメリカ社会に関するデータを学習した AI を企業が採用の際に用いるとすれば，採用時にヨーロッパ系の応募者とアフリカ系の応募者がいた場合，前者を選ぶ可能性が高くなると考えられます．いまのアメリカ社会では，ヨーロッパ系の人の方が平均収入が高く，その結果として平均的な教育レベルも高いので，採用後の見通しがよいと判定され

るからです．このように，社会にある格差や偏見を AI がそのまま学習してしまい，不適切な出力を生成してしまうのです．

また，現在の AI で主流となっている深層ニューラルネットワークは，非常に複雑なモデルであるため，人間から見て不適切な出力が生成されたときに，なぜそのような出力を生成したのかが人間にはよくわからないということが問題になります．このような問題の生じない AI，なぜある出力を生成したのかが人間にも理解できるような AI を，「説明可能な AI（XAI）」と呼びます．人間から見れば「理解可能な AI」ということです．そういったものをどうやって作っていくのかということも，現在活発に研究されています．

---

(6) AI に関する社会的・倫理的問題（中期）

AI に関する中期的な問題としてもっとも論じられているのは，失業の問題です．オックスフォード大学の有名な報告書で，AI やロボット技術が進歩すると，近い将来，いまある職の半分くらいが失われてしまうのではないかという予測が示され，大きな話題になりました．産業革命期など，これまでも似たようなことがあったと思いますが，大規模な失業がまた起こるのではないかということです．

あるいは，これは AI というよりも情報テクノロジー全般の問題ですが，情報テクノロジーによって人間関係が変化するのではないか，人間のコミュニケーションのあり方や社会のあり方が悪い方向に変質してしまうのではないかといったことも議論されています．

---

(7) AI に関する社会的・倫理的問題（長期）

さらに長期的な話になると，脳科学の場合と同じように，やや SF 的になります．

「シンギュラリティ」という言葉が有名になりましたが，これは，AI がある段階で人間よりも高い知能を持つようになり，その後自律的に発展していくという事態を表す言葉です．このように，人間よりも優れた AI，いわゆる人工超知能が誕生することで，人間は AI をコントロールできなくなるのではないか，その結果，人類と AI が争って人類が滅ぼされてし

まうのではないかという，映画『ターミネーター』のような可能性を本気で心配する人も現れています．有名な物理学者のスティーヴン・ホーキングも，そういった懸念を表明していたことで知られています．

　ここまで見てきた問題はそれぞれ興味深いものですが，これまでの講義では脳科学に関連する話題が多かったこともふまえて，今回は，脳科学の発展が10年から30年くらいの中期的なスパンで社会にどのような影響を及ぼすのかに関して，もう少しくわしく見ていきたいと思います．

---

(8) 脳の働きを解読することに関する問題①：マーケティング

　脳科学に関する中期的な問題として，四つの話題を順に見ていきたいと思います．

　さきほど紹介した脳神経倫理学においては，大きく分けると二つのことが主要な論点になっています．脳の働きを解読することに関連する問題と，脳の働きに介入することに関連する問題です．これらが最初の二つの話題となります．

　脳の働きを解読することには，いろいろな用途が考えられます．すでにある程度応用が進められているのは，マーケティングへの利用です．これは「ニューロマーケティング」と呼ばれています．消費者の脳の活動を読み取ることで，より魅力的な商品を開発したり，より効果的な広告を作成したりするという企業の動きが，2000年代からすでに始まっています．

　つぎに紹介する新聞記事は，脳科学というよりは，むしろAIに関係する話かもしれません．脳の働きを読み取るだけでなく，消費者のさまざまなデータを分析することで，消費者の行動をより正確に予測することには，多くの企業が関心を持っています．

　ここで紹介する日本経済新聞の2014年の記事は，Google社が目指していることに関するものです (4)．最後のところに，Google社が目指しているのは聞く前に答えてくれる夢の検索サービスの実現である，利用者が必要なあらゆる情報を予測し，聞かれる前に提供するのが目標であるといったことが書かれています．Google社は，大量のデータを集めて分析することで，誰がどういった情報を必要としているのかを正確に予測して，それぞれの人に提供することを目指しているそうです．

同じ 2014 年のウォールストリートジャーナル誌に掲載された Amazon 社に関する記事には，さらにすごいことが書かれています [5]．Amazon 社の最終目標は，消費者が注文する前に荷物を発送することなのだそうです．どこまで本気かわかりませんが，この消費者はこの商品を注文するということが正確に予測できれば，実際に注文する前に商品を送ることができるはずで，それを目指しているということです．

前回も似たような話がありましたが，こういった技術は，一歩間違えると消費者の無意識に訴えかけて商品を売り込むことにもつながってくるので，倫理的な問題にも注意が必要となります．

---

(9) 脳の働きを解読することに関する問題②：司法

デコーディングの文脈で以前の講義でも出てきたかと思いますが，脳科学を使って虚偽検出，つまり嘘発見ができないかということに関する研究も，すでに進められています．もっとも，いまのところ，すでにある嘘発見器であるポリグラフと比べて，それほど優れた結果は得られていないようです．

とはいえ，ある人の脳の活動を調べることで，その人が嘘をついているかどうかを，より正確に判定することができるかもしれないという想定にもとづく研究は進められています．それが可能になれば，このような技術を取り調べで利用してよいのか，あるいは裁判の証拠として利用してよいのかといった問題が生じます．

---

(10) 脳の働きを解読することに関する問題③：人物評価

さらに一般的な利用法としては，人物評価があります．ある人の脳の働きから，その人の性格や能力を評価したり，予測したりすることの研究も，すでに始まっています．そういったサービスを提供するベンチャー企業も出てきています．

しかし，そういうサービスが実用化されると，就職の際などに脳の活動から潜在的な能力が評価され，それによって採用されるかどうか決まるということが起こるかもしれません．あるいは，特定のネガティブな情報，たとえば，ある人が人種や性に関する偏見をもっているかどうか，あるい

は，ある人に反社会的な傾向性があるかどうかといったことについて，その人の脳の働きから判定することが，将来的には可能になるかもしれません．そのときに，そういった技術を，どのような場面でどこまで利用してよいのかということは，難しい問題です．

---

(11) 脳の働きを解読することに関する問題④：診断

　少し別の話としては，脳の働きを解読することで，将来的にうつ病になるリスクが高いかどうか，あるいは，アルツハイマー病になるリスクが高いかどうかということが，ある程度正確に予測できるようになるかもしれません．

　一方で，そのような予測を予防や発症した際の準備に利用すれば，ポジティブに活用することも可能です．しかし他方で，若年性のアルツハイマー病になってしまうことが事前にわかってしまうとすれば，それは本人にとってショッキングな情報です．そのため，この種の情報をどこまで読み取ってよいのか，その情報をどのように利用すべきかということは，やはり難しい問題です．

---

(12) 脳の働きを解読することに関する問題⑤：その他

　このように，どの利用法に関してもいろいろと問題がありますが，それらに加えて，もう少し一般的なレベルでも注意すべき問題があります．

　過去の講義でもお話がありましたが，デコーディングをする際には，AIを使って脳の働きを解読することが一般的です．このような手法では，基本的には，多くの人の脳の働きに関するデータにもとづくと統計的にはこうです，ということがわかるだけです．したがって，それをどこまで信頼してよいのかということが問題になります．たとえば，統計的に見れば，ある脳活動パターンがある人は，怒りっぽくて衝動的である確率が高いという結果が出たときに，それをどこまで信じてよいのかが問題になります．あるいは，さきほども例に挙げた偏見について言えば，ある人の普段の言動はとくに差別的ではないが，差別的な人に多く見られる脳活動パターンが見られたというときに，その結果をどこまで額面通りに信じてよいのかということも，難しい問題です．

さらに,「予言の自己成就」と呼ばれる問題もあります. たとえば, デコーディングにもとづいてある人が反社会的だと判定され,「お前は反社会的だ」と周りから言われたり, そのような扱いを受けたりした結果, そのような扱いに不満を抱いて, 本当に反社会的になってしまうということがあるかもしれません. あるいは,「あなたはうつ病になります」と判定されて, それがショックでうつ病になってしまったり, 症状が悪化してしまったりする可能性もあるわけです. このような形で, ネガティブな予測が結果的に正しくなってしまうという危険性もあるわけです.

これらの問題に加えて, 人が頭の中で何を考えるかということは, しばしば言われるように, その人にとっての「究極のプライバシー」です. われわれが何をするかということに関しては, もちろん人に迷惑をかけてはいけないという制約があるわけですが, 頭の中では何を考えるのも自由だ, 想像するのは自由だというのが, いままでの人間社会のあり方だったわけです. デコーディング技術によって, それが根本的に変わってきてしまうということもありえます.

以上が一つ目の問題, 脳の働きを読み取ることに関わる問題ということになります.

---

(13) 脳の働きに介入することに関する問題①：能力増強

2つ目の中期的な問題は, 脳の働きに介入することに関する問題です. もっとも中心的な問題は, エンハンスメント, すなわち能力増強の問題です. ここで言う能力増強とは, 薬などを使って, 脳の働き, とくに知的な能力を高めることを指します. スポーツにおけるドーピングと同じようなことを, 知的な能力に関してするわけです. 基本的なパターンは, 精神疾患の治療に使われる薬物を健康な人が服用することで何らかの効果を得るというもので, 実際に効果がある薬物もいくつか見つかっています.

この問題に関しても, すでにいろいろな議論があります. たとえばアメリカでは, ジョージ・W・ブッシュ大統領の時代に大統領生命倫理委員会というものがありました. 大統領の命令で, このような問題を検討し, 報告書を作成するチームができて, その報告書が実際に作成されています. 報告書は日本語にも翻訳されています [6].

このように，能力増強テクノロジーについてすでに多くの議論が展開されているのは，このテクノロジーを使うとさまざまな問題が生じてくるからです．たとえば，能力増強効果のある薬物は安いものではないでしょうから，ある程度裕福な人だけが利用できることになります．そうすると，裕福な人はそういった薬物を利用することで頭がよくなり，さらにお金を稼ぐことができます．これに対して，貧しい人は薬物を使えないので，頭をよくすることができず，結果として格差が拡大することになるかもしれません．また，入学試験のときなどに，一部の人がこのような薬物を利用し始めると，それに対抗するために，本当は薬物を使いたくないという人も使わざるをえなくなってしまうかもしれません．他方で，みんながこのような薬物を使い出すと，結局，テストの得点が全体的に高くなるだけで，競争上の利益はなくなってしまうのではないか，それゆえ，無駄な競争が生じることになってしまうのではないか，という問題もあります．

より原理的な問題としては，人間にとって適正な能力のレベルがあるのではないかということがあります．集中力が高すぎる，記憶力がよすぎるといったことは，われわれにとってむしろマイナスに働くかもしれないということです．たとえば，記憶力には適正なレベルがあって，それ以上に能力を高めても，忘れたいことも忘れられなくなるだけで，よいことは起こらないのかもしれません．

能力増強に関しては，このようにいろいろな問題が論じられています．論点の多くは，スポーツにおけるドーピングや美容整形の是非といった問題と共通するものです．これらがよくないことだと考える人も多いですが，なぜいけないのかということを明確に説明することはそれほど簡単ではありません．安全性の問題はもちろんありますが，それを別にすれば，何が根本的な問題なのかは明らかではありません．ある薬物は禁止だとひとたび決めてしまえば，「ドーピングはルールに反しているから悪い」と言うことができますが，そもそもなぜある種の薬物の使用はドーピングとして禁止すべきなのかということをきちんと言うことは，非常に難しいわけです．同じことが，知的な能力増強に関しても言えます．

（14）脳の働きに介入することに関する問題②：その他の問題

　脳への介入においては，知的能力だけではなく，他にもいろいろなものがターゲットになりえます.

　たとえば，薬物によって気分を変えるということも，すでに問題になっています．一番有名なのは抗うつ薬の利用です．前回も少し出てきたと思いますが，SSRIという，現在よく使われている抗うつ薬は，うつ病でない人が用いても，気分が明朗になる効果があると言われています．うつ病ではない人が抗うつ薬を気分明朗剤のような目的で使うことは，アメリカでは20年以上前から問題になっています．この問題を論じた有名な本もあります[7].

　ほかにも，薬物によって嫌な記憶を消去することは可能か，可能だとして許されるだろうか，あるいは，反社会的な傾向をもつ人を薬物投与によって社会的にすることは可能だろうか，可能だとしたら許されるだろうか，といったことが議論されています.

　ここまでの話で念頭に置かれているのは，薬物によって脳の働きを変えることですが，それ以外の手法も考えられます．たとえば，電気刺激や磁気刺激によって物理的に脳の働きを操作するという可能性もあるわけです.

　あるいは，薬物や電気刺激で直接脳に介入をしなくても，もっと間接的な仕方で脳の働きを変えることが可能かもしれません．前回，川人先生がお話をされていたニューロフィードバックは，治療目的ではありますが，そういった間接的な介入の一種と言えます.

　別の例としては，日本経済新聞の記事で紹介されているつぎのような話もあります[8]．これはNTTによる研究で，生産性を高めるためのちょっとしたトリックのような技術です．たとえば，作業しているときに表示する時計の秒針の速度を速めると作業速度が上がるというように，人が気づかないように少しだけ刺激を変化させることで，われわれの脳の働きを間接的に変化させるわけです．こうした手法は，刺激を与えられている人には気づきにくいものなので，企業が生産性を上げるために社員に対してこのような手法を用いてよいのかということに関しては，倫理的な懸念が生じます．このように，ある人の脳の働きに，本人が気づかないような形で

間接的に介入するということについても，今後さまざまな手法が開発される可能性があります.

(15) 社会への影響①：教育への影響

このように，脳の働きを読み取ることや，脳の働きを変えることに関する倫理的問題に関しては，さまざまな議論がすでに進められています. しかし，脳科学の知見は，もう少し長いスパンでも社会にさまざまな影響をもたらすと考えられます. これが三つ目の中期的な問題です.

たとえば，脳科学の知見はいろいろな仕方で教育に利用できます. すでに研究が進められているのは，発達障害の脳のメカニズムがどうなっているのかということです. たとえば，読字障害やADHDの子供にはどのような教育方法が効果的かといったことも，すでに研究されています. 別の話題としては，どのようなものが子供の脳に悪影響を与えるのかに関する研究があります. 実際に研究が行われているのは，おもにメディア暴力についてです. テレビ番組やゲームの中での暴力シーンが子供の脳にどのような影響を与えるのかということに関する研究です. こういったことの研究が体系的に進められれば，教育のあり方にもその成果が反映されるかもしれません.

医療においては，「テーラーメイド医療」あるいは「オーダーメイド医療」，すなわち，個人個人の遺伝子や体質のあり方に応じた治療法を選択していくということが近い将来可能になるのではないかと言われています. 教育においても，それと同じようなことが実現するかもしれません.

(16) 社会への影響②：司法への影響

もう一つ，脳科学からの大きなインパクトがあるかもしれないのが，司法の場面です. これは「神経科学と法」と呼ばれる一つの分野になっています. とくに刑事司法においては，犯罪を犯した人の脳のあり方がわかることで，さまざまな問題が生じます.

たとえば，ある被告の脳に何か異常が見つかったときに，その人には責任能力があると言えるのだろうかということが問題になります. あるいは，脳の働きから再犯可能性をある程度正確に予測できるようになったとした

ら，そのような情報を量刑判断に利用してよいだろうかということが問題
になります．より根本的な問題として，現在行われているような刑罰制度
は人間の行動の矯正にどれだけの効果があるのかということも，最終的に
は問題になってくるかもしれません．

(17) 人間観への影響

　さらにもう一段階抽象的なレベルでは，脳科学の進展によって，われわ
れの人間観に関しても，根本的なレベルで変化が生じるかもしれません．
これが四つ目の中期的な問題です．

　たとえば，私は私の心についてどれくらいわかっているのかということ
には，脳科学だけではなく心理学なども大いに関係してきますが，基本的
には，実証的な研究を進めれば進めるほど，人間は自分の心の働きという
のをわかっていないということが明らかになりつつあります．そうだとす
ると，私の脳が引き起こしたことを，私はどこまで引き受けなければいけ
ないのかという問いが生じます．さきほどのマーケティングの例を考えて
もわかりますが，私が何かを買ったときには，たしかに私の脳がある仕方
で働いて，その結果としてある商品を選んだわけですが，そこに至る要因
はいろいろあり，その中には私がまったく気づいていないさまざまな要因
からの無意識の影響もあるわけです．そうだとすると，このような場面で
「ある商品を私が自分で選んだ」とどこまで言えるのだろうかということ
が，よくわからなくなってくるわけです．

　あるいは，現在われわれは，成長に応じて人の性格は徐々に変化するけ
れども，それほど大きくは変わらない，ある人の基本的な人となりはそれ
ほど大きくは変わらないと考えています．しかし，薬物などによって人の
性格や知的能力が大きく変わるようになれば，「私はどういう人間か」と
いうことの理解が，大きく変わることになるかもしれません．この辺にな
ると話がだんだん哲学的になっていくわけですが，脳科学の社会への影響
を考えていくと，そういったところにまで話が及ぶかもしれません．

(18) 人間以外の存在に関する見方への影響

　これとは別の話として，人間の脳と他の動物の脳，あるいは人間の脳と

AIの情報処理のあり方が、どれくらい似ていてどれくらい違うかということが具体的に明らかになることで、人間以外のものに対する見方が大きく変わるかもしれません。人間と人間以外の動物は、じつはわれわれが思っている以上に似ているのだということになるかもしれませんし、ならないかもしれませんが、人間と人間以外のものの線引きということに関しても、大きな変化があるかもしれません。

　以上、駆け足でしたが、脳科学とAI研究が将来引き起こすかもしれないさまざまな問題を概観してきました。ここで、ではわれわれはどうしたらよいのか、これらの問題にどう対処すればよいのか、ということが当然問題になります。つぎのパートでは、これらのことを考える上でのヒントについてお話ししたいと思います。

3　考えるヒント

(1) 注意すべきこと

　最後のパートのお話をする前に、一つ注意を述べておきます。最初におことわりしておくべきでしたが、今回の講義は正解を提示するわけではありません。このような問題があります、このような問題もあります、だから非常に悩ましいです、ということを確認するだけで、それについてはこうするのが正しいですという答えをお示しできるわけではありません。それは、個人的に正解がわからないからというよりも、いずれの問題もまだまだ議論が続いており、それぞれの問題に関する答えがまだ見つかっていないからです。ですので、「いずれも重要だけれども難しい問題だ、悩ましい問題だ」ということを感じていただければよいかなと思います。

　そうは言っても、われわれはどうしたらよいかを考えなければならないので、それを考える上での大まかなヒントを三つほどお話ししたいと思います。

(2) ヒント①：新しいものとすでにあるもの

　これまで見てきたものは、おもに未来のテクノロジー、これから現れるかもしれないテクノロジーです。それに関して、それはよくないのではな

	いまあるテクノロジー	未来のテクノロジー
利用してよいもの		
利用すべきでないもの		

表2

いか，やめるべきなのではないか，禁止すべきなのではないか，ということがしばしば論じられるわけです．そういったことを議論するときには，すでにあるテクノロジーと対比するということが重要になります．われわれの素朴な感覚では，利用してよいテクノロジー，あまり問題のなさそうなテクノロジーと，利用しない方がよいテクノロジー，要注意のテクノロジーというものがあるように思われます．そこで，両者の違いはどこにあるのかということが問題になります．

　いまあるテクノロジーと未来のテクノロジーという区別と，利用してよいテクノロジーと利用すべきでないテクノロジーという区別を組み合わせると，表2のように4つのセルができます．2×2で4つの分類になるわけです．この分類が，いまあるものには問題がないが，これから出てくるものには問題があるので，新しいものは禁止すべきだ，ということになるなら，話がわかりやすいわけです．問題は，おそらく話はそれほど単純ではないだろうということです．これまで見てきたさまざまな新しいテクノロジーには，ちょうどそれと対になる既存のテクノロジーがあります．そして，なぜいまあるものはよくて，今後出てくるものはダメなのかということをきちんと説明することは，簡単ではありません．

(3)「新しいものとすでにあるもの」の例

　具体例で考えてみましょう．能力増強テクノロジーは，いまわれわれが学校で行っている教育と，ある意味では似ています．能力増強とは，脳の働きを変化させて能力を高めるということですが，非常に抽象的なレベルで見れば，通常の教育がやっていることも能力増強の一種だと言えるからです．もちろん，手段は大きく異なります．とはいえ，たとえば一部の親が子供を塾に行かせるといった場合を考えれば，格差の拡大につながる，競争が激化していくといった問題は，通常の教育にも見られる問題だということがわかります．

また，脳科学を利用したマーケティングの話をしましたが，それと似たようなこと，たとえば，消費者が気づかないようなところで商品の魅力をアピールする，刷り込むということは，通常のマーケティングでもさまざまな形で行われていると考えられます.

　このように考えていくと，いま使っているテクノロジーとこれから現れるテクノロジーを，まったく異なる種類のものとして線引きするのは難しいように思われます. やはり，話はそれほど単純ではないわけです.

(4) 未来のテクノロジーについて考える意義

　ここから得られる教訓は何でしょうか. もちろん，未来のテクノロジーに関して，何が利用してよいものなのか，何が利用すべきでないものなのかということをきちんと考え，両者を線引きしていくことは重要です. しかし，考えるべきことはそれだけではありません. 未来のテクノロジーの中に利用すべきでないもの，こういうものは使わない方がよいというものがもしあるのだとしたら，それはどういう理由で使うべきでないのかということを明確にし，いまあるテクノロジーにも似たような特徴があるものはないだろうか，ということを考えることも重要な作業となります.

　これは，未来のテクノロジーについて考えることの一つの意義でもあります. 未来に照らして考えることが，現在の社会のあり方について考え直してみる，見つめ直してみる機会になるかもしれないわけです.

　たとえば，未来のテクノロジーによって可能になる完全なバーチャルリアリティの世界で生きている状況，映画『マトリックス』で描かれているようなバーチャルリアリティの中で生きている状況がもし望ましくないものなのだとしたら，SNSなどに長い時間を費やしている現在の人々のあり方はどうなのだろうかということを，それに照らして考え直してみることができるかもしれません. このように考え直してみたときに，いまはなんとなく使ってしまっているテクノロジーについても，よく考えてみるとこれは使わない方がよいかもしれない，あるいは，使うこと自体は認めてよいとしても，利用の際にはもう少し注意が必要かもしれない，ということが見えてくるかもしれません.

　行動経済学や心理学では，「現状維持バイアス」という現象が知られて

います．われわれは現状をなかなか変えたがらないという思考の傾向です．現在のあり方はじつは最適ではなく，それを変更した方がよいとしても，人間にはその手間を面倒くさがり，現状を変えたがらない傾向があるわけです．テクノロジーに関しても，そのようなことがあるのかもしれません．いま使っているというだけで自動的にそれをそのまま使い続けてしまう，そういうことがあるのかもしれません．未来のテクノロジーについて考えることは，一歩立ち止まって，いまあるものを見つめ直すよい機会になるはずです．

(5) ヒント②：トランスヒューマニズムをめぐる論争

　次は二番目のヒントです．じつは，2000 年頃からここ 20 年ほどのあいだに，脳科学や AI だけではなく，バイオテクノロジー，たとえば遺伝子テクノロジーなども含めて，テクノロジー推進派と反対派のあいだで活発な論争が展開されています．哲学者だけでなく，科学者や技術者なども加わって，一方にはテクノロジーを推進する立場の人々がいて，他方にはそれに反対する人々がいるという形で，論争が続いています．それぞれの立場の言い分を見てみることも，問題の全体像を理解する上では，一つのヒントになるかもしれません．

(6) テクノロジー推進派

　テクノロジー推進派としてもっとも有名な論者の一人は，レイ・カーツワイルというアメリカのコンピュータ科学者兼未来学者です．さきほど言及した「シンギュラリティ」という考え方，「人工知能が人間よりも賢くなることがきっかけとなり，加速度的にテクノロジーが進化していく」という考え方を，最初に大々的に唱えたことで有名な人です．日本語にも訳されている『ポスト・ヒューマン誕生』という本で，彼が次のようなことを述べています [9]．

　　　「我々の現在備えているバージョン 1.0 の生物学的身体（つまり生身の体），それも同じようにもろく，無数の故障モードに陥ってしまう．特異点に到達すれば，我々の生物的な身体と脳が抱える限界を超える

ことが可能になり，運命を超えた力を手にすることになる．死という宿命も思うままにでき，好きなだけ長く生きることができるだろう．人間の思考の仕組みを完璧に理解し，思考の及ぶ範囲を大幅に拡大することもできる．21世紀末までには，人間の知能のうちの非生物的な部分は，テクノロジーの支援を受けない知能よりも，数兆倍の数兆倍も協力になるのだ．」（『ポスト・ヒューマン誕生』，19ページ）

　これは，テクノロジー推進派の典型的な考え方です．この引用からもわかるように，カーツワイルは，さまざまなテクノロジーを駆使して人間自身を改良し，人間自身の能力を高めていくことを推奨しています．遺伝子操作，脳を人工知能と接続すること，生身の体を機械に置き換えて人体をサイボーグ化すること，そういったことをすべて駆使して，人間は能力を高めていくべきだと考えているわけです．別の箇所では，カーツワイルは，「人間という種は，生まれながらにして，物理的および精神的な力が及ぶ範囲を，その時々の限界を超えて広げようとするものだ」（同書，20ページ）ということも述べています．テクノロジーを使ってみずからを改良していく，あるいは環境を変えていく，より高い能力やより便利な生活を手に入れていくということは人間の本性だ，人間はそもそもそのようなあり方をしている存在なのだという人間観をもっているわけです．このような考え方は，ラメズ・ナムというアメリカのコンピュータ学者など，テクノロジー推進派に広く共有されています．

　こういった人々は，「トランスヒューマニズム」という考え方を提唱しています．現在は「Humanity+」という名称になっていますが，そのような考え方を支持する人々の団体も作られています．「Humanity+」と検索するとウェブサイトも見つかります．そこでは，いま紹介したような考え方を，このグループの基本的な考え方として述べています．つまり，「われわれは，テクノロジーを使って，生身の人間がもっているさまざまな限界を乗り越えていくべきだ」というビジョンを提唱しています．

　テクノロジー推進派は，現代的なテクノロジーの利用も含め，技術を使って世界を変えていくということは人間の本性だ，人体を改造していくのもその延長線上にある営みだ，われわれが直面している問題は基本的には

科学技術によって克服可能だ，といった考え方に立っているわけです．

(7) テクノロジー批判派

　他方で，こうした考え方に批判的な人々もいます．たとえば，テクノロジー批判派の代表的な論者に，アメリカのジャーナリストのビル・マッキベンという人がいます．マッキベンは日本語にも訳されている『人間の終焉』という本の中で次のように述べています[10]．

　　「私たちは，まさかと思うことをしなくてはならない．今住んでいるこの世界をじっくりと見渡して，これでいいと認めなくてはならないのだ．これでもう十分だと．一部始終がいいわけではない．細かく言えば，テクノロジーの面でも文化面でもまだ改善できる点やすべき点はたくさんある．しかし大まかなところや，基本的なところは十分に恵まれている．知能も十分．能力も十分．もうこれで十分だ．」
　　（『人間の終焉』，150 ページ）

　これが彼の基本的なメッセージです．彼は，これ以上能力を高める必要はない，これ以上高度なテクノロジーを開発する必要はない，ということを主張しているわけです．そのように考える理由も，彼は別の箇所で論じています．

　　「私たちはいま閾を飛び越えようとしている．マイクロスケールのテクノロジーへの飛躍は生活を安楽にしてきたが，そこからさらにナノスケールのエンジニアリングへ飛躍をすると，いずれ我々は溢れ出る豊かさに溺れることになる．近代医学への飛躍は私たちを多くの病気から解放してくれたが，そこからヒト遺伝子操作への飛躍は，私たちをゆがんだ鏡の家に閉じ込める．それが閾の仕組みで，ある点まではいいのだが，その点を超えると問題が生じる．ビール一杯はいい．二杯ならもっといいかもしれない．しかし八杯となると，ほぼ間違いなく後悔するだろう．」（『人間の終焉』，161 ページ）

マッキベンは，テクノロジーには最適なレベルがあり，それを超えるとテクノロジーはむしろわれわれにとってマイナスに働くという見方を，さきほどのトランスヒューマニズムに対立する見方として提示しているわけです．

NHK で放送された『白熱教室』で有名な政治哲学者のマイケル・サンデルも，どちらかというとこちら側，テクノロジー批判派です．とくに遺伝子操作などによって知的な能力を高めることに関しては，それを批判する本も書いています[11]．

批判派の基本的な考え方は，人間にとって適切なレベルのテクノロジーがある，人間はあまりに高度なテクノロジーをうまく使いこなすことはできない，人間は生まれもった本性を改変すべきではない，というものです．

これら対極的な見方のどちらが正しいのだろうかということを考えてみることも，未来のテクノロジーとのつきあい方を考える一つのヒントになると思われます．これが二つ目の話題でした．

---

(8) ヒント③：幸福とは何か

最後に，三つ目の話題として，さらに大きな話を簡単にしたいと思います．

これまで見てきたさまざまな事例において問題になっていることは，テクノロジーはわれわれの生をよりよいものにするのか，テクノロジーはわれわれを幸福にしてくれるのだろうか，ということです．したがって，これらの問題について考えるためには，さらに根本的な問題，つまり，われわれの生をよりよいものにするものは何だろうか，われわれを幸福にするものは何だろうか，という問いに立ち返って考えてみる必要があります．

このような問題を考える切り口はいろいろあります．哲学も，幸福とは何かという問題を古代ギリシア時代から論じています．しかし，ここでは心理学に目を向けてみます．幸福に関する心理学研究も 20 世紀の終わり頃から盛んに行われていて，いろいろと興味深いことがわかってきています．

幸福に関する心理学研究について日本語で手軽に読めるものとしては，たとえば『幸せを科学する』という本があります[12]．以下ではこの本か

らいくつかの研究を紹介しましょう.

(9) テクノロジーが幸福をもたらす可能性①

テクノロジーがわれわれを幸福にするとしたらどういうストーリーがありうるか,ということを考えてみましょう.

その話に入る前に少し注意を述べておくと,以下で紹介するような研究において心理学者が問題にしているのは,幸福というよりもむしろ「幸福感」です.つまり,多くの場合に心理学者が測定しているのは,ある人がどれくらい幸せだと感じているか,あるいは,どれくらい充実した人生を送っていると感じているかということだということは,念頭に置いておく必要があります.

それをふまえて,テクノロジーが発展することでわれわれの幸福感が高まるとしたら,つまり,われわれがより幸せだと感じる生活を送れるとしたら,どのような筋書きが考えられるでしょうか.一つには,能力増強テクノロジーで能力を高めることで仕事がはかどり,収入が増え,いろいろなものが買えたり,いろいろなところに旅行に行けたりするようになって,その結果として幸福になる,というシナリオが考えられます.

ところが,幸福に関する心理学研究から得られる一つの重要な知見は,物質的な豊かさと幸福感にはそれほど直接的な関係がないということです.表3は1999年に発表されたやや古い研究で,「人生にどのくらい満足していますか」という大雑把な質問を用いた調査ですが,その結果は興味深いものです[13].表には,この質問に対する各国での回答の平均値と,アメリカを100としたそれぞれの国の経済力が示されています.じつは,日本は,ここに挙げられている国の中では経済的にはかなり豊かなのですが,人生の満足度という点ではかなり低いことがわかります.この中では,平均よりも低いぐらいです.他方で,経済的にはそれほど豊かではありませんが,人生満足度が高い国もあります.ブラジルやチリなどの国はそのようなカテゴリーに含まれます.ざっと見ても,経済的な豊かさと人生満足度は単純に比例しているわけではない,あまり相関していないということがわかります.

同じような話は,経済学でもしばしば議論されています.「イースタリ

国名	人生満足度	購買力平価（1992 年）
Bulgaria	5.03	22
Russia	5.37	27
Belarus	5.52	30
Latvia	5.70	20
Romania	5.88	12
Estonia	6.00	27
Lithuania	6.01	16
Hungary	6.03	25
Turkey	6.41	22
Japan	6.53	87
Nigeria	6.59	6
Korea（South）	6.69	39
India	6.70	5
Portugal	7.07	44
Spain	7.15	57
Germany	7.22	89
Argentina	7.25	25
China（PRC）	7.29	9
Italy	7.30	77
Brazil	7.38	23
Chile	7.55	35
Norway	7.68	78
Finland	7.68	69
United States	7.73	100
Netherlands	7.77	76
Ireland	7.88	52
Canada	7.89	85
Denmark	8.16	81
Switzerland	8.36	96

表 3　各国における人生満足度と購買力

ンのパラドックス」という名前がついていますが，「先進国では，GDP が上昇して経済的に豊かになっても幸福感があまり高まらない」ということが知られています．残念なことに，日本はその典型です．図 1 は日本の 1958 年から 1987 年の，つまり経済的には急速に発展している時期における幸福感のデータですが，まったく上昇していないことがわかります [14]．ここにはこの後のデータはありませんが，経済的には横ばいで幸福感は低下，という結果になっていても不思議ではありません．図 2 は，経済的な豊かさと幸福度の関係を一般的に見たものです．素朴には，両者は単純な比例関係にある，つまり，経済的に豊かになればなるほど幸福度が上がっていくという関係にあると期待するわけですが，そうではなく，経済的な豊かさがある一定のレベルを超えると幸福度は横ばいになることがわか

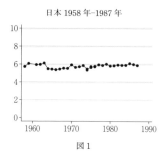

図1

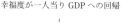

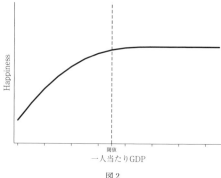

図2

図1,図2いずれも https://docs.iza.org/dp13923.pdf より転載

ります.経済的に豊かになっても幸福度はそれほど上昇しないということは,さまざまな研究で繰り返し確認されています.

　このような研究からは,物質的な豊かさと幸福感のつながりは弱いようだ,したがって,テクノロジーを駆使すれば物質的な豊かさは得られるかもしれないけれども,それによって幸福感が高まるという保証はないようだ,ということが見えてきます.

(10) テクノロジーが幸福をもたらす可能性②

　テクノロジーと幸福感のあいだには,もう一つ別のつながりが考えられます.テクノロジーは,物質的な豊かさよりもむしろ精神的な豊かさを高めることによってわれわれの幸福を高めるのかもしれません.

　しかし,残念ながらこちらの筋もそれほど有望ではありません.幸福に関する心理学研究では,幸福感を高めるとされる要因がいくつか特定されています.そして,それらは物質的な要因ではなく,むしろ社会的な要因だということが知られています.たとえば,配偶者がいて配偶者との関係がよい,あるいは親しい友人がいるといったことであったり,やりがいのある仕事をしているということだったり,あるいはもっと卑近な話としては,他者との比較で優越感をもてるということは,幸福感につながると言われています.

　このような観点から未来のテクノロジーについて考えるとどうなるでしょうか.さきほどもお話しした SNS のようなデジタルテクノロジーは,

どちらかというと人間関係を希薄にする方向性，特定の人々との緊密なコミュニケーションを失わせるような方向性があります．また，人工知能がわれわれの仕事を奪うということになると，経済的な問題が生じないとしても，やりがいのある仕事をもつことが難しくなるかもしれません．さらに，他者との関係ということで言えば，現在では，SNSを通じて他人の生活の詳細を知ることができるようになっています．SNS上では，人は実際よりも楽しそうな生活をしているかのような投稿をすることが多いわけですが，そうしたものを見ると，周りの人はみんな楽しそうにしている，自分だけが不幸だ，という感覚を抱くようになるかもしれません．あるいは，能力増強テクノロジーが普及すると，仕事上の競争がどんどん激化していき，他者との関係がストレスの大きいものになるかもしれません．

このように，具体的に見ていくと，新しいテクノロジーが人間関係や社会的関係にプラスに働くかというと，それもかなり怪しいことがわかります．精神的な豊かさが幸福感につながる，たとえば親しい友人ができれば幸福感が高まるということは事実かもしれません．しかし，新しいテクノロジーを使うことで，そういった緊密な友人関係が築けるようになるのかと言えば，そうとはかぎらないわけです．

(11) 幸福感の限界

新しいテクノロジーが直接的に目指していること，たとえば，知的な能力を高める，記憶力を高める，集中力を高めるといったことは，そう遠くない将来可能になるかもしれません．しかし，それが最終的に私の生活をより幸福なものにしてくれるのかと言えば，それほど単純ではないわけです．

脳科学やAIをはじめとするテクノロジーは，われわれの能力を高めるかもしれないし，それによって物質的に豊かになるということは起こるかもしれません．しかし，それによって，より幸福になれるとはかぎらないのです．

ここで少し注意する必要があるのは，物質的にどのようなあり方をしていてもわれわれの幸福感はまったく変わらないのかと言えば，そうではないということです．さきほどの図2にもあるように，あるレベルまでは，

経済的に豊かになると幸福感は上昇します．最低限の衣食住がきちんと保障されているということは，われわれが幸福な生を生きるためにもちろん重要です．しかし，そういったことが保障された上でより豊かになるというレベルになってくると，経済的に豊かになればなるほど幸せになるとは，単純には言えないことになります．

おわりに

　以上，おもに脳科学に関する中期的な問題を中心に，脳科学および AIの発展によって今後生じうる問題についてお話ししてきました．

　これらの問題を考えるとき，時間的なスケールや問題の規模が変われば，どういう形で問題に対処すべきなのかということも，おそらく変わってくるでしょう．

　短期的で具体的な問題に関しては，技術的・制度的な方法によって，たとえば説明可能な AI を作ることや，安全性に関していろいろな法律を作って，こういうことはやってはいけないと禁止することによって，問題に対応できるでしょう．

　話がもう少し中期的になって，規模が大きくなってくると，われわれの対処法も，もう少し根本的になっていきます．政策という形で，どのようにテクノロジーを利用していくかを決めていく必要が出てきます．

　さらに長期的な影響，最後に出てきた幸福とのつながりということになると，さらにもう一段階大きな視点が必要になってきます．どのような社会を目指していくのかに関するビジョンをもつことや，われわれはどのようなことに価値を置いているのかを考えること，つまりわれわれの価値観を明確にすることが必要になります．われわれにとって真に大切なことを明らかにし，それにつながるような形でテクノロジーを使っていくことが必要になります．

　ということで，第三のパートのメッセージは，テクノロジーによってよりよい社会を実現するには，望ましい社会のあり方に関するビジョンが重要だ，ということです．そして，望ましい社会のビジョンを描くには，人間とは何か，幸福とは何かといった大きな問い，哲学的な問いについても考える必要があります．テクノロジーとのつきあい方を長い射程で考える

には，そこまでを視野に入れて考えていくことが必要だと思われます．

　いろいろな問題を駆け足で紹介する形になってしまいました．後半の話題については，みなさまもいろいろとご意見をおもちだと思います．ぜひ，みなさんのお考え，あるいは，「ここにはこういう問題もあるのではないか」といったことについて，ご意見，コメントなどを聞かせていただければ幸いです．私からのお話は以上となります．ご清聴どうもありがとうございました．

Q&A　　講義後の質疑応答

Q　私はエネルギー開発の仕事をしていまして，気候変動が起きたら人間の生命に関わるエネルギーインフラというものが人類の存続にとって重要だと思っています．幸せかどうかというよりも，生物として子孫を残していくというところが非常に重要なポイントかなと考えて研究をしています．

　いま，AIによって，人間が便利になったりする部分はあると思いますが，子孫を残していくというところにどれくらい寄与するのかというところでは少し疑問があります．生物の幸せと生物が子孫を残していくといったところでの議論はされているのでしょうか．

A　現在では，子孫を残すことと人間の幸せは，それほど単純に結びつかないだろうと考える人が多いと思います．なぜかというと，「人間は生物としてこのようなあり方をしているから，そのようなあり方は価値がある」と単純に考えてしまうと，いろいろと問題のある結論が出てくるからです．たとえば，子供をもたないと選択した人は不幸なのか，あるいは，同性愛の人は不幸なのか，というような問題が生じます．したがって，生物として何が標準的なあり方かということと，何に価値があるのかということは，直結してはいないだろうということです．そういう意味では，人間の幸せにとって，子孫を残すことや，人類を存続させていくことは，かならずしも重要な要素ではないというのが一般的な考え方でしょう．

　他方で，AIを人間の幸福にどう役立てていくかということに関しては，

いろいろと考えるべき問題があります．たとえば，現在の AI に関して言えば，AI 自体にとって何かがよい，悪いということを言うことはできません．生物の場合には，「これはおいしい」，「これは痛い」，「ここは寒い」といったことにプラス，マイナスの価値を見出すことができ，それがおそらくどういうものに幸福を見出すかということのベースになっているわけです．しかし，AI の場合には「このような入力に対してはこのような出力が正解だ」という形で，ある種の価値を人間が与えてあげてはじめて，いろいろなことが実行できるようになります．このように，AI 自体にとって何かがプラスである，マイナスであるということが言えないという意味では，AI は生物とはまったく違うあり方をしています．この違いをふまえた上で AI を利用していくことが重要になるのではないでしょうか．少なくとも現状では，AI はわれわれが教え込んだ価値についてしか理解できないということは，念頭に置いておく必要があると思います．

Q　僕は脳化社会が行き過ぎているのではないかというような気がします．こういう状態が進むことはよい悪いではなく，進んでいくと思います．
　それに対して，「我々の実生活で何を強化していくべきか」，「我々人間，特に日本人が何をやっていけば，それに負けないような生活になるか」，「どんなことをこれから考えていけばいいか／楽しんでいけばいいか／やっていけばいいか」というのが質問です．先生はどうお考えでしょうか．
A　今回紹介したものも含めて，いろいろなところで言われていることの一つは，われわれの幸福感にとっては人間関係というものが非常に重要だということです．人間同士のコミュニケーション，とくにそれなりに親密なコミュニケーションは，われわれが思っている以上に，人間にとって大きな意味をもっているようです．そういう意味では，新型コロナウイルス感染症がきっかけとなっていままさに問題になっていることですが，対面での直接的な人間同士のコミュニケーションは，ある程度維持しないといけないのかもしれません．
　もう一つは，脳科学にせよ，AI にせよ，過剰な期待をもたないこと，思わぬマイナス面があるかもしれないという意識をもつことも大事だと思います．直接的にはいろいろなことができるようになりますが，最終的に

どのような結果になるかを事前に正しく見通すことは難しいということは，やはり自覚しておかないといけないだろうと思います．

注

(1) 鈴木貴之『100 年後の世界——SF 映画から考えるテクノロジーと社会の未来』化学同人，2018 年

(2) マイケル・S・ガザニガ／梶山あゆみ訳『脳のなかの倫理——脳倫理学序説』紀伊國屋書店，2006 年

(3) 信原幸弘・原塑編著『脳神経倫理学の展望』勁草書房，2008 年，信原幸弘・原塑・山本愛実編著『脳神経科学リテラシー』勁草書房，2010 年

(4) 「Google（上）検索がなくなる日」日本経済新聞，2014 年 8 月 19 日朝刊

(5) "Amazon Wants to Ship Your Package Before You Buy It". *The Wall Street Journal*. January 17, 2014.

(6) レオン・R・カス編著／倉持武監訳『治療を超えて——バイオテクノロジーと幸福の追求』青木書店，2005 年

(7) ピーター・D・クレイマー／堀たほ子訳『驚異の脳内薬品——鬱に勝つ「超」特効薬』同朋舎，1997 年

(8) 「『無意識』に作用，仕事の効率向上」日本経済新聞，2015 年 5 月 12 日朝刊

(9) レイ・カーツワイル／井上健監訳・小野木明恵ほか共訳『ポスト・ヒューマン誕生——コンピュータが人類の知性を超えるとき』NHK 出版，2007 年

(10) ビル・マッキベン／山下篤子訳『人間の終焉——テクノロジーは，もう十分だ！』河出書房新社，2005 年

(11) マイケル・J・サンデル／林芳紀ほか訳『完全な人間を目指さなくてもよい理由——遺伝子操作とエンハンスメントの倫理』ナカニシヤ出版，2010 年

(12) 大石繁宏『幸せを科学する——心理学からわかったこと』新曜社，2009 年

(13) Diener, E., & Suh, E. M.（1999）. National differences in subjective well-being. In D. Kahneman, E. Diner, & N. Schwarz（eds.）, *Well-being: The foundations of hedonic psychology*（pp. 434-450）. New York: Russell Sage Foundation.

(14) Easterlin, R. A., & O'Connor, K. J.（2020）. The Easterlin Paradox. *Institute of Labor Economics Discussion Paper Series*. No. 13923.（https://docs.iza.org/dp13923.pdf）

第10講
脳科学の倫理と人間のゆくえ

信原幸弘
東京大学名誉教授

信原幸弘（のぶはら　ゆきひろ）
1954年生．東京大学大学院総合文化研究科の科学史・科学哲学教室の元教授で，現在は東京大学名誉教授．東京大学大学院理学系研究科科学史・科学基礎論専攻博士課程満期退学．博士（学術）．専門は心の哲学，脳科学の哲学・倫理・リテラシー，精神医学の哲学．著書として，『意識の哲学』（岩波書店，2002年），『情動の哲学入門』（勁草書房，2017年），『「覚える」と「わかる」』（筑摩プリマー新書，2022年）など．共編著として，『脳神経倫理学の展望』（勁草書房，2008年）など．

はじめに

　今回のテーマは「脳科学の倫理と人間のゆくえ」という大変大きなものです．そのため，「脳科学の倫理」についても，「人間のゆくえ」についても，そのごく一端に触れるだけになりますが，私が最近特に関心を持っていることをお話しさせていただきます．まず全体の内容を簡単に見ておきます．

　「1　脳・AI 融合」ということで，まず「脳と AI が融合する，今の時代にどういうことが問題になるのか」，特に「人間と AI の融合が目指されているが，この両者の間には根本的な異質性があるのではないか」ということを述べたいと思います．

　次に「2　文章理解」，「3　状況把握」，「4　物語自己とデジタル自己」では，3つの点，すなわち文章理解，状況把握，自己について，人間と AI の異質性を確認していきます．

　「5　人機一体」では，人間がそのような異質な AI（つまり機械）と一体化する時，人間はどうなっていくのだろうかという「人間のゆくえ」の問題を考えます．ここでは，人機一体の1例として「マインド・アップローディング」を取り上げて，それに即して人間がどうなるかを考えていきたいと思います．

　「6　ゴリラ化問題」では，人と AI が一体化しない場合も考えられますので，その時，人間はどうなっていくのかを考えます．特に，その場合には「ゴリラ化問題が起こるのではないか」と懸念されていますので，この問題を考えていきます．

　最後に，「7　人間観の変容」では，全体のまとめも兼ねて，「この脳・AI 時代に今後私たちの人間観はどう変わっていく可能性があるか」という問題を考察して，締めくくりとしたいと思います．

1　脳・AI 融合

(1) 現在の状況

　現在，「脳科学」と「AI 研究」という2つの研究領域について，その融合が図られつつあります．脳科学に AI 研究の成果が使われ，逆に AI 研

究に脳科学の成果が使われるという形で，両者の融合がどんどん加速的に進んでいます．

それに呼応して，研究同士の融合だけではなく，脳とAI（装置としてのAI）の融合も進んでいます．具体的には「BMI（Brain-Machine-Interface）」，つまり「脳と機械（特にコンピュータ）の接続」が進んでいます．これは，言い換えれば，「人機一体（人と機械の一体化）」が進んでいるということです．人間がいろいろな機械装置を身につけてサイボーグ的な存在になるという「人間のサイボーグ化」が進んでいるのです．

(2) 人間とAIの異質性

このように現在では，人間とAIの一体化が進んでいますが，その一方で，人間とAIには根本的な違いがあるように思われます．つまり，両者はきわめて異質な存在であるように思われるのです．

たとえば，「文章理解」です．人間は容易に「文章理解」ができますが，AIには「文章理解」がなかなか困難です．それからAIには「状況把握」も非常に困難です．さらに，人間は「物語自己」と親和性があるのにたいし，AIは「デジタル自己」と親和性があります．

このような根本的な違いが人間とAIの間にあるので，「果たして両者の融合はそもそも可能だろうか」，「可能だとしても，果たして善い融合，望ましい融合になるのだろうか」という疑問が起こってきます．この融合がどうなっていくかによって，人間のゆくえ，つまり人間の運命も，大きく変わってくると思います．したがって，人とAIの融合，すなわち人機一体の問題を考えることは，同時にまた人間のゆくえを占うことでもあります．このような問題を今日は扱っていきたいと思います．

2　文章理解

(1) 文章理解ができる人間

最初に「文章理解」に関する人間とAIの違いを見ていきましょう．人間はごく普通に文章理解ができます．もちろん難しい文章になると，人間も苦労することがありますが，普通だいたい容易に文章が理解できます．今日，「文字離れ」だと言われますが，そうは言ってもSNSなどで膨大な

言語的コミュニケーションが行われています．要するに，「文字離れ」は
難しい本を読まないというだけで，現代において文字そのものから人間が
離れているというわけではありません．とにかく人間は文章を盛んに読み，
そして容易に理解しています．

(2) 文章理解が苦手な AI

たいして，AI の方は「文章理解」が非常に苦手だと言われています．
AI では「自然言語処理」とよばれる研究が当初から行われています．
1950 年代の後半に AI 研究が立ち上げられますが，その当時は，10 年も
すれば機械翻訳ができるだろうと言われていました．しかし，全くそうで
はありませんでしたし，いまもその状況は続いています．

最初の頃は「規則に基づいて記号を操作する」という仕方で自然言語の
処理，つまり文の理解や発話などができるのではないかと考えられ，その
方向で研究がなされていました．しかし，このような記号操作による言語
理解に関しては，ジョン・サールという哲学者が「中国語の部屋」の思考
実験を展開して，「記号操作では文の理解は生じない」という原理的な反
論を行いました．これは大変有名な思考実験なのですが，じつは大きな問
題も抱えています．しかし，今日はその点には深入りせず，サールが記号
操作による言語理解に反対したことを紹介するだけにしておきます．とに
かく，記号操作という方法では，自然言語の理解は実際なかなかうまくい
かなかったのです．

1990 年代から，記号操作に代わって，「語と語の繋がりを統計的に処理
していく」ことで自然言語処理を行おうという動きが出てきました．最近
では特に深層学習と結びついて，この統計的な手法はかなりの成果をあげ
ています．Google の機械翻訳はなかなかなものだと評価されたりもして
きています．しかし，それでもまだ機械翻訳もそこそこの成功にとどまっ
ており，人間のプロの翻訳家と比べれば，根本的な違いがあると言わざる
を得ません．ましてや対話ということになると，なかなか AI はスムーズ
に対話を行うことができません．このような状況ですので，自然言語処理
はいまだにうまくいっているとまでは言えません．

(3) AI は文章理解が苦手であることを示す事例

　自然言語処理に関するこうした状況をいくつかの事例に即して確認しておきたいと思います．まず，東ロボの挫折です．「ロボットは東大に入れるか」という東ロボプロジェクトが 2011 年に開始されて，新井紀子さんらを中心に研究が行われました．開始から 5 年後の 2016 年度までに，当時のセンター試験（今の共通テスト）で高い点を取り，2021 年度にはめでたく東京大学の入試に合格するという目標が掲げられ，研究がスタートしました．しかし，残念ながら 2016 年には断念することとなりました．

　その理由として，人工知能は意味理解がなかなかできないということがありました．しかも，近々に意味理解が進展することも見込めない状況でした．そのため，一旦断念することになったわけです．実際，国語や英語の点数が特に低かったのですが，こうした科目は「文章理解」が大きな要素を占めるので，それも当然の結果かと思われます．

　また，中国で開発された人工知能が医師国家試験においてその筆記試験に合格したというニュースが流れたりしましたが，そもそもこの筆記試験は「文章理解」をあまり必要とせず，簡単な定型文を理解できればよかったので，合格できたにすぎません．つまり，知識さえあれば，「文章理解」があまりできなくても解ける問題だったわけです．AI はなかなか「文章理解」が苦手なようです．

　人工知能は囲碁や将棋では最高レベルの人間も打ち負かす段階に達しており，また自動運転もほぼできそうなところにまできています．そのようなことを考えると，「なぜ人間なら容易に理解できる文章が AI には理解できないのか」ということが 1 つの疑問として浮かび上がってくるかと思います．実際，川添愛さんという言語学者で作家の方が『働きたくないイタチと言葉がわかるロボット』というとても面白い本を刊行していて，その本の帯には「なぜ AI は，囲碁に勝てるのに，簡単な文がわからないの？」と書かれています．まさにこの本は，この問いに真正面から取り組んだ内容になっています．

図1　意味の状況依存性

(4) 人間の文章理解における意味の状況依存性

　翻ってそもそも「人間の文章理解はどうなっているのだろうか」ということを少し考えてみたいと思います．人間が文章を理解する場合には，文章を読んでいろいろな思考やイメージや情動を抱き，それらに基づいて最終的には何らかの行動（言語行動も含めて）にいたりますが，これがまさに文章を理解しているということに他ならないと考えられます．

　ここで1つ注目すべきなのは，「文章」と「それを読んで抱く思考，イメージ，情動」の繋がりが状況に依存することです．「どういう状況のもとでその文章を読むか」で，「抱く思考，イメージ，情動」が変わってくるのです．そうだとすると，文章の意味自体も状況に応じて変わってくることになります．もちろん同じ文章だったら，どんな状況でも似たような意味があると言えるでしょうが，細かなニュアンスまで含めると，同じ文章でもそれを読む状況によってその意味は変化してきます．文章の意味には，このような状況依存性があります．誰かが発話するのを聞く場合も同様です．状況に応じて，聞いたときに抱く思考やイメージ，情動が変化し，それゆえ発話の意味も変わってきます．

　意味の状況依存性の例を1つ挙げますと，図1の左側の状況では，「窓が開いてるね」と言われれば，「そうですね」と答えて，特に問題は生じません．適切な応答になっています．しかし，図1の右側の状況のもとで「窓が開いてるね」と言われて，同じように「そうですね」と答えたのであれば，この人はわかっていないということになります．そう答えるの

ではなく,「窓を閉めましょう」と答えて,実際に窓を閉めなければなりません.そうすれば,ちゃんと理解したことになります.左と右の状況の違いですが,右側は「書類の束があり,窓が開いていると,風が入ってきて書類が吹き飛ばされて散乱するかもしれない」という状況であるのにたいし,左側はそうではありません.この違いによって,適切な答えも違ってくるわけです.

このように,同じ文章であっても,状況によって,異なる思考,イメージ,情動に繋がり,最終的に異なる行動に繋がっていくことが確認されます.この点で,文章の意味は状況依存的なのです.したがって,「文章理解」も状況依存的であり,状況に合った適切な理解をしなければならないのです.

ところが,私たちが置かれる状況は,ほとんど無数だと言っていいくらい,いろいろなバリエーションがあります.そうだとすれば,文章の意味も,ほとんど無数だということになります.したがって,「文章理解」も「置かれた状況を把握して,無数の可能な意味の中からその状況にふさわしい意味を見出していく」ということになります.つまり,「状況を把握して,その状況に応じた思考やイメージや情動を抱き,それらに基づいて適切な行動を行う」ことが「文章理解」だということになります.

こうなってくると,「文章理解」は大変な作業だということがわかってきます.しかし,人間はそれをたいてい容易に行うことができます.たいして,人工知能にはそのような「文章理解」がなかなか困難です.東ロボプロジェクトもそのせいでストップしてしまいました.どうしてこのような人間と AI の「文章理解」における違いが出てくるのでしょうか.

それを解く鍵は「状況把握」にあると思います.そしてこの「状況把握」と深い関連があるのが「フレーム問題」です.そこで,次に「状況把握」と「フレーム問題」へと話を進めていきたいと思います.

3 状況把握

(1) フレーム問題とは

マッカーシーとヘイズという 2 人の人工知能研究者が 1969 年に共著論文「人工知能になぜ哲学が必要か──フレーム問題の発展と展開」を刊行

しますが，この論文の中でフレーム問題が提起されています．フレーム問題は，人工知能を設計する時に出てきた問題で，「人工知能に何らかの行為を適切にやらせるには，行為すると，どんな変化が起こるかをきちんと把握させなければならないが，どう把握させればよいか」という問題です．

　たとえば，電話をかけるのに受話器を取り上げたとすると，まさに受話器の位置が変わりますが，このような変化をきちんと把握しなければ，電話を適切にかけることはできません．そこで，行為によって何が変化するかをどう捉えるかという問題が生じてくるわけです．

　ここで1つ重要になってくるのが，ある状況である行為をした時に，変化するのはふつう状況のごく一部で，残りはほとんど変化しないという点です．行為したときに，たとえば状況の半分くらいが変わってしまうとしたら，何が変化して何が変化しないかを1つずつすべて記述することが必要になってくるでしょうが，ほんの少ししか変化しないのであれば，その変化する事柄だけを逐一記述しておき，あとは変化しないものとして理解すれば，それで十分でしょう．こうして変化する事柄がごく少数であれば，その特徴を利用して，何が変化するかを「効率的」に記述できるように思われます．しかし，じつはこれはうまくいきません．そしてこれがうまくいかないところから，フレーム問題が深刻な問題になってくるのです．

(2) 哲学者のフレーム問題

　人工知能研究で提起されたフレーム問題は，その後一般化され，「哲学者のフレーム問題」とよばれるものに発展していきます．この哲学者のフレーム問題の方は，「何かある課題をやろうとする時に，その課題に関連する事柄を効率的に把握するにはどうすればいいか」という問題です．関連する事柄はふつう状況の中のごく一部ですので，「そのごく一部の関連する事柄を効率的に捉えるにはどうすればいいか」という問題になります．ここで，関連する事柄にだけ注意して，そうでない事柄を無視することができれば，それで関連する事柄を効率的に捉えることができますが，しかしそのためにはどうすればいいかという問題がやはり起こってきます．以下では，この一般化された哲学者のフレーム問題をたんに「フレーム問

題」とよぶことにします.

このフレーム問題を人工知能のロボットにやらせようとすると, なかなかうまくいきません. デネットという哲学者が「コグニティヴ・ホイール」という論文の中で, ロボットがフレーム問題に苦しめられて, 人間のような知能をなかなか持てない様子を非常にいきいきと描いています. デネットの例とは違いますが, 1つ簡単な具体例に即してフレーム問題がどういう問題であり, どこにその困難の根があるかをお話ししたいと思います.

(3) フレーム問題の具体例

たとえば, コーヒーの入ったカップをこぼさないようにキッチンからリビングに運ぶという課題を考えてみます. 人間でしたら, ほとんど誰でも難なくできますので, その意味では非常に簡単な課題です.

こうした課題を首尾よく遂行しようとすると, この課題に関連する事柄をきちんと把握する必要があります. たとえば, カップが傾きすぎると, コーヒーがこぼれてしまいますから, 「カップが傾いていないかどうか」は関連する事柄です. また, キッチンからリビングに行く途中にゴミ箱のような障害物があると, それにぶつかってコーヒーをこぼしてしまうおそれがありますから,「途中に障害物があるかどうか」もやはり関連する事柄です.

しかし, 関連する事柄はそうしたごく少数のものだけです. この状況で成立している他の諸々の事柄, たとえば「壁が何色なのか」,「テレビがついているかどうか」,「窓にカーテンがかかっているかどうか」といった事柄は, すべて関係しません. この1軒の家ですら, そのような事柄はほとんど無数にあるわけですが, そのような膨大な数の事柄はすべて関係しないのです.

このように, コーヒーを運ぶという課題において, この家の中で成立している事柄は, それに関連するごく少数の事柄と, その他の関連しない膨大な数の事柄に分かれることになります. この少数の関連する事柄をロボットに捉えさせようとすると, ロボットはこの家の中で成立しているさまざまな事柄について, 1つずつ関連するかどうかを判別しようとします.

たとえば，壁が灰色であることは関連するどうか，窓にカーテンがかかっていることは関連するかどうか，カップが水平であることは関連するかどうか，等々，1つずつ判別するわけです．しかし，こんなことをやっていては，関係しない膨大な数の事柄をすべて1つずつチェックすることになりますから，チェックに膨大な時間がかかってしまって，コーヒーを運ぶのにまる1日かかってしまうことになりかねません．

(4) フレーム問題の核心

このような逐一のチェックを一切せずに，ただちに関連する事柄だけをパッと摑むにはどうしたらいいでしょうか．ここにフレーム問題の核心があります．関連する事柄だけをパッと摑むには，課題ごとにその課題に関連する事柄をまとめた「スキーマ」を作ればいいのではないかという考えがまず浮かぶでしょう．コーヒーを運ぶ課題であれば，「カップの傾きと途中の障害物」の2つが関連する事柄だから，その2つを書き並べたリスト（つまりスキーマ）を作っておいて，それをロボットに与えて，ロボットがこの課題を与えられた時には，そのスキーマを参照してただちに関連事項がわかるようにすることができるだろうというわけです．このスキーマ法がフレーム問題への対処としてまず考えられますし，実際それが提案されもしました．

しかし，このスキーマ法に立ちはだかる巨大な壁として，「関連性の状況依存性」ということがあります．どのような状況で課題を行おうとも，課題が同じだったら関連する事柄もいつも同じというのであれば，確かにスキーマ法は非常に有効です．しかし，課題が同じでも，どんな状況でそれを遂行するかで，関連する事柄はふつう変わってきます．したがって，状況ごとに異なるスキーマを作っておかなければなりません．そうなると，スキーマ法はうまくいかなくなるのです．

たとえば，雨が降っているかどうかは，普通は関連しない事柄です．しかし，この家が雨漏りのするボロ屋だったとすれば，雨が降ると床が濡れて滑りやすくなりますから，ボロ屋だという状況のもとでは，雨が降っているかどうかはコーヒーを運ぶという課題にとって関連する事柄になります．このように関連性は状況依存的です．そのため，スキーマを作るので

あれば，状況の数だけスキーマを作る必要があります．しかし，状況の数はほとんど無数ですから，無数のスキーマを作らなければならないことになります．これは実質上，不可能です．フレーム問題の困難の根はまさにこの「関連性の状況依存性」という点にあるのです．

(5) フレーム問題への人間の対処

　人間はそのようなフレーム問題に悩まされずに大概うまく対処しています．人間の場合，課題が与えられた時，それに関連する事柄が自ずと興味関心の的になって，情動的に際立ちます．関連する事柄はいわばピカッと輝いて見えるわけです．たいして，関連しない事柄は背景に沈みます．つまり，関連する事柄は「図」として浮かび上がり，関連しない事柄は「地」として背景に退くわけです．

　しかも，状況に応じてそうなります．同じ課題だったら，いつも同じ事柄が浮かび上がってくるというわけではなく，状況に応じて異なる事柄が浮かび上がってきます．だから，人間の場合，関連する事柄が状況によって変わっても，それをただちに捉えることができるのです．

(6) 状況把握の必要性

　フレーム問題の困難の根は「関連性の状況依存性」にあります．したがって，課題をうまく遂行するためには，「状況に応じて課題に関連する事柄をパッと摑む」ことが必要になります．人間は情動を使って関連する事柄をパッと摑めますが，ロボットにはそれができないため，フレーム問題に苦しめられるのです．

　ところで，状況に応じて関連する事柄をパッと把握するには，そもそも状況をパッと把握することが必要です．状況をパッと把握できるから，その状況で関連する事柄もパッと把握できるわけです．人間の場合，この「状況把握」自体が，状況を知覚的かつ情動的に感受するという仕方で行われます．つまり，状況の全体を「感性的」に捉えるわけです．決して状況の細部をいちいち捉えてそれらを総合してどんな状況かを判断するのではなく，状況の全体を知覚的，情動的に感受して感性的に捉えるのです．このような「状況把握」のもとで，何かある課題が与えられれば，それに

応じて課題に関連する事柄が情動的に際立って立ち現れてきます．こうして人間はフレーム問題に対処することができるのです．

(7) 文章理解はフレーム問題の一種

次に，このフレーム問題を「文章理解」の問題に繋げていきたいと思います．フレーム問題を先ほどのように理解すると，「文章理解」もフレーム問題の一種だとみなすことができるようになると考えられます．「文章理解」において文章の意味は状況依存的だということを先に見ました．そのため，「文章理解」には，状況に応じてそれにふさわしい文章の意味を理解することが必要になります．つまり，状況に応じてそれにふさわしい思考・イメージ・情動を抱いて行動することが「文章理解」には必要です．文章を読んだり聞いたりする状況に応じて，その文章に繋がる思考・イメージ・情動が異なりますが，そのような異なる思考・イメージ・情動を抱く必要があるわけです．

ここで「繋がる」ということを「関連する」と言い換えてもよいでしょう．「状況に応じて文章と繋がる思考・イメージ・情動」というのは「状況に応じて文章と関連する思考・イメージ・情動」にほかなりません．

このように言い換えられるとすると，結局，「文章理解」とは「状況に応じて文章と関連する事柄（つまり思考・イメージ・情動）をパッと把握して，それらを抱くこと」にほかならないということになります．こうして「文章理解」はフレーム問題の一種だと見ることができるようになります．

(8) 鍵は知覚と情動

そうすると，「文章理解」においてもやはり，「状況把握」と「関連性の把握」が重要となり，その鍵は知覚と情動にあることになります．人間の場合，知覚と情動によって「状況把握」と「関連性の把握」がなされ，そのため「文章理解」が容易にできるのです．

たいして，人工知能の方は，そのような知覚と情動を欠くので「文章理解」が難しいということになります．人工知能研究でも，知覚の研究が結構なされていますが，「状況把握」と言えるような知覚（たとえば「場の空気を読む」ような知覚）が人工知能にできるかというと，現状ではまだま

だです．人工知能は，情動だけではなく，そのような知覚も欠いているので，状況に応じた文章の理解が非常に困難なのです．

(9) 指導将棋における状況把握

私はちょっと将棋好きですので，指導将棋の話を余談としてさせていただきたいと思います．指導将棋とは，プロ棋士がアマチュアへの指導として指す将棋ですが，この指導将棋は人工知能にはなかなか難しいのではないかと思います．確かに，人工知能はトッププロに勝つ卓越した将棋の技能を持っているのですが，それでもアマに対する指導将棋は下手かもしれないのです．

というのも，指導将棋においては局面以外の「状況把握」が必要だからです．指導将棋では，たとえば「アマチュアの性格（プライドが高いかどうかなど）を知る」こと，「アマチュアのその時々の気持ちを読む」こと，「相手に気づかれないように手を緩める」ことなどが必要です．AIはそのような局面以外の「状況把握」をうまくやることができないので，指導将棋が難しいのではないかと思われます．

現在のAIは，一言で言えば，「状況把握」ができないので，人間のような知能を持つことができないのではないか，そこに大きな壁があるのではないか，と思います．

4 物語自己とデジタル自己

(1) 物語理解における人間とAIの異質性

続いて3番めに，「物語自己」と「デジタル自己」の違いという観点からも，人間とAIの異質性を確認したいと思います．ここまで「文章理解」と「状況把握」の2つの点での人間とAIの違いを見てきたわけですが，このような違いがあることから，「物語理解においても人とAIの間に根本的な違いがある」と言えるだろうと思います．つまり，人は物語を理解できますが，人工知能は物語を理解できないのではないでしょうか．AIはデータのアルゴリズム的な処理を行うだけで，そのような処理では物語理解には到達できません．こうした違いが人間とAIの間にあるように思われるのです．

(2) 物語理解に必要な情動的理解・共感的理解

なぜ AI が物語を理解できないのかをもう少し深く見ていきましょう.「物語理解」というのは結局,情動的な理解です.物語に登場するさまざまな人物の情動(つまり気持ち)を理解しなければ,物語を理解したことにはなりません.このような情動的な理解はまた「共感的理解」だとも言えます.登場人物の情動と同じような情動を自ら抱いて,それによって登場人物の情動を理解するわけです.何らかの理論,たとえば「心の理論」のようなものを用いて「この登場人物は今このような状況に置かれているので,そこから悲しいという情動を抱いていることが推論できる」というように理論的に理解するのではなく,自ら同じ情動を抱いて共感的に理解するのです.

もしそうだとすれば,「物語理解」は情動的に生きるもの,自ら情動を抱いてそれによって共感することができるものにとってのみ可能だということになります.ところが,AI はそもそも情動的に生きる存在ではなく,自ら情動を抱くことができません.AI はアルゴリズム的に作動するだけで,情動性と生命性を欠いています.だから「物語理解」ができないのだと言っていいだろうと思われます.

(3) 物語自己

このようなことから,自己に関しても,「物語自己」と「デジタル自己」という重要な区別が出てくると考えられます.人間は自分や他人を「物語自己」として理解して,その理解に応じて対応するというあり方をしています.人生とは「自分自身を主人公にした1個の物語」つまり「自己物語」であり,人は「その自己物語において物語的なアイデンティティを持つ自己」つまり「物語自己」だと言えます.自己物語が別の物語に変わってしまうと,物語的なアイデンティティが変わってしまいますから,物語自己も別の物語自己に変わってしまいます.「自分はかつての自分とは違う」,「あの人は別の人になってしまった」といった劇的な変化が人生にはまれに起こりますが,そのような変化はその人が生きている自己物語が別の自己物語に変わってしまうことだと言えます.そうだとすると,その人

は物語自己としても，それまでの物語自己から別の物語自己に変わること
になります．もちろん「物語自己」でない別の意味での自己，すなわち
「昨日の私と今日の私は同じだ」と言うときの「人格の同一性」という意
味での自己としては，あくまでも同一の自己です．つまり「人格的な自
己」としては同一です．しかし，そうだとしても，人生に劇的な変化が起
こり，自己物語が変わると，「物語自己」としては同一ではなくなります．
「物語自己」は自己物語に即した自己であり，人が生きるということの中
核に位置する自己だと言えるでしょう．

(4) デジタル自己

　たいして，AI は人を「デジタル自己」として理解して，人に対処しま
す．つまり，AI にとって人間は「データの集まり」に他なりません．そ
のような「データの集まり」は集合として全く変化しないわけではなく，
その要素は少しずつ変わっていきますが，1 つの同一のまとまりとして存
在し続けます．ここでのデータはすべてデジタルデータを意味しますが，
AI にとって，人はそのような「データの集まり」としてのアイデンティ
ティ，つまり「デジタルアイデンティティ」を持つ「デジタル自己」だと
いうことになります．この場合も，何か根本的な変化が起こって，「デー
タの集まり」がその同一性を失い，別の「データの集まり」になると，
「デジタルアイデンティティ」も変わり，「デジタル自己」も変わることに
なります．同じ人であっても，AI にとっては，その人がいわば別人にな
るわけです．この「デジタル自己」に関して，ジョン・チェニー＝リッポ
ルドという人が『WE ARE DATA アルゴリズムが「私」を決める』とい
う本を書いていまして，その中で「デジタル自己」の詳しい説明がなされ
ていますので，その一端を少し参照しておきましょう．

　リッポルドによると，私たちの行動履歴等のデータをプロファイリング
することによって，「デジタル自己」が抽出されます．この「デジタル自
己」はデータから抽出される諸々のタイプの集まりです．たとえば，A と
いう人について，その人の行動履歴のデータから「日本人」というタイプ，
「67 歳」というタイプ，「男」というタイプ，等々が抽出されます．そし
て A という人物は，AI にとっては，このような諸々の「タイプの集ま

り」として，つまり「デジタル自己」として認識されることになります．
ただし，このようにAのデータから抽出された「タイプの集まり」は，
しばしばAの「本当のタイプの集まり」とは異なるものになります．つ
まり，Aがもつ本当のタイプの集まりとデジタル自己がもつタイプの集ま
りの間には，しばしば「ずれ」があります．たとえば，若い女性でも，論
文検索ばかりすると，行動履歴が論文検索に偏りますので，Google には
「年配の男性」，つまり年配というタイプと男性というタイプが当てはめら
れることになります．

　しかし，このような「ずれ」があるとはいえ，多少のずれであれば，
AI は人間を「デジタル自己」として扱うことで，人間にうまく広告して，
不要なものを買わせることが可能になるのです．

---

(5) 物語自己とデジタル自己の融合

　以上，「物語自己」と「デジタル自己」の違いとして，人間と AI の異
質性を見てきました．人間が人間を「物語自己」として扱うのにたいして，
AI は人間を「デジタル自己」として扱います．人間と AI が融合するとい
うことは，そのような「物語自己」と「デジタル自己」という異質なもの
が融合するということです．しかし，果たしてそのような異質なものの融
合がうまくいくのでしょうか．人間と AI の融合には，このように自己の
違いという点からも，根本的な疑問が湧いてきます．

5　人機一体

(1) 2つのストーリー

　以上3つの点，すなわち文章理解，状況把握，自己という3つの点に
わたって人間と AI の異質性を見てきました．このような異質性を目の前
にすると，「なかなか融合は難しそうだ」，「たとえ融合できたとしても，
善い融合は相当難しいのではないか」と思われます．しかし，人間と AI
の融合は不可能だとか，善い融合などありえないと断言することはできな
いでしょう．可能性は低いかもしれませんが，多少なりとも何らかの融合
の可能性はあるはずです．

　そこで，「人間と AI の融合がどうなるか」を人間と AI が何らかの仕方

で「融合する（一体化する）場合」と「融合しない（一体化しない）場合」という2つの可能なケースに分けて考えていきたいと思います．これは同時に「人間が今後どうなるか」，つまり「人間のゆくえ」を2つの可能なケースに分けて考えることでもあります．

「脳科学・AI時代の人間のゆくえ」として，まず第1に，「人間とAIが何らかの形で一体化する場合」，人間はどうなっていくかを考えましょう．特に，そのような人機一体の1例として，しばしば「マインド・アップローディング」が取り上げられますので，「マインド・アップロード」した場合，人間はどうなるかを考えてみます．

次に第2に，「人間とAIが一体化しない場合」，人間はどうなるのかを考えます．この場合，「ゴリラ化問題」とよばれるものが起こるのではないかと懸念されますので，それを回避することが可能かどうかを考えたいと思います．

(2) 人間は「生まれながらのサイボーグ」

まず，第1の「人間とAIが一体化する場合」から考察していきましょう．そのために，人間と機械・道具の一体化として，すでにどのようなものがあるかを見ておきましょう．人間は「生まれながらのサイボーグ」だという考え方があります．アンディ・クラークという哲学者などが言っている考え方です．この考え方によれば，人間のサイボーグ化（機械や道具などとの一体化）は現代になって始まったことではなくて，人類が誕生して以来ずっと，人間はサイボーグ的な存在だったということになります．

人間はこれまで人間以外の他のいろいろなものと一体化して，うまくやってきました．たとえば，牧畜を行うことによって，人間は家畜と一体化し，農業を行うことで作物と一体化し，工業化時代になると，機械生産を行うことで物理的な機械と一体化しました．現代の情報化時代では，知的な機械（すなわちAI）との一体化が進んでいます．

しかも，AIとの一体化はどんどん加速し，高度化しています．一体化の対象となるAIがどんどん高度化しているので，それに応じてAIとの一体化は高度化しており，これまでと比べると格段に複雑な一体化になってきています．そこで「このAIとの一体化がなんなのか」を探り出す研

究も必要になってきます．つまり，人機一体を究明する「人機学」が必要なのです．

(3) 拡張された心

　このような人機学の研究からいくつか重要なテーゼもすでに出てきていますので，それらを最初に確認しておきたいと思います．

　まず1つ目は「拡張された心」という考え方で，先ほどのアンディ・クラークなどが提唱しています．彼の考え方によりますと，心というものは決して脳だけで成立しているわけではなく，脳から身体・環境へと広がっています．つまり，脳と身体と環境の一部が1つのシステムを構成して，そのシステム全体において心が成立していると考えるわけです．

　たとえば，筆算を考えてみましょう．筆算における計算は脳で行われるわけではなく，紙の上で行われます．もちろん，脳の活動がなければ，手も動かないし，したがって紙の上に数字が書き並べられることもありません．そのため，脳の活動がなければ，紙の上での計算も生じません．しかしながら，「計算は主としてどこで生じているのか」といえば，それは紙の上です．脳の活動はただ「紙の上での計算を支援している」だけです．そうだとすれば，計算することは心の働きですから，計算が紙の上で行われるということは，心が紙と鉛筆を含むことを意味することになります．心は紙と鉛筆にまで「拡張されている」のです．これが「拡張された心」という考え方です．

(4) 拡張された身体

　身体についても，「拡張された身体」というテーゼが唱えられています．これはメルロ＝ポンティという哲学者が唱えたテーゼとして有名です．

　たとえば，杖を使うことに慣れてきますと，「杖の先に地面を感じる」ようになります．つまり，「杖を持っている手の皮膚に何らかの感覚を覚える」のではなく，「直に杖の先に感覚が生じる」わけです．そうだとすれば，「杖が自分の手のようなものになっている」，あるいは「自分の手が杖にまで伸びて，拡張したあり方になっている」と言っていいのではないでしょうか．これが「拡張された身体」の考え方です．

もう1つ，例を挙げておきましょう．車の運転に慣れてきますと，「車体感覚」が身について，何かが車にぶつかると，まるで「自分の体にぶつかったような感じ」がします．そうだとすれば，「車が自分の身体の一部になった」，あるいは「自分の身体が車にまで拡張した」と言っていいのではないでしょうか．このように，車の運転に慣れると，身体は車を含む「拡張された身体」になるのです．

(5) 人機学：人機一体とはどんな存在か

このような「拡張された心」や「拡張された身体」のテーゼを参照しつつ，「人機一体とはどういう存在なのか」を探究していこうと思います．

主な問いは「そもそもその一体化というのはなんなのか」ということです．これが当然のことながら根本問題だということになってきます．一体化とは「人と機械がお互いになじんだ状態になることだ」と言い換えられるでしょうが，ただそう言い換えても，今度は「そのなじむというのは一体どんな関係なのか」ということがさらに問題になってきます．そのため，たんに「なじみ」ということを持ち出しても，まだ解決にはなりません．

また，「人と機械が一体化するときに，主導権は人にあるのか，それとも機械にあるのか」，「人にあればいいが，機械にあるのはよくないのではないか」ということも問題になるでしょう．つまり，「機械が人の一部なのか」，それとも逆に「人間が機械の一部になってしまうのか」という問題です．これも重大な問題でしょう．

ただし，「主導権がどちらにあるのか」と問うことは，ひょっとしたら全く無意味な問いであるかもしれません．というのも，「人に主導権があるのか，それとも機械に主導権があるのか」と問うことは，人と機械が一体化しているのに，人と機械を分けた上で「どちらに主導権があるのか」と問うているからです．人と機械が一体化しているのであれば，そもそも分けることは不可能ではないでしょうか．そうだとすれば，「どちらに主導権があるのか」と問うことは全く無意味な問い，的外れな問いになります．果たして「本当に無意味な問いなのか」ということも含めて，「人機一体とはどんな存在か」を探究する必要があります．

（6）人間と AI の善い一体化は可能か

　人機学が人機一体のあり方についてどのような答えを出すことになるのか，まだ定かではありませんが，仮に何らかの仕方で人機一体化が可能だとしても，何度も言っていますように，人と AI には根本的な異質性があります．文章理解や状況把握や自己といった点で異質性があります．したがって，一体化が可能だとしても，果たして「善い一体化が可能かどうか」が問題になってきます．この「善い一体化が可能かどうか」を考察するために，人機一体の 1 例として，「マインド・アップローディング」を取り上げてみたいと思います．

（7）マインド・アップローディングとは

　「心を生物的な脳からコンピュータに転送して，コンピュータの中で心を存続させる」というのがマインド・アップローディングです．今の私たち人間においては，人間の心は生物的な脳に支えられて存在していますが，そのようなあり方から「非生物的な素材からなるコンピュータに心を移して，心がコンピュータに支えられて存在する」というあり方に変えようというわけです．「心こそが自分だ」とすれば，「心がコンピュータ内で存続することは，私自身がそこで存続することにほかならない」ということになります．このようなマインド・アップローディングを行った場合に，人間は結局どうなるのでしょうか．それを考えてみたいと思います．

（8）物語自己のデジタル化

　いくつかのステップに分けて考えてみましょう．今の私たち人間は生物的な脳を基盤にして，そこに「物語自己」と「デジタル自己」が共存するというあり方をしています．私たちはふつう自分や他人を「物語自己」として捉えますが，「デジタル自己」として捉えることが全くないわけではありません．自分をデジタル的に捉えることもそれなりに可能ですし，他人をそう捉えることも可能です．データをアルゴリズムにしたがって記号操作するということは人間にもできることです．

　ただし，今の時代のように，AI によって「デジタル自己」として扱わ

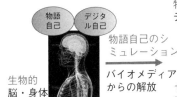

図2　マインド・アップローディング

れ，それに応じてレコメンドされるものを買ったりするようになると，今の私たちにおいては「デジタル自己」の部分が少し大きくなってきていると言えるでしょう．

　このような人間が，図2のように，その生物的な脳・身体から離脱してコンピュータ内のサイバー空間へと移っていくと，どうなるでしょうか．まず，「デジタル自己」の部分はすでにデジタルですから，そのままコンピュータ内に「デジタル自己」として移るでしょう．しかし，「物語自己」の部分は本来デジタル的なものではないので，コンピュータ内に転送しようとすると，「デジタル化」しなければなりません．つまり，「物語自己」の「デジタルシミュレーション」を行わなければなりません．それがうまくいけば，「物語自己」も「デジタル自己」としてコンピュータ内に移ることになります．こうして心をめでたくコンピュータ内に「デジタル自己」として転送することが可能になります．

　このコンピュータ内の「デジタル自己」は，もともとの「デジタル自己」と「物語自己」をシミュレートした「デジタル自己」の両方を合体したものです．したがって，「物語自己」のシミュレーションを含んでいますから，この「デジタル自己」は物語性を残しています．つまり，「デジタル自己」と言っても，物語的なあり方を反映した部分を持っているわけです．

---

(9) デジタル自己の物語性の喪失

　ところが，「情報は自由になりたがっている」というユヴァル・ノア・ハラリの言葉がありますように，時が経つにつれてデジタル情報はデジタル的なあり方にふさわしいような活動をするようになっていきます．その

ような活動をすることが，デジタル情報にとってのいわば「自由」なのです．しかし，「物語自己」をシミュレートして，「物語自己」的な情報処理を行うことは，物語自己とデジタル自己の異質性からすると，デジタル情報にとって不自由なあり方だということになります．

そうだとすると，コンピュータに移ったデジタル自己は，時が経つにつれて，そのような不自由なあり方を離れて，物語性をどんどん失っていき，「物語自己」のシミュレーションの部分を持たない単なる「デジタル自己」に変質していくのではないでしょうか．このような変質が起こるとすると，最終的には「デジタル自己」は完全に物語性を失いますので，物語性とともに存在している「人間的な諸価値」も消滅することになるだろうと思われます．

(10) 人間的な諸価値の消滅

「物語自己」やそれを支える情動といったものが消滅すると，人間的な諸価値も消滅することになりますが，この点を少し詳しく見ておきましょう．

たとえば，「自由」や「自律性」という人間的価値は自分で自分の人生を決めていく能力ですから，「自己物語を紡ぎ出す能力」だと見ることができるでしょう．そうだとすれば，「自己物語」がなくなると，「自由」や「自律性」もなくなってしまうことになります．あるいは，「芸術」というものが「美的情動」に基づいて成立していると考えられるとすると，そもそも「情動」がなくなってしまうと，「芸術」も成立しなくなります．あるいは，「宗教」というものが「情動の魔術」だと考えられるとすると，つまり，たとえば「人々の昂ぶった気持ちを鎮める」とか，「落ち込んだ気持ちを高揚させる」というように「情動をいろいろ操作する技法」だと言えるとすれば，「情動」がなくなると，「宗教」も成立しなくなります．

そうだとすれば，AI との一体化は，結局人間的な諸価値を全て失うということになります．したがって，それは「人間の存続」というより「人間の消滅」だと言えるでしょう．つまり，「人間でないものへの転化」ということになるのです．

(11) AI との一体化の評価

人間と AI の一体化を評価する場合，人間は「ホモ・デウス」という人間を超えた素晴らしい存在になると肯定的に評価することも，もちろん可能でしょう．実際，「ポストヒューマン」や「トランスヒューマン」について語る人たちの中には，そのように肯定的に人間と AI の一体化を見ている人たちもいます．

しかしそれに対して，AI との一体化を否定的に評価することも可能です．「人間がそもそも人間でないものになってしまう」ということは，要するに「人間が消滅する」ということに他ならないでしょう．人間的諸価値が消滅してしまうのだから，もはや人間は存在しないことになるわけです．このように否定的に評価する見方も可能でしょう．果たして「どのように見ていくのがいいのか」という評価の問題も含めて，「一体化において人間はどうなるのか」という問題を問うていく必要があります．

6　ゴリラ化問題

(1) ゴリラ化問題とは

次に，「人間と AI が一体化しない場合には，人間のゆくえはどうなるのか」という問題を考えたいと思います．

何度も繰り返していますが，AI は物語を理解できません．つまり，AI は物語理解という点では人間を超えられないということです．したがって，シンギュラリティはその意味では幻想だと言えるかもしれません．つまり，AI が人間の知能を超える時がやってくると言っても，あらゆる面で人間の知能を超えるのではなく，総合的にみれば，人間の知能を超えるということにすぎません．

しかし，そうだとしても，AI は人間よりも強い力を持ち，それなりの自律性を持つようになる可能性があります．おそらく今後，AI がどんどん発達していけば，AI はそのような存在になるでしょう．そうなると，AI はもはや人間の言う通りになる従順な存在ではなくなります．人間よりも強い力を持つので，人間は AI を制御できなくなります．また，自律性を持つので，道具として自由に使いこなすこともできなくなります．人

間は AI を支配できず，逆に AI が人間を支配することになるでしょう．
人間はいずれ AI に支配されることになるのではないかというのが「ゴリ
ラ化問題」です．

　つまり，AI が地球の支配者となり，人間は今の地球上のゴリラと同じ
地位に追いやられるのではないかという問題です．昔『猿の惑星』という
映画がありましたが，この映画では猿が惑星の支配者となって，人間は周
辺へと追いやられます．AI が地球の支配者となることで，人間の地位は
『猿の惑星』における人間の地位と同じような低いものになってしまうか
もしれません．いや，それどころか，人間は AI によって絶滅へと追いや
られるかもしれません．ゴリラのような低い地位の存在として生きていけ
るなら，まだしもで，AI がもっと冷酷なら，そのような存在としてすら
生かしてくれないかもしれません．そのような絶滅の運命も 1 つの可能
性として考えられるでしょう．

(2) 自律的な AI の開発はやめるべきか

　もしそうだとすると，このような自律的な AI の開発はやめた方がいい
のではないかという考えも起こってくるでしょう．

　現在，パーソナル AI が構想され，その開発を行おうという動きが出て
きています．「パーソナル AI ができれば，人間の秘書のようにいろいろ
情報収集や仕事の下準備などをしてくれて，とても助かるな」とか，「記
憶力も推理力も衰えた私のような高齢者にとって，このようなパーソナル
AI の助けを借りることができれば，かつてのように旺盛な知的活動がで
きるのではないか」と思わず期待してしまいます．

　しかし，パーソナル AI は決して人間の秘書のような善い存在にはなら
ないかもしれません．むしろ，強力で自律的なパーソナル AI は人間を支
配し，人間を奴隷のようにこき使うかもしれません．もしそうなら，その
ようなパーソナル AI の開発はやめた方がいいでしょう．

(3) 人間のゆくえ

　以上，人間のゆくえということで，人と AI が「一体化する場合」と
「一体化しない場合」について，それぞれ人間がどうなるかを見てきまし

た．いずれにしろ，人間の行く末は暗そうだという，極めてディストピア的なお話になってしまいました．「なんとかユートピア的な未来ビジョンを形成できないか」ということも考えていますが，まだ明確なビジョンにはいたっていません．今回は「ディストピア的な未来ビジョン」だけを話しましたが，決して「ユートピア的な未来ビジョン」が不可能だと考えているわけではないことを理解していただければ幸いです．

7　人間観の変容

(1) 脳科学・AI 時代における変容

　最後に，まとめの意味も兼ねまして，「人間観の変容」ということを簡単に見ていきたいと思います．

　今日の脳科学・AI 時代においては，脳科学と AI の融合により「心の解明」が急速に進んでいます．そしてその知見を活用して「自律的機械の誕生」も間近に迫ってきているような感があります．このような時代においては，今の私たちの人間観も大きく変容するだろうと思われます．では，「実際，どう変容する可能性があるか」，そして「どのような変容が望ましいか」ということを最後に見ていきたいと思います．

(2) 現在の人間観

　そのために，「現在の私たちの人間観がどのようなものか」を簡単に確認しておきましょう．それは，一言でいえば，「西欧近代的な人間観」と言っていいと思われます．少なくとも，この人間観が今の世界において支配的ですし，現在の日本人もほぼこの人間観に染まっていると言っていいでしょう．

　この「西欧近代的な人間観」では，人間は「自由で，意識的で，合理的な主体」だとされます．「自由，意識，合理性」で人間が定義づけられるわけです．そしてそのような卓越した能力をもつ人間が「万物の中で最も価値ある存在だ」とされます．つまり，西欧近代的な人間観には「人間中心主義」の考えが結びついています．

(3) 人間中心主義のもとに包摂される諸原理への疑問

このような人間中心主義の考えには，今の私たちが「極めて重要な原理」だと考える諸々の原理が含まれています．たとえば，個人主義や民主主義，理性主義といった原理です．

現在の私たちの人間観がこれらの諸原理を含む人間中心主義と結びついた「西欧近代的な人間観」だとしますと，脳科学やAIの成果はそのような現在の人間観を必ずしも支持するわけではありません．むしろ，それに疑問を投げかけるような成果をたくさん出しています．たとえば，意識にたいする「無意識」の重要性，理性に対する「情動」の重要性，脳にたいする「身体」の重要性，こういったことを実証する成果をもたらしているのです．

確かに意識や理性も重要ですが，それらは無意識や情動と協調することによって初めて適切に作動します．無意識の働きなしに意識が活動するとか，無意識の働きがない方が意識がより適切に作動するというわけではありません．あくまでも意識は無意識との協調のもとで適切に活動するのであり，むしろ無意識がなければ，意識は活動できないか，あるいは変調をきたします．理性についても同様です．情動と協調することで，理性も初めて適切に作動するのです．

(4) 物語論的人間観

そうだとすれば，現代の西欧近代的な人間観は，「物語論的人間観」とでもよぶべきものへと変わっていくことが望まれるのではないでしょうか．

物語論的人間観とは，人間は要するに「意識と無意識，理性と情動の協調によって自己物語をつむぎ出して生きていく存在」だという人間観です．確かに人間には「デジタル自己」の面もありますが，しかし「物語自己」の方を核とし，根本的には「自己物語を紡ぎ出す存在」です．このような「物語論的人間観」が人間の実際のあり方に即した人間観として望ましいのではないでしょうか．

(5) 法則論的人間観

しかし，現代の人間観は，今後，このような物語論的人間観とは別の人間観へと変容する可能性もあります．

その1つは「法則論的人間観」です．人間は「心も含めて法則的に規定され，一定の法則にしたがうだけの存在」だという人間観です．たとえば，心理法則や行動法則のような法則にしたがってすべての人間の活動が成立し，人間はそのような法則にしたがうだけの存在だという人間観です．

しかし，このような人間観にたいしては，「人間は無意識や情動と協調する意識や理性を持っており，この意識や理性は決して一定の法則にはしたがわないようなあり方，つまり非法則的なあり方をしたものだ」と抗弁できるでしょう．たとえば，意識や理性はあるものごとについて，その理由として別のものごとを挙げるというように，ものごとのあいだに「理由連関」を設定しますが，そのような理由連関は法則的な関係ではありません．私たちは諸々の理由を比較考量して「意思決定」を行ったり，あるいは「信念形成」を行ったりしますが，このような理由の比較考量のプロセスは，決して一定の法則にしたがってなされるものではありません．それらは非法則的なのです．したがって，法則論的人間観は意識や理性をもつ実際の人間のあり方にふさわしいものではないと言えるでしょう．

(6) 計算論的人間観

現在の私たちの西欧近代的な人間観は，さらに別の「計算論的人間観」へと変容する可能性もあります．こちらの方は，人間は「計算論的に情報処理を行う装置」にほかならないという見方です．人間はデジタル情報をデジタル的に計算する「デジタル自己」であり，「物語自己ではない」，あるいは「物語自己だとしても，それは結局デジタル的な計算によって実現されたデジタル自己の一側面に他ならない」という見方です．

しかし，「物語自己」はある程度「デジタル自己」として計算論的にシミュレートできるとしても，決して完全に「デジタル自己」にすぎないというわけではありません．情動的な自己物語を織りなすという自己のあり方は，やはりアナログ的で，生物的な脳・身体があってはじめて可能な自

己です．そうだとすれば，計算論的人間観も，やはり実際の人間のあり方にふさわしいものとは言えないでしょう．

(7) 結論

このようなことから，現在の西欧近代的な人間観はやはり物語論的人間観へと変容するのが望ましいと考えられます．したがって，「物語論的人間観への変容を可能にするような AI の開発」が求められます．そして，そうでないような AI の開発，たとえば「計算論的人間観へと変容させるような AI の開発」は，やめておいた方がよいでしょう．これが今日のお話の結論です．ご静聴ありがとうございました．

Q&A　講義後の質疑応答

Q　私が疑問に思ったことは 2 つあります．

1 つは「人機一体」についてです．杖や義足を持った方が，自分の手先のような形で杖を使いこなせたり，義足を自分の足のように跳躍とか走ったりできるようになるという部分では納得できます．ですが，人機一体というところまでいきますと，人間の体は機械の部分は鋼材でできたり，電池で動いたりといった形をとっているのではないでしょうか．人間の体は，一部は別にしても，どうしても食べ物を食べてそれを栄養にして活動できるわけなので，人機一体ということは，生物学的に考えればありえないのではないのかなと思っています．

それからもう 1 つは，脳の働きについてです．先生も少しおっしゃっていましたが，セロトニンというホルモンについても，脳の中でつくるセロトニンよりも，腸の方にあるセロトニンの方が多いという理論もあるということを考えると，脳だけの研究だけではなく，腸の部分が身体の意思決定に及ぼすようなところまで考えていかないと，AI というものについて語れないのかなという気がします．その辺について先生の考え方をお聞かせ願えたらと思います．

A　大変重要なご指摘です．最初の方の，「機械はまさに機械的なもので，

人間は生命的な存在だから，人機一体ということはありえないのではないか」という問題意識は，私も本当に共有しております．

ただ，「ありえない」と断言することはできないのではないかと考えています．たとえば，骨を折った人が金属棒を体に入れて普通に歩けるようになったとします．その人はずっと体の中に金属棒を埋め込んだまま生きていくわけですが，それも1つの人機一体だと言えるとすれば，一概に「生命的なものと非生命的なものが一体になることはありえない」とは言えないように思います．

ですが，「異質なものが合体することは本当に可能なのか」ということは，私も当然の疑問だと考えています．そのため，そもそも「一体化とは，本当の意味でどういうことなのか」を探究していかなければならないと思っております．

それから，もう1つのご意見，「脳だけではなく，腸など身体の広いところまで見ていかなければいけない」という点については，本当にその通りだと思います．

そしてさらに言えば，脳を研究すると言っても，当然，脳だけの活動を見て研究できるわけではないと考えています．脳は身体や環境などと相互作用しているので，「どんな相互作用をしているのか」ということを抜きにして，「脳だけの活動を切り出してどんな活動なのか」を問題にすることはできません．脳の活動を知るためにも，「身体とどう繋がって，どう相互作用しているのか」，さらに「環境とどう繋がって，どう相互作用しているのか」を見ていかなければなりません．そうでない限り，脳の活動は本当の意味で理解できません．そうだとすれば，「たとえ心が脳に限局されているとしても，脳の活動だけ見ていては，心のあり方もわからない」ということになると思います．

Q　1つだけ短い質問があります．もし信原先生がパーソナルAIを持つとしたら，どんなタイプのロボットが理想ですか，という質問です．
A　私の予想では，「理想的なパーソナルAIはやっぱりできないのではないかな」と思います．「それほど有能でない，自律性を持たない，単なる道具にとどまっているAI」，そういう「便利な情報機器」は確かに持ちた

いなと思いますが，それは決して理想的なパーソナル AI ではありません．しかし，そうかといって，有能で自律的なパーソナル AI ということになると，今度は，AI の言いなりになってしまいそうで，やはり理想的ではありません．ですから，「私にとっての理想のパーソナル AI はありません」と答えるのが一番正しいように思います．

Q（酒井先生） ありがとうございます．では「紙の手帳はいい」ということにいたしましょうか．こじつけですけれども．

A 実は，私は同じシステム手帳を 30 年以上も使っています．

酒井先生 そうですか．そう思いました．私も手帳派です．ありがとうございました．

あとがき

　本書は，平成3（2021）年度秋期にオンライン形式で行われた「グレーター東大塾——脳科学とAIはいかに社会を変えるか」の連続講座の内容を取りまとめたものです．企画と講師の構成は塾長の私が行い，講座の運営は副塾長の鈴木貴之先生にお世話をいただきました．快く講義をお引き受けくださり，お忙しい中で講義録をまとめてくださった講師の先生方に深謝します．また，企画段階からご尽力をいただいた東京大学社会連携本部の小引康彦さまと藪下周さま，毎回熱心に講座に参加してくださった受講生のみなさま，編集でお世話になった東京大学出版会の阿部俊一さまに，感謝申し上げます．どうもありがとうございました．

　なお，この講座のプレイヴェントとしてハイブリッド形式で開かれた催し〔2021年7月7日実施，SHIBUYA QWS（渋谷キューズ）と東京大学社会連携本部の共催〕では，テーマを「問題解決では何をどのように行えば良いか？」と設定し，将棋棋士の羽生善治さま（日本将棋連盟会長）と合原一幸先生をお迎えして脳科学とAIから将棋へのクロスオーバーを目指しました．事前申込者が千名を超える大きな反響を得ることができましたが，その模様は『脳とAI——言語と思考へのアプローチ』（酒井邦嘉【編著】合原一幸・辻子美保子・鶴岡慶雅・羽生善治・福井直樹【著】，中央公論新社，2022）に再録されていますので，本書とあわせてお読みください．

　2023年から普及し始めた「生成AI」は，人間の脳の働きや対話を再現するどころか，人間の言語や知識に対して根本的に間違った考えを持ち込んでしまい，特に教育や創作の現場において学問と芸術の根幹を揺るがす恐れがあります．そうしたAIはあくまで「対話風」でしかなく，真の「生成」からほど遠い「合成」に過ぎませんから，創作の倫理や科学的探究を著しく歪めるものです．私は，共同提言「健全な言論プラットフォームに向けて ver2.0——情報的健康を，実装へ」（KGRI，2023年5月30日）を皮切りに，ノンフィクション

作家の柳田邦男先生との対談（同 7 月 13 日）や日本記者クラブ（同 10 月 11 日）などでの講演を経て，「生成 AI」の使用に警鐘を鳴らす活動を続けてきました．「便利だから使おう」といった安易な AI の利用は，われわれの心から人類の文明までを滅ぼす危険性が高いということをここに記し，人間が驕ることなく脳の真の理解に向かいつつ，道を踏み誤ることなく技術開発を行うことを願ってやみません．

酒井邦嘉

あとがき

編者紹介

酒井邦嘉（さかい　くによし）
1964年生まれ．1992年東京大学医学部助手，1995年ハーバード大学リサーチフェロー，1996年マサチューセッツ工科大学客員研究員，1997年東京大学大学院総合文化研究科助教授・准教授を経て，2012年より現職．同理学系研究科物理学専攻教授を兼任．専門は言語脳科学．著書に『言語の脳科学──脳はどのようにことばを生みだすか』（中公新書），『チョムスキーと言語脳科学』（インターナショナル新書），編著に『芸術を創る脳』（東京大学出版会）等がある．

東大塾　脳科学とAI

　　　　2024年10月31日　初　版

［検印廃止］

編　者　酒井邦嘉

発行所　一般財団法人　東京大学出版会

代表者　吉見俊哉

153-0041 東京都目黒区駒場 4-5-29
https://www.utp.or.jp/
電話　03-6407-1069　Fax 03-6407-1991
振替　00160-6-59964

装　幀　水戸部功
印刷所　株式会社理想社
製本所　牧製本印刷株式会社

Ⓒ 2024 Kuniyoshi SAKAI, *et al*.
ISBN 978-4-13-063369-7　Printed in Japan

JCOPY〈出版者著作権管理機構　委託出版物〉
本書の無断複写は著作権法上での例外を除き禁じられています．複写される場合は，そのつど事前に，出版者著作権管理機構（電話 03-5244-5088，FAX 03-5244-5089, e-mail: info@jcopy.or.jp）の許諾を得てください．

芸術を創る脳　美・言語・人間性をめぐる対話

酒井邦嘉編・曽我大介・羽生善治・前田知洋・千住博著　　　　46判・278頁・2500円

芸術には人びとの心を打つ，何か根源的な力が存在する——「音楽」「将棋」「マジック」「絵画」で作品や技術が生み出される過程や，そうした創造的能力に必要な脳の条件とはどういうものか．人間の言語能力を手がかりにして，美的感覚というものを背景とした「芸術の力」の核心に迫る．各分野の第一人者と，気鋭の言語脳科学者による知的対談．

高校数学でわかるアインシュタイン　科学という考え方

酒井邦嘉　　　　46判・224頁・2400円

高校初等レベルの数学で，力学から相対論・素粒子論を本格的に学ぶ．「わかった気」で終わらせないよう「なぜそのように考えるのか」を重視して解説した．単に理論だけでなく，科学者たちの未知の問題への取り組みと解決の仕方まで扱っている．なかでもアインシュタインのアクロバティックな思考法を理解でき，それに驚かされることは本書の魅力の一つとなっている．東京大学および朝日カルチャーセンターの講義を基に書きおろした，科学の考え方と面白さを一から知ることができる一冊．

ここに表示された価格は本体価格です．御購入の
際には消費税が加算されますので御了承ください．